中央高校基本科研业务费专项资金资助

# "紧凑"的城市

## ——高密度城市的高质量建设策略

李琳 著

中国建筑工业出版社

**图书在版编目（CIP）数据**

"紧凑"的城市：高密度城市的高质量建设策略／
李琳著. —北京：中国建筑工业出版社，2020.2
（央美文丛）
ISBN 978-7-112-24732-5

Ⅰ.①紧… Ⅱ.① 李… Ⅲ.①城市空间－空间规
划－研究－中国 Ⅳ.① TU984.2

中国版本图书馆 CIP 数据核字（2020）第 022066 号

　　本书首先澄清了"紧凑"的概念内涵及"紧凑"策略的研究与实施
目标，其次从欧盟国家、美国、日本、我国香港和新加坡这些发达国家
和地区践行该策略的实例中全面认识了当前"紧凑"策略实施的现状与
成效，并从中总结出可供我国城市借鉴的具体措施和实施办法，为以我
国国情为背景的"紧凑"策略研究设定了一些参照系。最后，在理论研
究和实践探索的基础之上，针对我国城市发展的现实条件进行了以"紧
凑"为目标的城市发展策略体系的研究。本书适用于城市规划和城市设
计专业人士，及对城市建设较为关心的爱好者。

责任编辑：唐　旭
文字编辑：李东禧　孙　硕
责任校对：李欣慰

央美文丛
# "紧凑"的城市
## ——高密度城市的高质量建设策略
李琳　著

\*

中国建筑工业出版社出版、发行（北京海淀三里河路9号）
各地新华书店、建筑书店经销
北京中科印刷有限公司印刷

\*

开本：787×1092毫米　1/16　印张：22　字数：325千字
2020年8月第一版　　2020年8月第一次印刷
定价：96.00元
ISBN 978-7-112-24732-5
（35227）

21世纪的前二十年，城市发展的前景日渐明晰，世界超过一半的人口生活在城市的事实，以及到2050年城市人口将达到70%的预测，毫无疑问地将人类如何可持续发展的重要议题抛给了城市。地球上任何一寸的土地都紧紧关联，人类最大的聚集体选择怎样的发展模式不仅直接与人类本身的生活质量息息相关，更在全球范围内影响着所有生命及其载体。

"紧凑城市"是20世纪末西方许多国家和地区推行的城市发展策略，尽管各城市的发展条件、现状基础、策略出发点以及措施侧重点都各有不同，但是尽量避免城市蔓延式扩张，减少对资源和能源的消耗，大力发展公共交通，提倡土地的多功能混合利用等都是对上述可持续发展问题的感知与回应。美国城市提出的"精明增长"，欧洲城市在城市发展白皮书中大量提及"紧凑"，都为全世界重新思考城市发展的道路提供有效示范，同时在亚洲，日本、新加坡、我国香港等国家和地区由于人地平衡的现实需要，早已在实践中探索出一系列的路径和策略，以高效利用土地资源，选择合理的城市发展结构及密度，并创造较高质量的城市生活。

因而当21世纪初我国学者开始加入了这一讨论的时候，关于紧凑的研究已经具备一定的外围条件。当时中国正处于城市扩张的兴奋期，城市化指数快速上扬，给各级各类政府注入经济加快增长的强心针，大量开发区、新区、产业园、大学城如雨后春笋般拔地而起，土地的低效利用不可避免地在城市蔓延和超速建设中发生，这一趋势使得关于"紧凑"的研究迫在眉睫，如何选择符合我们国情的城市可持续发展道路成为这一研究的主旨。

笔者于2004年开始参与这一研究，多年来先后厘清了"紧凑"的概念，以及紧凑的城市发展模式与人类可持续发展的相关性，同时向国内详细引介了以英国和荷兰为代表的欧洲国家采用的紧凑策略，美国的"精明增长"理念，以及亚洲相似类型城市的城市规划与城市设计策略，并为"紧凑度"的度量提供了方法论的研究。这些成果基于两个最根本的研究认识：其一，对于任何一个研究对象而言，对其概念的正确认知，及与其他相关概念的辨析理解是将研究向纵深推进的最核心基础。正是在研究过程中对于"compact"概念的深入剖析，笔者理解到紧凑的内涵涉及"效率"和"质量"两个方面，既需要在有限的土地上生产尽可能多的使用空间，又对空间提供的质量提出更高的要求。这一认识有助于我们重新思考最开始阶段国内学者对于紧凑导致城市较高密度的争论，也在中国城市逐渐从外延式扩张向内涵式发展的模式转变中提供了理论支持和实践指导。其二，中国城市可持续发展道路的"紧凑"策略对于下一个阶段发展中国家的城市化道路选择提供了研究样本。在进行基于国际范围内的比较研究之后，笔者发现由于已经处于较高的城市化阶段，西方发达国家的城市格局基本定型，欧洲城市的紧凑策略基本针对城市建成空间的更新与复兴；而美国大多数城市由于基本形成了机动车导向下的城市蔓延事实，在城市人口增量甚微的情况下，精明增长的策略已较难扭转城市能耗较高、通勤时间较长、内城衰落等一系列问题。鉴于未来仍将有大量人口移居城市，其中大多数的城市人口增长均将发生在中国、巴西、印度等发展中国家，那么这些国家的城市如何发展对于世界的可持续发展而言就至关重要了。无疑经历过城市发展各个阶段，并且城市类型丰富的中国在未来发展中国家崛起的大趋势中更需要发挥其示范引领作用。

本书是十几年来笔者对于"紧凑"议题进行研究的成果总结，上篇和中篇的部分内容已经发表，并获得业界的广泛认可，其中关于"紧凑"概念的释义和西方国家详细的紧凑策略引介积极推动了该研究的深度和广度。书中最后一篇从有助于提高城市整体紧凑度的三个研究方向开展论述：结构优化与形态完善、城市交通协同土地利用、城市设计与高质量城市空间，分别从城市结构与形态、城市交通和城市设计等角度重点研究了"紧凑"的规划设计策略，系统性地寻求相应的可操作原则和研究方法。

在全国范围内大量叫停开发区和新区建设后，中国更从极高的战略角度提出"生态文明"建设，同时党的十九大报告中强调人民日益增长的美好生活需要和不平衡不充分的发展之间的矛盾已经成为社会的主要矛盾，基于可持续发展的原则，并以提高人民的生活质量为目标，承载越来越多人口的中国城市如何"紧凑"地发展已经成为时代的命题，而这一研究无疑也将进入新的阶段。

# 目录

# 2 "紧凑"的策略目标

# 3 "紧凑"的策略基础

中篇：
"紧凑"策略的
国际比较与
借鉴

## 4 欧盟国家的"紧凑"策略：以英国和荷兰为例

## 5 美国应对"蔓延"的"紧凑"策略

## 6　亚洲高密度城市和地区的"紧凑"策略

**下篇:**
**我国城市**
**"紧凑" 为目标**
**的规划设计**
**策略体系**

# 7 "紧凑" 的度量与评价

# 8 "紧凑" 的规划设计策略一: 结构优化 与形态完善

## 9 "紧凑"的规划设计策略二：城市交通协同土地利用

# 10 "紧凑"的规划设计策略三：城市设计与高质量城市空间

# 11 结论

# 0 绪论

## 0.1 问题提出与研究意义

城市作为经济社会物质要素的空间聚集体，被认为始终处于变化之中，其中任何要素的状态改变都有可能影响整个城市系统的运转。可见城市的不断发展也必然得益于要素增加值的累积或要素之间组织关系的改进。以此观点来看待中国的城市发展，那么无论是城市化水平的快速提高、经济的高速增长，还是以"需求"为导向、以"效益"为法则的制度设计都可以直接被视为过去中国城市超常规发展的推进器。在国民生产总值、城市化水平这些数值的提高和城市数量、城市用地的增加之间被建立起更广泛的联系后，许多城市获得了更大的发展空间与资源支持。然而自 21 世纪转折之交，面对我国人多地少的基本国情，这种相对简单的逻辑关系引起了国内外专家学者和政府部门的普遍担忧。[1] 这种担忧或许来源于当时的一组数据：

1986~1996 年，我国城市非农人口增加 35.97%，但城市用地却增加了 106.80%，城市用地增长弹性指数为 1.79[2]。……

全国城市人均用地 133m[2]，高于国家规定的最高标准 120m[2]/人，也高于全球平均水平 83.3%m[2]/人。我国城市存量建设容积率仅为 0.3，中小城市还远低于此水平。[1]……

1991~2000 年我国每年征用土地 831km[2]，2001 年为 1812km[2]（其中征用耕地 370km[2]），2000 年为 2880km[2]（其中征用耕地 1863km[2]）。[2]……

从 1997 年至 2003 年，我国耕地减少了 1 亿亩，在 2001~2002 不到一年半的时间里，北京城市扩展侵占耕地 20650 亩，天津 37556 亩，沈阳 29509 亩，上海 23367 亩，南京 10256 亩，广州 19804 亩。[3]……

中华人民共和国成立初期，北京的建成区面积为 109km[2]，到 2002 年，建成区面积达 654.5km[2]，较之中华人民共和国成立初期增大了 5 倍。而 1993~2002 年，仅 10 年时间建成区就扩大了 210.6km[2]，年均增长高达 21.06km[2]。[4]……

1980~2000 年间，广州建成区从大约 150km[2] 急剧扩大到 850km[2]，平均每年新增建成区 35km[2]。在 2000~2004 年间，新建开发面积的增长更为迅速。[5]……

全国共有各级各类开发区类型达 30 多种，数量 3837 家，国务院批准的 232 家，占 6%；省级批准的 1019 家，占 26.6%；其他 2586 家都是省级以下开发区，占 67.4%。据不完全统计，各类开发区规划面积达 3.6 万平方公里，超过了全国现有城镇建设用地总量[6]……

2004 年，南宁市高新区以 22 平方公里的土地面积创造出 3.3 亿元的财政收入。甘肃省定西市国家级科技园区 2005 年销售收入仅有 3000 多万元，对于当地的财政贡献几乎可

1

1998 年，中国全国人大通过了几经修改的"中华人民共和国土地管理法"，目的是要"加大耕地资源的保护力度"，"从严控制城乡建设用地"（国土资源部，1999）。

2003 年 7 月，国务院办公厅在 3 天内下发了两道整顿土地市场秩序的命令：7 月 18 日《关于暂停审批各类开发区的紧急通知》；7 月 31 日《关于清理整顿各类开发区加强建设用地管理的通知》。

国土资源部 2006 年 5 月 30 日下发"关于当前进一步从严土地管理的紧急通知"，以抑制一些行业和地区固定资产投资过快增长的要求，促进国民经济平稳运行，遏制一些地方违法违规占用土地，充分发挥土地供应的调控作用。其中包括一律停止别墅类房地产项目供地和办理相关用地手续，并对别墅进行全面清理。

2

专家们认为弹性系数的合理水平为 1.12。

以忽略不计。而即使是投资密度比较高的昆山市和苏州工业园区，平均投资水平也只有 36 万美元／亩。[7]

　　辽宁省沟帮子镇现有人口 5.7 万人，建成区面积为 6.5km²，规划区面积为 10.75km²；佟二堡镇总人口 2.1 万人，建成区 4.5km²，规划区面积为 10km²；浙江省织里镇镇区人口 1.2 万人，建成区面积 3.2km²，规划区面积为 15km²。[8]……

　　　　……

　　将这一系列数据所反映出的我国城市空间超乎想象的扩展速度对照部分城市土地低效利用的现状，我国城市发展中的不可持续问题日渐显露，人地矛盾的激化、环境的严重污染、对自然生态系统的持续破坏和部分市民对现存社会生存状态的不满等都动摇着人们建设未来美好城市的信心。在城市空间的可持续扩展是城市可持续发展的一个重要组成部分被普遍认同的基础上，我国实行"紧凑（compact）"城市发展策略的呼声越来越高 [1]。

　　作为 20 世纪末一些西方发达国家在制定城市发展策略时运用的关键词，"紧凑"在发达国家率先引起了广泛而激烈的讨论。在近三十年的研究与实践过程中，各国政府和学术界也在不断更新和深化着关于"紧凑"的认识，这些都为在我国研究的展开提供了必要的理论支持和策略借鉴。然而城市发展阶段和国情背景的差异必然带来研究出发点和策略侧重点的不同，在我国展开有针对性地研究还必须建立在深刻认识我国城市发展现状和条件的基础之上。为了探究"紧凑"发展策略在我国城市的适用性和可行性，我国学者相继参与到关于"紧凑"策略本质问题的探讨中来。作为世界上新增加城市人口的主要承载地，类似于中国的发展中国家如何接受这一挑战的研究与实践不仅是对发达国家研究的一个补充，也必定对整个世界的可持续发展产生重要和积极的影响。

## 0.2 研究背景与研究现状

### 0.2.1 我国城市发展的国情背景

　　中国的城市化问题首先是当下政府和学术界最为关心的基本

1

中国住建部副部长仇保兴在日前指出，中国宜居土地和水资源稀缺，人地矛盾尖锐，应该坚持紧凑型的城市发展模式，推行促进土地集约使用的住房调控政策。2005 年 12 月 1 日，人居环境委员会召开主题为"紧凑新城镇：节能省地与可持续发展之路"的研讨会。

国情之一，而且也吸引了全世界的关注。美国著名经济学家斯蒂格利茨（E·Stiglitz）曾有一个著名论断："21 世纪影响世界进程和改变世界面貌的有两件事：一是美国高科技产业的发展，二是中国的城市化进程。"[9] 由于城市化的本质关系到生产力水平提高和生产组织方式的变革，因此城市的规模、结构与形态必然随着城市的人口组成、社会组织方式、社会生产关系和科学技术水平的变化而产生相应变化。由于我国城市化所处的全球背景和基本特征与世界上前几次城市化的浪潮有明显不同，因而在城市化道路的选择上必然对我国提出了新的要求（表 0-1）。

中国城市化与全球三次城市化浪潮的特征比较　　表 0-1

| | 一 | 二 | 三 | 中国 |
|---|---|---|---|---|
| 城市化人口规模 | 2 亿 | 2.5 亿 | 10 亿 | 6~8 亿 |
| 城市化速度 | 180~200 年 | 100 年 | 40~50 年 | 35~45 年 |
| 对外移民数量 | 0.2 亿~0.5 亿 | 0.5 亿 | 0.6 亿~1.2 亿 | 基本为零 |
| 能源与原材料价格 | 低 | 低 | 高 | 极高 |
| 城市化动力与背景 | 工业化 | 工业化 | 工业化<br>全球化 | 工业化<br>信息化<br>全球化 |
| 环保要求 | 低 | 中 | 中 | 高 |

（资料来源：仇保兴. 城市规划学刊，2007/05：2）

　　同时，人口与土地是影响城市发展的两大关键要素，且息息相关。如何以有限的土地资源满足日益增长的人口需求是在两者之间建立供求平衡的核心问题。而我国目前则面临着土地资源稀缺和人口激增两大困境。根据来自国土资源部的资料显示，虽然我国国土总面积居世界第三位，但人均土地面积 0.777hm$^2$（11.65 亩），仅相当于世界平均水平的三分之一，人均耕地面积 0.106hm$^2$（1.59 亩），不足世界人均数的 43%，而且耕地总体的质量不高。[1] 同时我国宜居的一类地区只占国土面积的 19%，算上二类地区，宜居土地也只有 26% 左右，由于这些适宜居住的城市化地区与高产耕地在地理空间上呈高度重合，因而我国城市空间扩展将遭遇资源瓶颈的问题已经日渐显露，同时也使得我国

1
全国大于 25° 的陡坡耕地有 607.15 万公顷（0.91 亿亩），有水源保证和灌溉设施的耕地面积只占 40%，中低产田占耕地面积的 79%。

保护耕地的任务尤其艰巨。[10]

此外，我国当前还正处于最深刻的转型时期，这种转型由两种转变所构成：一是体制的转轨（Institutional Transition），即从高度集中的计划再分配经济体制向社会主义市场经济体制的转轨；二是结构的转型（Structural Transition），即从农业的、乡村的、封闭的传统社会向工业的、城镇的、开放的现代社会的转型。体制转轨作为一种特定的改革 [1]，是在原计划再分配经济体制国家发生的，人们经常用"长征"这样的字眼来描述从行政社会主义到社会主义市场经济的艰难转型[11]。虽然我国采取"摸着石头过河"的渐进式改革 [2]，但也要求在相对有限的时距中完成制度创新。结构转型是世界各国实现现代化的必经之路，它实际上是一个漫长的过程，往往要经过几代人的努力才有可能真正改变一个国家在世界经济体系中的地位。这两个转变的同时进行以及中国保持的社会主义政治体制，使中国的发展模式有别于其他实现体制转轨的国家，也形成了中国目前社会经济发展的"中国特色"。

## 0.2.2 全球背景中的环境危机及应对

与城市迅猛发展相伴的是日益严重的生态环境危机。20 世纪 60 年代以后，环境问题在进一步升级之后，呈现出全球扩展的趋势。1987 年联合国城市环境与发展委员会（WCED）在题为"我们共同的未来"（Our Common Future）的报告中指出了人类面临的 16 个最为严重的生态环境问题：① 人口剧增；② 土壤流失与退化；③ 沙漠化；④ 森林锐减；⑤ 大气污染日益严重；⑥ 水污染加剧、人体健康状况恶化；⑦ 贫困加剧；⑧ 军费开支巨大；⑨ 自然灾害加重；⑩ "温室效应"加剧；⑪ 臭氧层遭到破坏；⑫ 滥用化学物质；⑬ 物质灭绝；⑭ 能源消耗与日俱增；⑮ 工业事故多发；⑯ 海洋污染严重。从某种程度上讲，全球环境危机可被视为城市时代城市问题的全球化扩展。正是因为城市在地球环境和经济体系中的主导地位，使我们不得不从可持续的角度

1
中国的市场经济改革不是简单地用一种体制来替代另一种体制，而是创造了一种旧的再分配体制与新的市场体制并存的"双重体制"的经济形势，即混合经济。

2
中国的改革不是激进的私有化，而是引入市场竞争机制，不断扩大市场化的范围和领域，选择了渐进主义的经济改革战略，使改革的调整成本最小化，最终建立市场经济。因此中国的渐进式改革过程不同于 20 世纪 80 年代末苏东国家开始的所谓"休克疗法"或"大爆炸"式的向市场经济体制转变的激进过程。

衡量城市对于整个地球生态系统的影响。也正是在这次报告中，
"可持续发展"的概念[1]被首次提出。

在此前后，先后有一批具有代表性的纲领性文件相继诞生。[2]
2007年12月召开了联合国气候大会，包括美国在内的所有国家
共同签署了《巴厘岛路线图》[3]，显示了在共同福祉面前，人类
的理性暂时超越了对短期利益的争执。这份路线图认为每个国家
在保护环境气候的问题上都负有"共同而有区别的责任"，即发
达国家将承担起量化减排责任，而发展中国家虽然不必承诺量化
减排，但也要积极采取措施控制排放增加，乃至减排。尽管在这
次气候会议中，以中国为代表的发展中国家在争取合理发展权的
过程中取得了一定的胜利，但是我们自身必须明确节能减耗是国
家在健康发展过程中提高核心竞争力和综合实力的内在需求，且
不论我们未来将要面对更多的来自国际社会的强制性约束，我们
首先要从观念上认识到环境气候变化将对中国乃至全世界带来的
影响，从社会发展的各个层面促进环境保护目标的实现。

当然，正是在人类生存发展战略不断明晰的背景下，客观上
要求各国反思自己的城市增长模式。因此在可持续发展思想的引
导下，西方城市规划理论出现三个较为明显的变化：第一，规划
的指导思想从力争达到"平衡点"转变为尊重"环境容量"，以

---

1
WCED在报告中，定义"可持续发展"为"能满足当代的需要，同时不损及未来世代满足其需要之发展"（Development that meets the needs of the present without compromising the ability of future generations to meet their own needs）。

2
1971年联合国教科文组织（UNESCO）发起"人与生物圈"（MAB："Men And Biosphere"）计划；1972年6月在斯德哥尔摩召开联合国人类环境会议，并发表《人类环境宣言》（Declaration on the Human Environment）；1987年联合国环境与发展委员会（WCED）共述了《我们共同的未来》（Our Common Future）。此后1992年联合国环境署在巴西里约热内卢召开大会，通过了《里约热内卢环境与发展宣言》、《21世纪议程》和《森林问题原则申明》等公约，使得"可持续发展"的概念在经济、生态、社会和公众参与这四个层面上得到进一步扩展。而21世纪初（2002年）在约翰内斯堡召开的各国首脑会议也是以"可持续发展"为议题的，会议通过了《执行计划》和《约翰内斯堡可持续发展承诺》，使可持续发展的理念进一步得到落实。

3
《巴厘岛路线图》为今后气候变化谈判指明了方向、此次会议实质性地启动了政府间的后《京都议定书》谈判，商订了《京都议定书》在2012年到期后各国在减少碳排放量的责任和义务。

在一定的环境容量中谋求最大程度的发展，这意味着给予环境较多的考虑，留下更多的余地以防止紧绷的"平衡点"无法适应未来变化而导致环境恶化；第二，规划的设计原则从单纯强调"绿地"转变为提高整体"生活质量"，除了传统的环境因素外，传统文化、非正规经济活动和社区文脉等非传统环境因素也成为城市规划所要关注的问题；第三，规划的分析方法从机械保护环境资源变为视环境资源为环境资产，结合经济分析的方法和市场经济的原则更为实际地保护环境。[12]西方学者们认为发达国家城市过去的发展建立在"对资源的不可持续性利用和消耗"的基础之上。如果发展中国家再重蹈其覆辙，那么就将意味着，"我们很快会面临大规模的生态系统崩溃……我们必须竭力发展出另一种城市模式"。[13]这是西方城市提出"紧凑"策略的基本出发点，这个源自于发展的认识正试图在全球找寻适应城市可持续发展的立场和观点，它倡导越来越多的人参与到城市创新的进程中来。

## 0.2.3 国内外研究现状

### 1."紧凑"的国外研究现状

自"紧凑"一词在 20 世纪下半叶被提出，并被认为是应对城市"蔓延"的一种有效手段后，国外学术界对其争论就没有停止过。其中许多观点和研究成果都被收录在由牛津布鲁克斯大学几位学者相继编撰的三本有关"紧凑"策略的专著中[1]，这三本书的内容较为清晰地勾画了国外学者进行"紧凑"研究的基本脉络和相关成果，我们可以从中看到至 20 世纪末国外关于"紧凑"认识的进展。

《The Compact City：A Sustainable Urban Form？》出版于 1996年，其书名是作为一个问题来陈述的。除绪言外，编者从理论、社会经济问题、环境、评价与检测和实施这五个方面对来稿进行了整理，在尚不清楚紧凑城市是否就是未来城市一种最好的或者唯一的发展方向时，来自多维视野下的不同观点围绕着紧凑城

1
这三部著作分别是 [1] Jenks M, Burton E, Williams K. The Compact City: A Sustainable Urban Form？ [C]. London：E&FN SPON. 1996（现已有中文版：周玉鹏等译，迈克·詹克斯等编著，紧缩城市——一种可持续发展的城市形态 [M]. 北京：中国建筑工业出版社，2004）；[2] Jenks M., Williams K., and Burton E.. Achieving Sustainable Urban Form. London: E&FN SPON, 2000; [3] Jenks M., Burgess R.. Compact Cities: Sustainable Urban Forms for Developing Countries. London: E&FN SPON, 2000.

市的各个方面进行了探讨。其中支持紧凑理论的学者们有 Mayer Hillman，Charles Fulford，Martin Crookston，George Barrett，Peter Nijkamp，他们认为以遏制城市扩张为前提的紧凑城市通过对集中设置的公共设施的综合利用，将会有效地减少交通距离和小汽车的使用以促进城市可持续发展，并实现对原有土地资源的再利用，使旧城区重获生机。但是 Louise Thomas，Patrick N. Troy，Katie Williams，Hedley Smyth 等学者也列举了对其概念基础提出的种种质疑，有些文章中指出，紧凑城市的优点并不像想象中的那样直接，而且还会带来难以预见的在环境质量和居民可接受度方面的巨大代价。[26-27] 尽管最后难以获得一致的结果，但是这些文章为更好地理解城市形态的可持续性奠定了基础，同时也为梳理各影响要素之间的复杂关系提供了思路。

类似的争论依旧贯穿了四年后出版的《Achieving Sustainable Urban Form》一书的始终，但这本书首先从标题上看语气是肯定的，这一乐观情绪的表达暗示了"在理论上城市形态完全可以比目前的状况更具有可持续性，过去一些不可持续的发展模式在未来可以被纠正，或者避免。"[30] 其次，从书中各篇文章的内容看，这次讨论已经逐渐超越了对紧凑还是分散的争论，而是建立在紧凑城市理论的基础上，再次探讨了其优劣特征，Elizabeth Burton，Peter Newton，Mats Reneland，Uyen-Phan Van 和 Martyn Senior 等学者进一步从环境、经济、社会公平和交通可达性的角度探讨了"紧凑"的可行性。结论认为应该根据不同城市的具体情况提出有针对性的建议和措施，寻求符合地域特征和能够满足不同城市发展条件的可持续城市形态模式，这一认识上的转变使城市形态的可持续性研究继续向纵深推进。[1]

作为这一系列论著的最后一部，《Compact City：Sustainable Urban Forms For Developing Countries》展开了对发展中国家可持续形态的研究，并希望验证在发达国家业已采用的紧凑策略和与其相对应的城市形态是否也适应发展中国家快速城市化地区的发展。其研究内容基于以下事实：世界上超过一半的人口将居住在城市里，而且大多数是生活在发展中国家。在这些国家，城市化

---

1
关于这两本书的主要内容介绍详见：李琳，黄昕珮．城市形态可持续目标的实现——读《迈向可持续的城市形态》[J]．国外城市规划．2007/ 01：99-105。

正在以一个超乎想象的速度进行，由此导致的城市尺度的增大和城市人口比例的提升不可避免会带来一系列的城市问题，因此发展中国家的可持续发展问题是全球可持续发展的一个重要组成部分，尤其随着时间的推移，其突出地位将日渐显露。书中首先展开了关于紧凑讨论的全球视角，说明了全球化的影响和认识大城市区域的必要性，探讨了高密度的城市内城区和城市边缘区蔓延之间的张力作用，并以达卡、德里、圣地亚哥和巴西利亚等城市为案例分别探讨了几种获得紧凑的可持续城市形态的方式。此外，作为低密度和高密度模式的极端代表，南非城市和香港也被并置进行了优劣势比较。最后，一些文章还从交通、基础设施和环境等方面分别讨论了紧凑策略在发展中国家城市对可持续发展的作用，曼谷、加尔各答和台南等城市分别被列入讨论之中。[31]

当然，除了在这几本书中收录的内容之外，还有许多学者积极参与到了关于"紧凑"的讨论之中，Breheny、Richardson、Neuman、Ewing、Anderson 和 Galster 等学者都分别从不同的出发点对"紧凑"进行了描述，并尝试概括其特征。[35-42] 从这些成果来看，目前国外学者对于"紧凑"的认识也并未获得一致，仍然处于激烈的碰撞之中。身处不同的国家，代表不同的利益群体都使学者对待"紧凑"研究时有着不同的出发点和视角。这些差异同样能够在西方发达国家实践紧凑策略时设定的不同目标和制定的策略侧重点中表现出来。

### 2. "紧凑"的国内研究现状

我国学者目前针对"紧凑"的研究内容主要可以被分为两个部分。其中成果较多的是对国外研究与实践的引介，由于体现"紧凑"策略思想的理论与实践在各个国家有不同的表现内容，如欧盟国家提出"紧凑城市"，而美国部分州和城市正在推行"精明增长"等，因而国内学者在介绍国外相关成果时往往都是有特定指向的。

在将"紧凑城市"的理论和实践研究成果介绍到国内的工

作中，前面介绍的三本有关紧凑策略的专著成为重要的资料来源：周玉鹏等翻译了第一部著作《紧缩城市———一种可持续发展的城市形态》；此后笔者从研究框架、研究内容、研究成果和研究方法启示等方面概括介绍了出版于 2000 年的《Achieving Sustainable Urban Form》一书，并就相隔四年后的理论研究进展进行了解释和说明。国内对"紧凑城市"理论进行综述的有韩笋生和秦波，他们在 2004 年介绍了部分国外学者对紧凑的定义和理论演变的过程，[45]方创琳和祁巍锋则在 2007 年对紧凑城市理念与测度的研究进展进行了详细描述；[46]另外李滨泉等借鉴了荷兰设计事务所 MVRDV 在紧凑城市中处理建筑密度的五种策略。[47]

相对而言，国内学者关于美国实施的"增长管理"和"精明增长"的引介是较多的 [1]，其中张进、丁成日、李景刚等和吴冬青等对美国的城市增长管理的特点和方法进行了说明；[48-51]而王朝晖、张雯、马强、梁鹤年、刘海龙、王丹等学者则详细介绍了"精明增长"的基本做法和行动计划，[52-56]其中梁鹤年对于美国城市实行"精明增长"缘由和效果的描述有精妙之处 [54]。

当然，除了引介国外的城市"紧凑"策略之外，国内学者也正在进行如何将有关策略应用于解决我国城市空间扩展问题的研究。陈海燕和贾倍思通过对中国 45 个特大城市的分析认为，"发展'紧凑城市'，通过合理增加现有城市密度，加强城市吸纳外来人口能力的城市发展方向，在我国不但是必要的也是可行的。"[57]仇保兴也曾经在《紧凑度和多样性——我国城市可持续发展的核心理念》一文中从耕地总量稀少、减少速度加快，优质耕地分布不均，目前的土地利用模式对能源和资源消耗量影响巨大等方面强调了我国紧凑型城市发展模式的意义，并将紧凑度视为我国城市可持续发展的核心理念之一。[58]戴松茂则以上海青浦为例，研究了通过"紧凑 + 多中心"的城市结构模式促进城市可持续发展的可能性。[59]马强则从城市交通的角度探讨了城市紧凑策略实施的必要性和相应措施 [60,61]。李琳还将"紧凑"与国内学术界讨论较多的"集约"概念进行了并置比较，通过两者

1
有关"增长管理"和"精明增长"的关系笔者将在第 5 章进行说明。

不同的研究框架比较，探讨了我国城市土地可持续利用研究的新思路。[62] 其他参与我国紧凑策略研究的学者还有龚清宇、于立、余颖等。[63-65]

此外，国内一些学术会议也表现出对"紧凑"讨论的较大兴趣。2005年9月在杭州召开"第三届中国人居环境高峰论坛"，"紧凑型新城镇发展"是论坛的三大议题之一；10月，在浙江大学召开了首届"中国城市理性增长与土地政策"的国际学术研讨会，会上张明、谢金宁和沈兵明等人做了有关城市理性增长的发言，在此次研讨会出版的论文集中，共收录了13篇以此为议题的论文。[1] 而同年12月，又召开了主题为"紧凑新城镇：节能省地与可持续发展之路"的"紧凑型城镇专家研讨会"，会上对"紧凑新城镇"的界定，发展原则和如何建设"紧凑新城镇"作了进一步探讨。此后十年时间内，中国学者对紧凑城市理念的理解逐步深入，同时也分别就紧凑城市理念在具体城市规划和设计中的运用开展了讨论。

总地说来，在我国关于"紧凑"策略的讨论已经逐步展开，其研究成果为基于我国国情的"紧凑"策略研究奠定了一些基础，正是在这样一个基础之上，笔者才有可能从纷繁的研究资料中逐渐理清思路，找到现阶段研究的突破点：

首先，不管是将"紧凑"策略命名为"紧凑城市"或是"理性增长"，这一概念的基本特征和所要解决的问题必须澄清，否则各方面研究的成果难以形成合力；其次，在引介国外经验的过程中大多数成果缺少对背景和实施成效的描述，加上欧盟国家和美国的"紧凑"策略被割裂对待，因而难以从整体上对国外"紧凑"策略的研究和实施进展形成较为全面的认识，这对目前需要在世界坐标系中进行研究的学术探讨显然是不完整的；最后，许多学者希望能将国外积极推行的"紧凑"策略直接应用于我国的规划决策和城市管理，笔者认为虽然部分"紧凑"策略的原则可能是相通的，但是缺少了可行性分析和规划设计研究的转换过程，这些策略将难以在我国城市找到实施的切入点。

---

1

详见：张蔚文，张禾裕. 中国城市理性增长与土地政策 [J]. 国际学术动态，2006/05:12-14。

## 0.3 研究对象与研究方法

### 0.3.1 研究对象

本书针对"紧凑"策略是什么，以及这些策略如何通过适宜的规划设计途径引导城市空间扩展进行研究。因此"紧凑"、"紧凑"策略自身和它所针对的城市空间及其扩展问题便是本书的主要研究对象。

由于在西方发达国家展开的"紧凑"策略理论和实践的探讨中，尚未在概念的认识和目标体系设定等方面建立基本的对话平台，因而什么是"紧凑"和"紧凑"策略，以及"紧凑"策略涉及哪些内容将是本书着力解决的几个关键问题。

而在此之前，我们仍需要对"城市空间"及"城市空间扩展"的概念有所界定。作为承托和容纳城市生产和生活等各类活动的载体[66]，"紧凑"策略也需要通过对城市空间产生作用来实现其研究与实践的目标。但城市空间涉及的内容广泛，在不同的学科领域中，对城市空间研究的侧重点都有所不同[1]，本书研究的是城市规划和设计视野中的空间集合概念，其中城市空间形成过程中的结构模式和形态表现成为研究的两大切入点。鉴于对城市空间"结构"和"形态"概念的认识，[2]笔者将城市空间扩展解释为：

---

1

详见：李琳. 多视角下的城市空间扩展与国内研究阶段性进展 [J]. 现代城市研究，2008/03:47-55。

2

系统理论中的"结构"含义是指"系统内部各个组成要素之间相对稳定的联系方式、组织秩序及其时空关系的内在表现形式。"同时指出："系统中各要素所具有的一种必然性的关系及其表现形式的综合导致了系统的一种整体规定性。"而城市作为在一定的空间内由多种要素集聚而成的最直接、且最直观的客观存在，存在着复杂的社会结构、经济结构和生态结构，这些结构要素最终将在空间地域上有所反映，而这些城市要素的空间分布、空间组合和功能联系就构成了"城市空间结构"。城市空间形态与空间结构的联系和差别可以从"结构"和"形态"这两个词的含义上寻找答案："结构"可被概括为"在复杂整体中各部分之间的内在联系或排列组合"；"形态"的表意则是"形式，种类某物存在、运作、显现的方式"，"是事物在一定条件下的表现"。因而城市空间的"结构"和"形态"也应是内在规律和外在表现这对孪生物在城市空间研究上的反映。城市空间形态可以被理解为"各种空间理念及其各种活动所形成的空间结构的外在体现"。在宏观层面上，城市空间形态表现为城市活动所占据的土地图形，常用用地形态来表示，它包含位置、距离（广度）、方向等要素；微观层面上城市形态是人工建筑物、构筑物的空间分布态势，其自身具有空间的含义，即带有城市丰富的三维信息。

城市在内外发展动力的作用下，城市空间的推进和演化，包括空间要素的增值和城市空间结构的形成与转化；以及城市外在形态在平面和垂直方向上的伸展等内容。

## 0.3.2 研究方法

• 系统分析方法：以系统开放的观点看待城市空间扩展的形成、表现方式，与影响因素的相互作用关系，获得全局的、动态的视角。

• 统计学的方法：通过查找年鉴和相关资料的方式进行数据的收集，在量化比较的基础上完成较为理性的求证。

• 比较分析方法：首先通过并置比较目前在规划界讨论较多的几个词语和"紧凑"概念的异同，来充分说明后者的核心内容，并帮助理解各个词义之间的相互关系；其次通过国外不同的紧凑策略措施及实施成效对比，帮助获得关于我国紧凑策略研究的必要参考和经验总结；同时由于我国不同于其他国家的发展背景，文中进行了我国城市紧凑策略的可行性研究。

• 调查访问方法：包括国内各类型城市的实地调研、资料收集、网络信息筛选等方法，掌握第一手的资料，并在此基础上，寻找问题的共性和差异，展开理论探讨。同时笔者向有关城市经济管理部门、城市规划部门或相应的专业人士进行专题性的咨询和访查，并在北京部分地区展开了关于生活质量满意度的调查。

## 0.4 研究思路与研究内容

本书的研究思路形成于"发现问题—确定目标—找寻手段"的思维过程，而在探讨"紧凑"这一议题的研究中，"问题"主要来自两个方面：首先是基于认识本身的，有关"紧凑"概念的模糊理解和研究目标的片面认定常使研究本身的意义得不到确认和肯定；其次，我国城市在空间扩展过程中的不可持续问题已经

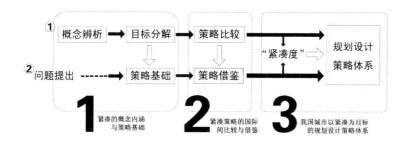

图 0-1　研究的两条线索
与三部分内容

逐渐显露，在我国展开有针对性的"紧凑"研究已经刻不容缓。因而笔者以尝试解决这两方面的问题为研究线索，努力推进"紧凑"策略在我国的研究进展。以推进这两方面认识为主线，论文的研究内容被分为三个部分。这三部分内容通过两条线索的交织，表现出层层递进的相互关系（图0-1）。

第一部分研究了"'紧凑'的概念内涵与策略基础"。其中首先涉及到有关"紧凑"的基本认识，即什么是"紧凑"和为什么研究"紧凑"这两个相关的根本问题；在上述问题得到解答后，继续深入探讨了"紧凑"策略在我国研究与实践的必要性和可行性。

第二部分的内容是"'紧凑'策略的国际间比较与借鉴"。为了能够全面了解国外城市"紧凑"策略的实施现状，并从中得到相应的启发与借鉴价值，笔者从实施背景、具体策略和特征总结等几个方面先后对欧盟国家（以英国和荷兰为例）和美国实施的"紧凑"策略进行了详细描述。同时，文中还以日本、我国香港和新加坡为例，对和我国城市有着相近的地域特征和文化背景的亚洲高密度城市或地区进行了"紧凑"策略的研究。

研究第三部分重点探讨"我国城市以'紧凑'为目标的规划设计策略"。在这部分内容中首先对如何界定和测度城市的"紧凑度"进行了研究，其次从规划设计专业的角度探讨了有助于"紧凑"客体和主体目标实现的规划设计途径和研究方法，这些内容被划分为三个层面：结构优化与形态完善；城市交通协同土地利用；城市设计与高质量城市空间。最后研究由此建立了我国以"紧凑"为目标的规划设计策略框架（图0-2）。

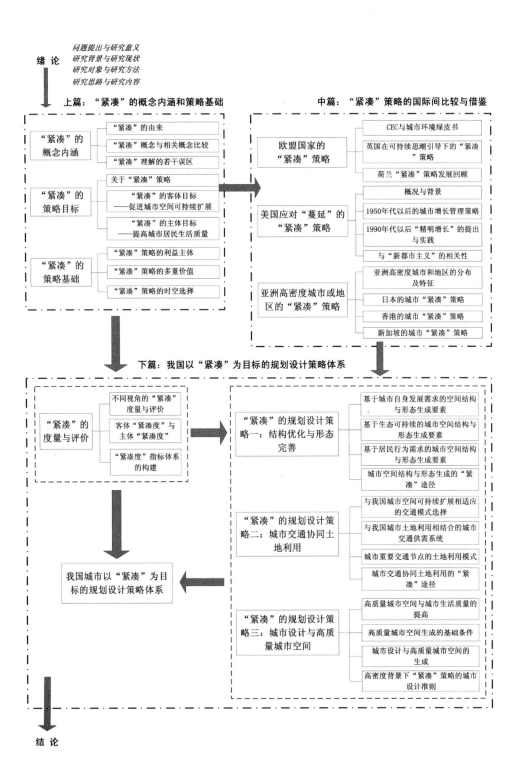

图 0-2 研究框架

# 1 "紧凑"的概念内涵

## 1.1 "紧凑"的由来

"紧凑"一词译自英文"Compact"，其核心意思原指"紧密的，与同类型其他形式相比较占用空间小的"[68]。我们所熟知的"CD（Compact Disk）"和"CD-ROM（Compact Disk Read-Only Memory）"中对"Compact"的取意便由此而来，相比以前的存贮介质（唱片或磁带），"CD"虽然尺寸小而轻薄，但却可以提供更大的容量，并保证数据较好的还原度。同样，在医学领域，"Compact Bone"一词也被用于形容致密的骨组织，与"松质骨"（Cancellous Bone）相对应。

"Compact"一词很早就被用来形容城市，大约公元前 460 年完成的旧约《诗篇》（Psalms）中便将耶路撒冷形容成一个"紧凑"的城市（"Jerusalem is builded as a city that is compact together"）[1]。而圣经故事里描述的"天国的城市"——大马士革（Damascus，现叙利亚首都）也是一个人口规模达到 20 万的"紧凑城市（Compact City）"。[67]由这些城市在人们精神世界中的位置可见"紧凑"一词最开始被用于形容城市时便指代着相对更为美好的境地。而在此后许多评述历史城镇的著作和文献中，"Compact"也经常被用来形容这些传统城镇的形态特征，与其自身概念一样，它可以较为简练和概括地反映出这些城镇在当时尺度宜人、较高密度、生活便利和景观丰富等多重特质。以至于发达国家在经历 20 世纪下半叶城市迅速扩张和城市中心活力衰退的历史时期后，逐渐意识到"Compact"不仅可被视为对历史城镇特征的经典描述，或许也是改善当前城市问题，探索新的城市发展方向的可行途径之一。

因此从 20 世纪 70 年代开始，"紧凑"作为一个城市发展策略的关键字逐渐引发了来自政府和各学科专家的广泛讨论。1973 年斯坦福大学教授 George B. Dantzig[2] 和 T. L. Saaty 编写的专著《紧

1
旧约 Psalms 中第 122 章。被称为"圣城"的耶路撒冷面积大约 1 平方公里，是犹太教、基督教和伊斯兰教三大宗教的圣地，它在精神意义上的象征作用无可替代。圣约翰在《启示录》中说道"我看见天堂和一个崭新的人世，……我看见圣域——新耶路撒冷在上帝的指引下从天而降……上帝会抹去他们的泪水；这里将不再有死亡、不再有悲伤和泪水，也不再有任何痛苦。"

2
George B. Dantzig（1914—2005）作为知名的数学家曾设计出一个新的运算法则，以此帮助创造了现在在计算机、工业和其他许多领域应用十分广泛的"线性程序"。而从 20 世纪 70 年代左右，他开始研究城市问题，提出"紧凑城市"，此后恰值中东石油危机爆发，他还建立了 PILOT（Planning Investment Levels Over Time）模型以评估美国过去和现在的技术发展对经济发展的影响力，并探讨了怎样的经济政策将正确引导美国城市的现代化进程。

凑城市——适于居住的城市环境规划》（Compact City：A Plan for a Liveable Urban Environment）出版；同年 Dantzig 教授在新奥尔良会议上发表了关于"紧凑城市"（The Orsa New Orleans Address on the Compact City）的演说，"阐述了采用紧凑城市理念的原因、紧凑城市的 17 个要点以及需进一步加以研究的工作领域和方法等内容"。[46]进入 20 世纪 90 年代，随着"可持续"理念的不断发展，"紧凑"的城市发展策略在一些国家被正式写入规划政策，并被赋予促进城市可持续发展的历史使命，由此也迎来对其讨论热潮的到来。在这一过程中，政府、规划师和专家学者都积极参与其中，不断推进着对"紧凑"的认识，并尝试回答城市"紧凑"地扩展是否可以帮助实现城市的可持续发展这一关键命题。

同时，发达国家的研究成果和在规划实践中的示范作用也促进了发展中国家对目前城市发展模式的重新考量。国内对"紧凑"的关注始于 21 世纪初，在对"Compact"的译文取得一致看法之前，曾用"密集"、"紧缩"、"紧凑"等词语引介过国外研究的相关成果，并借以探讨符合我国国情的可持续发展策略。而近年来随着对"Compact"一词理解的深入，国内学者普遍赞同将其译为"紧凑"[45,57,58,62,64,65,71]，笔者也认为这是对其意义相对准确的表达。

## 1.2 "紧凑"概念与相关概念比较

### 1.2.1 "紧凑"的概念解读

目前国内外学者对"紧凑"概念的解读可谓众说纷纭[1]。有多少学者研究，大致便会有多少种定义在学术领域业已成为一个比较普遍的现象，这些在理解上或多或少的分歧往往由于看待同一问题的立场和视角不同所致。这一方面反映了研究对象的复杂性，体现出学术研究的多元化特点，而另一方面在概念上共识的缺失以及对概念承载内容的模糊理解不可避免将对事物本源的探

1

部分国内外学者对"紧凑"的认识：Breheny（1997），促进城市的重新发展；中心区复兴；保护农田，限制农村地区的大量开发；更高的城市密度；功能混合的用地布局；优先发展公共交通，并在公交节点集中进行城市开发等。Gordon 和 Richardson（1997），紧凑是高密度的或单中心的发展模式。Ewing（1997）——紧凑是工作和居住场所的聚集，包括用地功能的混合。Anderson 等（1996）——单中心和多中心的城市形态也可以被看成是紧凑的。Scoffham 和 Vale（1996），紧凑是自给自足和对外部力量的独立性。Galster（2001），紧凑是集聚发展和减少每平方英里开发用地的程度。Neuman（2005），紧凑城市概念是应对城市蔓延的，作为城市蔓延的对立面而存在的。韩笋生等（2004），紧凑是一种实现可持续发展的手段。即利用城市紧凑的空间发展战略，比如增加建筑面积和居住人口密度，加大城市经济、社会和文化的活动强度，从而实现城市社会化、经济和环境的可持续发展。

索和学术之间交流造成困扰。如果舍弃对完美概括概念内涵和外延的追求而回归研究主体的本意，或许反而有助于我们发现并理解其本质。因而笔者在回顾英文中"Compact"作为形容词的基本用法及其潜在内涵后，认为"紧凑"的城市实际上是：能够利用较少的城市土地提供更多城市空间，以承载更多高质量生活内容的城市。在这一概念中不仅要体现出"紧凑"基本含义中对"高效"的表达，也要求投射出"紧凑"对于"高质"的追求。因而将"紧凑"形容城市时，它在概念中有两个基本点：以较少的土地提供更多城市空间；城市空间承载的生活内容必须是更高质量的。从上文注解中学术界对"紧凑"的各种理解来看，大部分学者都在概念上附加了实现目标、实践手段和表现形式等内容，而较少提及"紧凑"将带给城市的本质变化。

此外，为了能够更加清晰地说明"紧凑"的核心概念，笔者认为有必要将目前规划界讨论较多的几个相关词语与"紧凑"并置，且进行比较，在这一过程中帮助我们理解各自的含义及其相互关系，这样或许能在一定程度上促进这些较易混淆的概念在使用过程中的精确性。

## 1.2.2 几个相似的概念："紧凑"、"集中（集聚）"与"集约"

目前在各类规划书籍和文献中，使用较频繁的与"紧凑"词义相近的概念有"集中"、"集聚"和"集约"。前两者译自英文"Concentrate"，而"集约"对应的英文单词是"Intensive"。在中文写作中看似相近的几个词语，在英语中的原始用法却有着较大差异。根据"Merriam-Webster's Collegiate Dictionary"的释义整理："Concentrate"是指"向一个共同的中心或目标点集中，聚集成一个物体或一股力量，或使变得不稀释，以密集的形式表达或展示。"也可指"精力、注意力或个人努力的集中"。而"Intensive"是指"高度集中或加强"，"通过增加资本和劳动力投入，而非通过扩大面积和范围来增加产出"[68]。

可以概括地指出"Concentrate"也包含两个特征，其一，集聚的过程具有一个相对的中心；其二，往往导致聚集范围内密度的增加。对城市而言，它的主语通常可以是人、建筑物或其他有形的城市要素，也可以是经济、文化、市民社会等无形的要素。即便我们经常提及的城市"集中"发展，也是涵盖了城市所有有形和无形要素的动态集合过程，并可以对这一过程进行要素的分解。"紧凑"与它的区别在于作用主体和作用过程的不同。"紧凑"通常用来表达城市空间的整体状态，其结构与形态虽也由各种城市有形要素所构成，受无形要素的影响，但"紧凑"强调城市整体的协同作用，单个要素较少用它形容。此外，"向心性"是"集中"过程中反映出的主要特征，这一点在"紧凑"的含义里并不明显，事实上，"紧凑"的定义恰恰告诉我们：只要能在整个城市范围，或更大区域内通过结构的完善和形态的整理减少了城市扩张对土地的需求，并满足质量要求，那么较之城市以前的发展状况，现在的扩展模式便可以被称作是"紧凑"的。因此在这一过程中蕴含着许多的可能性，它可以在"集中"的过程中实现，但"集中"却不是"紧凑"的"万能药"。在许多情况下，"紧凑"的两个基本点并不能仅通过"集中"来实现。

而"Intensive"主要针对改变了的工作方法和模式进行修饰。19世纪初李嘉图（David Ricardo）[1] 等古典经济学家在对农业用地的研究中将其定义为：在一定面积土地上，集中投入较多的生产资料和劳动力、使用先进的技术和管理方法，以求在较小面积的土地上获取高额收入的一种农业经营方式，这里的"集约"涉及土地的利用效率和经济效益。而在城市规划中"集约"也主要用来形容城市土地的利用方式，如果借鉴农业土地集约利用的定义，我们不难发现在"集约"的概念中土地的属性被抽象化，其研究主要应从单位土地的利用效率着手。这种自下而上、由局部带动整体的思维方法和研究结果无论对城市的集中度研究还是追求"紧凑"的城市空间都至关重要，它为探讨城市在客观条件下如何获得可能的最佳集中度和紧凑度提供了必要的基础研究。同

1
李嘉图（1772—1823 年）在地租理论上的主要功绩，在于他有意识地运用了劳动时间决定价值量的原理，创立了差额地租学说。他的主要著作《政治经济学及赋税原理》一书发表于 1817 年。

时，相比"集中"，"紧凑"也涉及效率问题，但是和"集约"不同的是："紧凑"将主要的注意力放在城市空间的整体运作效率上。同时与经济学紧密相关的"集约"概念可以较为客观地被度量和比较，而"紧凑"由于涉及了城市生活质量的表达，多少带有一些主观的评价，因此在实际研究过程中给度量造成一定的难度。因此对效率的关注是上述两个概念的共同点，而在研究方向上两者却相向而行，各有侧重。

表1-1中基本概括了"紧凑"、"集中"、"集约"这三个概念的基本点和相互之间的异同。尽管事实上很难把这些研究断然分开，学术探讨本身也应该是一个相互促进的过程，但是概念的区别必将带来研究侧重点的不同，而且在这些概念的使用和研究过程中，对其进行相对清晰地理解将更有助于寻找到研究的切入点。

"紧凑"、"集中（集聚）"和"集约"三个概念的异同　　表1-1

|  | 概念基本点 | 共同点 | 相异点 |
|---|---|---|---|
| 紧凑 Compact | • 以较少的土地提供更多城市空间；<br>• 城市空间承载的生活内容满足更高的质量标准 | • 都可能导致研究区域内相对密度的增加<br>• 在某些情况下，"紧凑"的结果通过"集中"的过程实现 | • 研究主体不同："集中"是城市所有有形和无形要素的动态集合过程，并可对这一过程进行要素分解；"紧凑"强调城市整体的协同作用，单个要素较少用它形容<br>• "紧凑"过程蕴含多种可能性，不能仅通过"集中"来实现 |
| 集中（集聚）Concentrate | • 集聚的过程具有一个相对的中心<br>• 往往导致聚集范围内密度的增加 |  |  |
| 紧凑 | — | • 反映出对效率的追求 | • 研究方向上两者相向而行，各有侧重："集约"概念中土地的属性被抽象化，其研究主要从单位土地的利用效率着手；"紧凑"将主要的注意力放在城市空间的整体运作效率上<br>• "集约"更多地涉及经济效益，可被较为客观的度量，而"紧凑"承载的内容更为广泛，并涉及了关于城市生活质量的主观评价，在实际研究过程中给度量造成一定的难度 |
| 集约 Intensive | • 通过增加资本和劳动力投入，而非通过扩大面积和范围来增加产出 |  |  |

## 1.2.3 几个相反的概念：“蔓延”、“分散（扩散）”与“粗放”

"紧凑"与和它相对应的"蔓延（Sprawl）"一词是分不开的。20世纪欧美大城市普遍出现的城市蔓延现象是政府部门和专家学者展开"紧凑"讨论所要应对的首要问题。而何谓"Sprawl"，"Merriam-Wedster's Collegiate Dictionary"字典是这样解释的："笨拙地爬行或攀登"、"手脚张开地坐着或躺着"、"无规则地或没有限制地扩展"，以及"随意地、不协调地散布"。同时，当作为名词时，"Urban Sprawl"已经成为固定词组，专指"城市的蔓延"[68]。国外学者较早便开始研究"城市蔓延"，最早这个术语被用来抨击美国东海岸新泽西州的土地控制法规，当时纽约郊区的土地利用强度最低达到了每户2英亩（约0.81公顷）。在学术上对这种现象进行归纳的定义有："城市扩展缺乏连续性"[69]；"以极低的人口密度向现有城市化地区的边缘扩展，占用过去从未开发过的土地"[70]；"城市发展或土地利用与农田交错混杂，并且通常表现为低强度的土地开发"[1]等，R. Moe进一步把蔓延定义为"低密度地在城镇边缘地区的发展"，其特点是"低劣的用地规划、消耗土地多，依赖于小汽车交通，建筑设计不顾周围环境"[18]。可见诸学者对"城市蔓延"的定义也有不同的侧重点，但由于这个概念出自于对事实的判断和整理，因此结合"蔓延（Sprawl）"的本意，我们较易发现其中的两个基本点：蔓延通常发生在几乎没有规则和限制、或规划相对粗糙的情况下；在随意散布的过程中低效占用大量土地，导致城市盲目扩张。

"蔓延"词义可以和另外两个概念放在一起比较，它们分别是与"集中（集聚）"和"集约"相对应的反义词："分散（扩散）"和"粗放"。这种比较严格的对位关系使我们很容易理解"蔓延"和这两词的区别。"分散（扩散）"和"粗放"译自英文"Deconcentrate"和"Extensive"，分别有如下解释："分散"就是减少或背离"集中"的过程，因此具有离心和扩散区内密度降低的特征。而粗放："指以少量的生产资料和劳动，投放在较多

---

1

弗罗里达州的管理条例 Pule 9J-5.003（140）将其定义为：城市蔓延是指城市发展或土地利用与农田交错混杂，并且通常表现为低强度的土地开发，具有以下特点：不成熟的规划或缺乏规划的情况将农田转作其他性质的土地使用类型；城市发展与周边土地使用缺乏有机的联系；土地利用不能最大化地使用已经存在的公共设施，或者没有在具备公共设施的地块中进行开发。

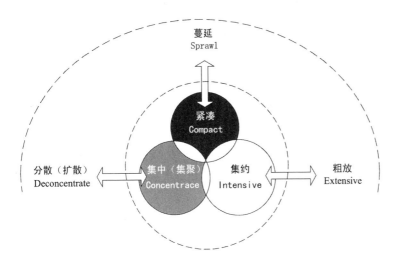

图 1-1　相关概念的关系
对应图示
（资料来源：自绘）

的土地上，进行浅耕粗作。"[68]它导致的土地低效使用与"集约"的土地利用方式是相对的。这些概念和"紧凑"、"集中（集聚）"和"集约"的相互对应关系可以用图 1-1 表示。

　　此外，要特别指出的是在"蔓延"、"分散（扩散）"和"粗放"这几个词语中，唯有"分散（扩展）"的动作在适当的情况下，有可能对"紧凑"起到正面的促进作用。因为在城市摆脱原来单一聚集的发展模式或将聚集模式扩大到更大范围的时候，必然伴随有"分散"的趋势，它和"集中（集聚）"总是相互作用，并在一定阶段相互转化的，因此"紧凑"往往在这样交替的过程中实现并完善。

## 1.3 "紧凑"理解的若干误区

　　由于"紧凑"在国内的研究尚处于起步阶段，对其概念的理解还比较模糊，加之受既定思维模式的左右，我们在对"紧凑"的认识上难免存在一定的误区。这些理解上的偏差在国外学者有针对性研究的初期也曾出现过，甚至至今仍然存在。因此在基本澄清了"紧凑"的概念之后，笔者尝试就其中两个最主要的误区进行解释，以再次回答"什么是'紧凑'"的问题。

### 1.3.1 误区一：将"紧凑"等同于单中心圈层扩展

在"紧凑"的概念刚刚被提出的时候，曾有不少学者将其设想为限制在单中心结构模式下的圈层发展，或在城市的既有结构下受限制地扩展。甚至到目前为止，仍有不少学者将"紧凑"城市等同于单中心高密度城市。这一认识的首要问题在于将城市最初形成时的集聚发展状态认定为城市最有效的扩展形式，而忽视了城市高效扩展的其他可能。尽管世界上绝大多数城市都经历过单中心结构的城市发展阶段，许多至今仍然保持着这一结构，但出于城市发展是动态过程的考虑，当城市规模增大到一定程度，城市圈层扩展至外围用地效率较低的时候，其结构和形态的调整是提高城市运行效率的必然选择，国际上许多著名的城市案例都说明了这一点。

同时，"紧凑"的概念反映出其相对性，它的参照点是城市当前的发展模式和建设现状，因而我们不能忽视城市的现状结构特点来讨论究竟什么样的空间扩展方式是"紧凑"的。对于已经跨越了单中心发展阶段的城市而言，将"紧凑"等同于单中心扩展显然已经没有任何指导意义，即便对于目前仍然保持单中心结构的城市而言，其未来发展也有多种可能性，需要认清发展条件进行判断，其中是否有助于高效利用城市土地，并不断提高生活质量自始至终都是从"紧凑"发展的角度进行评判的重要依据。

由此，在这些认识的基础上，针对目前学术界对于到底是"单中心"、"多中心，组团式"、"指状发展"还是"带状发展"的城市是"紧凑"城市的讨论，笔者认为这一研究的前提，即存在一个适用于大多数城市的特定的"紧凑型"城市结构形态是不存在的。因为我们既然已经认识到各个城市在现状结构、发展阶段和发展条件等方面的差异，那么想让各城市按照相对一致的方式进行发展就显得不太实际。我们不能把发达国家的城市发展策略直接照搬用于我们国家城市建设，也不可能将北京、上海等大城市的发展模式套用在其他中小城市上便是这个道理，甚至北京和上海这两个人口规模相对接近的城市在具体发展策略的选择上也是各有不同。因而，各个城市对于"紧凑"概念中两个基本点的认识和理解必须结合自身的情况，将对结构优化和形态完善的讨论推进到城市发展和空间扩展的各个层面。

## 1.3.2 误区二："紧凑"等同于"高密度"

"紧凑"的研究离不开对密度的考量，这一认识对于制定应对郊区蔓延现象的法规政策和设计原则具有重要的现实意义。因为从蔓延扩展的表现形式来看，其低密度特征被认为是造成土地浪费和环境破坏的主要根源之一，所以许多专家学者在研究"紧凑"的过程中十分强调高密度的措施。而高密度的城市空间对市民城市生活的影响也是支持或反对城市"紧凑"发展策略的正反双方争论的焦点。

我们仍然从"紧凑"的概念来理解，在这里需要明确的是：仅仅将高密度等同于"紧凑"所追求的高效率是不全面的。两者确实存在一定的正相关关系，但是正如工作效率和劳动强度之间不能简单画上等号一样，城市空间的整体运作效率至少与以下几个方面密切相关：功能布局和空间组织关系，空间释放能力和承载能力，以及与市民生活内容的契合度等。密度的高低显然直接关系到城市的空间释放能力和承载能力，但是布局和组织关系，以及契合度等其他内容也是表征效率的重要内容。

理解这一点对在像我国这样的发展中国家研究"紧凑"策略具有积极意义。因为相对发达国家的城市而言，发展中国家的城市密度大多相对较高，这样高密度的城市空间已经造成看似拥挤的市民生活，也给城市环境带来沉重负担。因此国内许多专家学者曾以此为理由质疑"紧凑"策略，认为更高的密度只会给目前的城市问题雪上加霜。因此我们需要换个角度，以城市空间是否高效运转为标准重新衡量我们国家目前的城市发展现状，相信不难发现许多城市在新一轮城市扩展热潮中遭遇困难的症结所在，或许也能够从像香港这样更高密度、相对更加"紧凑"的城市的运作中借鉴到更多有实质性帮助的内容。

## 1.4 小结

本章的内容紧紧围绕"什么是'紧凑'"的问题展开。在对"紧凑"进行释义的过程中,笔者尝试从多个角度理解这个词语将带给我们城市的变化。基于"紧凑"概念的两个基本点,它不仅要求以较少的城市土地提供更多城市空间,而且还有着对于提高城市居民生活质量的不懈追求。作为一种城市发展策略的关键词,它被赋予提高城市运行效率和生活质量两方面的双重使命。

在"紧凑"一词逐渐被国内学者认识的这些年中,我国的城市发展也进入明显的加速期。在城市发展的强大动力下,国内规划师苦苦寻找引导城市空间可持续扩展的良方。21世纪初我们首先作为旁观者,接触到了发达国家在二三十年的争论中不断发展的"紧凑"理论,此后通过各种途径的引介,对它的一些表现和实践成果有了更深入的了解。然而,要想真正探寻"紧凑"策略是否可以扎根于我国国情,是否能够从根本上帮助实现城市空间的可持续扩展,我们自身必须参与到对"紧凑"本质问题的讨论,而对其概念进行相对精确地解读是第一步。

# 2 "紧凑"的策略目标

## 2.1 关于"紧凑"策略

"策略"是在既定目标下行事的计划和方法，由一系列具体的行动步骤所组成，这些行动步骤共同构成策略实施的主要内容[1]。本书研究的城市的"紧凑"发展策略（简称"紧凑"策略）是以"紧凑"为关键词的一项城市发展策略。由于城市发展策略是针对当前城市发展问题，以城市未来发展目标为指引所做出的预先设想，并要求使之转化为更具有操作性的诸多原则和行为步骤。那么，"紧凑"策略也即是在一定的目标体系下，将"紧凑"概念中反映的两个基本点在城市发展策略中体现并落实的一系列行动原则和步骤。而从国内外目前的主要研究主体来看，它与城市空间密切相关，是以城市发展的空间策略研究与实施带动城市环境、经济、社会和政治多方面目标实现的重要途径。

针对"紧凑"概念中的两个基本点，我们可以将"紧凑"策略的目标分解为客体和主体两个层面。其客体目标是促进城市空间可持续扩展，对应于通过利用较少的土地提供更多城市空间来减少对自然资源和能源的侵掠，以帮助实现人类整体的可持续发展；而对应于"紧凑"概念的第二个基本点，该策略还有提高城市居民生活质量的主体目标，这不仅是"紧凑"策略体现的重要内涵，也关系到策略实施过程中能否争取到社会支持和市民的积极参与。

## 2.2 "紧凑"策略的客体目标——促进城市空间可持续扩展

如果说 20 世纪 50 年代以后，"紧凑"又一次与城市相关联是发达国家对城市蔓延现象不断反思的结果，那么"紧凑"策略

1
某些特定的固有的策略是前人总结出来的一套行之有效的解决问题和处理问题的方法或方案，例如《孙子兵法》便是春秋时期吴国将军孙武总结出来的古人行军作战的策略。

的实施与发展就离不开"可持续"思潮在全球的普及和深入认识。其概念的出发点恰恰契合了"可持续发展"给后代留有足够空间和资源的根本原则,因此在以后各国政府和专家学者对"紧凑"策略的研究中,帮助实现城市空间可持续扩展,并进而促进人类社会的"可持续发展"成为其主要目标。而且也正是全球范围内对"可持续发展"的关注促使人们积极投入针对"紧凑"的讨论中来,因为其研究主体——城市空间的可持续扩展是城市可持续发展的重要组成部分已经基本成为共识。

在"紧凑"与"可持续"的相关性研究中,"可持续发展"意味着什么,以及"紧凑"究竟能够在多大程度上帮助促进"可持续"的实现是其中两个关键的问题。前者有大量的研究为基石,在这一方面发达国家显然已经成为世界各国的领跑者;而寻找第二个问题的答案是本节的重点,这有赖于对目前城市发展过程中"不可持续"现象的深刻认识,并在此基础上对症探寻"紧凑"在实现"可持续"的道路上应有的贡献。

## 2.2.1 从"可持续发展"到"城市空间可持续扩展"

20 世纪 60 年代以后,全球城市环境问题步步升级。尽管在近几十年的时间里,讨论"可持续发展"的会议不断升级,其概念也日益广泛地应用于大至全人类,小至地方社区的各个层面,但不得不承认这一切的催生物正是社会发展进程中"不可持续"现象及其后果的接连出现。追根溯源,我们很难不将这其中的大部分问题与集聚着世界上近一半人口的城市联系起来:不仅城市自身扩张将对扩大的城市范围内自然系统造成整体性破坏,也导致非城市地区向城市地区供应资源的加倍增长。土地、森林、水体、矿产,包括野生动植物的生存空间源源不断地被城市消耗和挤占,而最终还需要为城市产生的废弃物腾出空间。即便是自然保护区、国家公园、世界级文化和自然遗产也因为城市人的渗透而逐渐成为用以欣赏的景观,失去原有平衡的自我调节系统。另外,受城市生活方式的影响,许多乡村腹地对周边环境的索取也

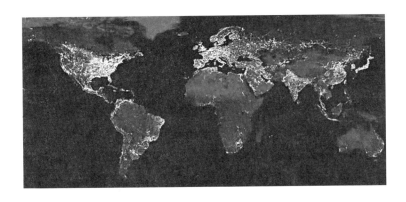

图 2-1 卫星拍摄经过合成处理的地球夜间图像，可以看到地球上的城市分布（资料来源：参考书目 74, p249）

大大超过了需求，对自然的敬畏之心逐渐消逝。或许我们已经必须承认：城市的扩张足以影响地球的每一个角落。在全球城市人口持续增长的现实背景下，它在发展道路上的选择无疑成为人类社会能否获得可持续发展的关键。而表征着发展策略的城市空间扩展方式也可以同时折射出人类践行可持续发展的愿望，矛盾和冲突（图 2-1）。

## 2.2.2 正视或回避：城市空间扩展中的不可持续现象

与四十年前《寂静的春天》出版和二十年前"可持续发展"概念提出的时候相比，城市文明和地球环境之间的关系仍在因为人口爆炸、科技革命，以及一些忽视对未来影响的做法而不断改变，人类面临的危机不仅没有得到本质的改善，反而还在它的基本框架上不断增加着新的内容。在人类聚居点不断扩张的过程中一方面反映出与自然环境严重的失衡关系，另一方面也无法逃避环境和气候危机对人类社会的迅速反馈。我们或许已经没有太多的时间迟疑，因为"无论是在陆地还是在海洋，无论冰川融化还是雪山消亡，无论热浪袭来还是干旱入侵，无论在飓风的风眼里还是灾民的泪水中——无论地球的哪个角落，都已经留下了累积如山、不可否认的证据"[74]，说明用人类文明无节制征服自然的行为已经引发自然周期的巨变，并导致危险的逐渐来临。

## 1. 文明与自然的失衡

"当人类向着他所宣告的征服大自然的目标前进时，他已写下了一部令人痛心的破坏大自然的记录，这种破坏不仅仅直接危害了人们所居住的大地，而且也危害了与人类共享大自然的其他生命。"（卡尔逊）

### 自然的资源有限

"自然的资源有限"的有力论据是现在世界上大部分人已经愿意承认"地球有限"的事实，自1968年"阿波罗"飞船带回《地球升起》的照片后，人们似乎意识到我们都"兄弟般"地生存在"一颗小小的蓝色美丽星球上"。[1] 在之前很长的一段时间里，人类常沉浸在能够统治无限世界的遐想中，将对自然环境的侵占和管理视为人类文明进步的战利品。而今天，人类不得不正视这样一个现实："存在——并且在很多情况下都存在——限制"[75]。

空间上的限制是很明显的。人类的足迹已经遍布全球。民用或军用的观察卫星不分昼夜地工作，使人类可以随时了解地球上发生的一切，似乎没有比这更能说明在地球上我们不可能发现新的空间了（图2-2）。

不可再生资源和能源的使用极限似乎也已经可以被预测出来。人类社会的发展进程是不断侵占和消耗土地、森林、水体、矿产等自然资源以维系生命的过程，也是持续采掘煤炭、石油、天然气等埋藏了几千万年的化学作用产物作为能源的历程。而对这些不可再生资源及能源的掠夺在从20世纪开始的城市加速扩

---

[1] 《地球升起》的照片由"阿波罗8号"摄于1968年圣诞前夜。在拍摄照片的第二天，阿奇波德·麦克利许写道："看到地球的真容，一颗小小的蓝色美丽星球，漂浮在永恒的寂静里。这就好像看到我们大家在地球上齐肩并进，兄弟般地生活在永恒寒冷宇宙里的明亮可爱的星球上。"

图2-2 地球升起
（资料来源：参考书目74，p13）

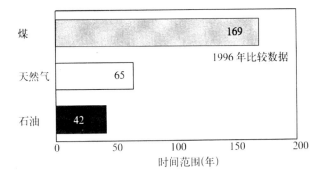

图 2-3　不可再生资源的
预测使用年限
（资料来源：参考书目 76,
p10）

张中几近疯狂。根据对未来不同能源使用情况的预测，科学家计算出了现有不可再生能源储备用完的时间。如果把尚未探测到的潜在能源也计算在内，相信也挽回不了这些能源在 21 世纪或者 22 世纪被消耗殆尽的结果。当然人类对能源问题的解决始终抱以乐观的态度，假如氢的热核聚变一旦实现，我们似乎就将拥有无穷的能量。尽管将来如何应对这强大能量有可能带来的潜在破坏力也成为困扰科学家的一大难题，但是显然，人类对能源问题的关注大大超过了对不可再生资源枯竭所带来严重后果的担忧。事实上，森林、水体和野生动植物消逝的速度甚至远超过人口增长的惊人速度，失去赖以生存的自然资源，人类自身的生存问题已不容乐观（图 2-3）。[1]

文明的垃圾无限

可能对大多数人来说，城市扩展过程中必将遭遇资源和能源困境已经不难理解。这个城市生存链上游的危机吸引着大多数眼球，比较而言，下游的废弃物排放问题受到的关注度较低。然而，没有受到应有的重视，并不代表不重要。恰恰相反，垃圾和废气问题已经成为制约城市乃至人类生存和发展的一大顽疾。甚至有人预言，即使人类有可能解决能源问题，垃圾问题也无法解决。

我们的工业文明似一个马达，输入自然界中的资源和能源，输出垃圾和废气。文明程度越高，科学技术越发达，马达的功率就越大，垃圾的生产速度也越快。以每个城市人每天产生的垃圾为参照，整个城市日积月累的垃圾产量恐怕超出人们的想象。随

1
以水资源为例，据联合国环境规划署预计，2006 年世界上有 1200 万人死于水污染和水资源短缺。预计到 2025 年全球将有 50 亿人生活在用水难以完全满足的地区，其中 25 亿人将面临用水短缺。

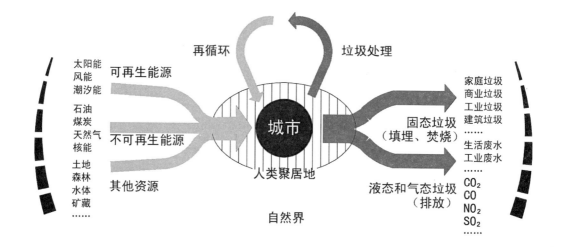

太阳能
风能
潮汐能 可再生能源
石油
煤炭
天然气
核能 不可再生能源
土地
森林
水体
矿藏
…… 其他资源

再循环　　　垃圾处理

城市

人类聚居地

自然界

固态垃圾
（填埋、焚烧）

液态和气态垃圾
（排放）

家庭垃圾
商业垃圾
工业垃圾
建筑垃圾
……
生活废水
工业废水
……
$CO_2$
$CO$
$NO_2$
$SO_2$
……

图 2-4　城市生存链示意图
（资料来源：自绘）

着城市的扩张，郊外的垃圾堆放填埋场也必须加速扩容。这些将固态垃圾牢牢禁锢的填埋坑无疑是大自然中的"结石"，它们基本难以参与到自然本身的物质循环了，而在世界范围内的现代建设狂潮中，这样的结石正在全球迅速蔓延。也许垃圾是放错了地方的能源，但只要热力学第二定律或称熵增加原理没有被推翻，或在大部分垃圾处理过程中仍需继续消耗水和电等能源，我们便无法摆脱垃圾再生也是有限度的客观事实。

同时，人类生产和生活产生的大量废气也远远超过了自然的净化能力。地球生态系统的最脆弱之处在于大气层，"它很薄，所以脆弱"[74]，而人类目前行为产生的结果是大气层基本分子成分的密度正在被大幅度改变，以致温室效应增强，空气污染加剧，随之而来的便是气候危机。

## 2. 自然对文明的警诫

"我们不要过分陶醉于我们对自然界的胜利。对于每一次这样的胜利，自然界都报复了我们。"（恩格斯）

全球气候变暖的问题早已在学术界达成共识，其正在和将要造成的危害被认为是对人类文明的沉重打击。通过对包括南极洲在内的各洲 2 万 9 千套数据进行整理，2007 年联合国在其发表的最新气候变暖报告中确实证明了"人为的气候变化征兆已经在

图 2-5 冰川消融、热浪、洪灾、干旱、飓风等现象及对人类生存的影响（资料来源：参考书目 74, p46, 47, 85, 97, 110）

我们的地球上有所显示"[89]，这是人类文明在消耗资源和能源，并产生垃圾的各个环节中释放的温室气体不断累积的结果。

平均气温的上升对全球许多地区的自然生态系统产生了影响，如海平面升高、冰川消融、河（湖）封冻期缩短、沙漠化指数加剧、中高纬生长季节延长、野生动植物灭绝速度加快、与疾病伴生的物种肆虐、不同物种间的微妙生态平衡被打乱等。同时现有的研究也指出，近年来连续发生一系列气候极端事件也与全球气温的上升密切相关，如厄尔尼诺、干旱、洪水、热浪、雪崩、风暴、沙尘暴、森林火灾等，其发生频率和强度明显增加，而由这些极端事件引发的后果也在加剧。[1] 人们一度以为全球变暖的危机尚十分遥远，但是就如"拉森–B"冰架的突然崩裂，这一切或许比我们想象的要快得多。[2]

大量实例证明，人类文明正暴露在由自身行为制造的环境和气候危机之中。大气污染中的温室效应已经可以带来如此之多灾难性的后果，那么加上水污染、放射性污染、噪声污染和大气污染的其他形式，如酸雨、臭氧层破坏等每年夺去的生命和财产，我们应该已经有足够的理由听从自然对我们的警诫。然而，"人类意识到这个问题已经很长时间了，但采取的行动却非常滞

---

1
详见（美）阿尔·戈尔著. 难以忽视的真相. 环保志愿者译. 长沙：湖南科学技术出版社，2007. 该书生动展示了全球变暖的例证以及它给人类带来巨大危害的情况，此处不加赘述。

2
科学家曾认为南极的"拉森–B"冰架至少在 22 世纪还能保持稳定，但是从 2002 年 1 月 31 日开始，在短短的 31 天里，它就完全崩塌断裂了。

后"[1]。正如文章的只言片语难以勾画人类环境问题的全部景象，在这场人类文明与自然的对弈过程中，我们不能仅仅满足或停留在采取一些令人宽慰的权宜之计上，而应该尝试寻求更为根本性的改变。而这一根本性的改变只有可能，也必须发生在我们的城市。

## 2.2.3 直面与改变：以"紧凑"策略促进城市空间可持续扩展

路易斯·芒福德说："城市是一种特殊的构造，这种构造致密而紧凑，专门用来流传人类文明的成果"。可见城市不仅是文明诞生的重要标志之一，更是人类文明开放、交流、传播和融合的中心地，是文明足迹的有力见证。在人类文明与自然这场看似难以调和的对峙中，因人口激增和科技进步导致的城市快速扩张一直被认为是问题产生的根源，那么是否只要城市选择合适的发展方式，它也可以成为缓和矛盾，促进人类重新认识自我的希望之地呢？答案需要时间的验证，而最重要的是即刻行动！

### 直面选择

一则经典故事也许可以解释我们现在的处境：故事说的是从前有一次科学实验，一只青蛙跳进了一锅沸水，马上跳了出来，因为它意识到了危险；同样是这只青蛙，把它放入一锅冷水中，慢慢地把这锅水加热到沸点，它只会一动不动地待在水里，意识不到危险的存在。一般的结尾是"直到这只青蛙被煮熟了。"[88]但做实验的人应该可以把它救出来，或许当到达一定温度，青蛙会试图逃生。我们不用过于在意这个故事的真实性，因为以人类的智慧，应该能够在看到周围冒出的气泡后更早地意识到危险，而且先进的科技手段可以帮助我们预测将要发生的事，并找到出路。

那么，我们尝试用更清晰的方式描述人类以城市文明的方式参与地球系统自组织的整个过程。首先地球系统可以被看作由无

1
加州大学气候变化问题专家娜奥密·奥雷斯克斯在说明人类常忽视气候警报时这样说。

数个生态单元所构成，这些生态单元各自发展，并相互牵制，从而达到整体的稳定状态。从更宏观的视角看，城市也是参与自然循环的一系列生态单元，其生长和发展是整个地球生态循环系统的一部分，而与其他单元不同的是，随着人类科技的进步，自然中能够牵制文明发展的力量越来越少，意味着通过侵占其他生态单元的空间，城市可以不受约束地扩张。但对整个地球系统而言，这无异于遭遇内部结构性的改变和冲击，平衡将被打破，在自我调节和修复机制也逐渐失效之后，系统失去稳定走向紊乱成为必然，暂且不说这一过程所指向的下一个稳定状态会是什么，其变化的过程本身对人类而言也可能是灾难。不仅自然界中的极端现象将更频繁出现，而且逐渐失去地球母亲的供给和呵护也意味着未来人类将失去赖以生存的环境。了解了这一事实，表明我们或许可以从更长远的角度来看待人类与地球的关系，而横亘在我们面前的第一个至关重要的问题，便是选择：等待自然界向人类索要"平衡"，还是人类主动促进与自然界之间的"和谐"。

着手改变

选择的前提其实是我们别无选择。可持续概念的兴起便是人类对这一问题的首次回答，然而二十多年过去，地球平均气温的加速上升和环境及气候危机的频繁预警，说明我们所做的努力和改变还远远不够。基于对人类文明与自然逐渐产生失衡关系的认识，理论上我们的改变必须从以下三方面着手：

一、减少对土地、森林、水体等自然资源的恣意侵占和索取，给自然界其他生物留有生存空间；

二、减少对不可再生资源的使用，尽量使用太阳能、风能等可再生资源，这不仅可以将自然界的宝贵财富尽可能多地留给后代，也将大量减少不可再生资源转化过程中产生的热量和废弃物；

三、针对生存链的下游，要尽可能降低垃圾的产量，虽然回收再利用可以消解部分垃圾，但是大部分转化的过程还需耗费大量水、电等能源，同时目前对液态垃圾和气态垃圾的处理仍十分有限，改变大气和天然水体组成的过程是不可逆的，因此从源头上降低消耗并减少垃圾才是根本。

在这些改变中，城市在人类文明中的地位将再一次凸显。一方面它是目前文明与自然冲突的焦点，只有改变城市目前的发展模式，才有可能实现人类与自然的和谐共存。另一方面城市也是人类智慧和科技力量的聚集地，具有强大的能动性和感召力。过去在拥有无限空间的"游牧式"文化中，城市文明造就了今日的繁荣，那当人类为了获得整个地球的平衡而选择不超出一定边界的"定居者"文化[1]后，人类同样要运用集体的智慧丰富城市的内涵，因为城市从过去、现在到未来都应该是人类理想的"居留"地。也只有通过城市的高效运作才可以将人口集中在自然界里的较小范围，并满足大多数人除了生存之外的精神和文化需要。因此在城市人口不断增加的现实背景下，如何在有限的空间中创造高效的城市循环系统成为新的挑战。

"紧凑"研究正是对上述问题的探索，它的产生基于这样的认识：城市空间结构和形态的完善可以更有效地将城市个体行为纳入城市整体运作，从而促进城市空间可持续扩展。而城市的可持续扩展将帮助实现人类社会的可持续发展，并最终促进地球循环系统的可持续运转。因此，探索城市扩展中能够在有限的空间中容纳更多人口和城市活动的高效结构和合理形态是"紧凑"策略的重要研究方向之一。

## 2.3 "紧凑"策略的主体目标——提高城市居民生活质量

对应于"紧凑"概念的第二个基本点，以其为关键词的城市发展策略还有对高质量的追求，也即如何在容纳更多人口和活动的城市空间中，提高居民的生活质量。由于城市居民是城市生活的主体，这一目标更多涉及城市居民自下而上对于城市生活内容的微观感受，是"紧凑"策略有关空间的客体目标的必要补充。同时两者相互关联，一方面市民对生活质量的价值评价是城市可

[1]
引自（法）阿尔贝·雅卡尔著.
"有限世界"时代的来临. 刘伟译. 桂林：广西师范大学出版社. 2004：113. 文中提到："我们要彻底改变我们的文化：从拥有无限空间的'游牧式'过渡到永远不能超出特定边界的'定居者'文化"。

持续发展的基石之一；另一方面，也只有切实提高了生活质量，保持城市足够的吸引力，才有可能使市民"居留"于此，并积极投身于城市的可持续建设之中，为其贡献智慧和力量。

## 2.3.1 关于城市"生活质量"

"生活质量"是一个多层面的概念。它较早的定义是1958年美国经济学家加尔布雷思在《富裕社会》中提出的，即"人们生活舒适、便利程度以及精神上所得到的享受和乐趣"。社会学家坎贝尔认为生活质量是"生活幸福的总体感觉"，世界卫生组织也在1993年提出了生活质量的定义："不同文化和价值体系中的个体对与他们的目标、期望、标准以及所关心的事情有关的生存状况的主观体验"[90]。因而尽管在大多数生活质量的指标评价体系中，生活质量通常表现为生活条件的综合反映，即收入、社会文化、教育、卫生、交通、生活服务设施的状况，以及人们对生活环境的判断，但"生活质量"最终还是市民主观诉求的表达，受到个体处境和当时当地经济、社会文化的影响。

随着社会的发展，不仅生活质量所包含的内容在不断扩展，同时提高居民生活质量对于社会发展的重要性也得到了深入地认识。美国经济学家罗斯托于1971年提出了追求生活质量是人类社会发展必然趋势的论点，并将其命名为经济增长的最后阶段。[1] 而在1995年的哥本哈根社会发展世界峰会上也进一步指出："社会发展的最终目标是改善和提高全体人民的生活质量。人民生活质量的高低是衡量社会进步的价值尺度。改善和提高全体人民的生活质量是社会进步的标志。"由此，我们可以看出生活质量不仅涵盖了物质层面上的价值判断，更涉及社会、精神等表达更高层次意愿的非物质层面，甚至包括基本的社会生活结构。

## 2.3.2 20 世纪 50 年代以后城市生活的变革

20 世纪 50 年代是西方主要发达国家从战时经济状态向高速

---

1
罗斯托在《经济增长的阶段》中将社会形态和经济增长的过程划分为五个阶段：传统社会阶段、为起飞准备前提的阶段、起飞阶段、成熟阶段、高额群众消费阶段。后来在1971年发表的《政治和增长阶段》一书中，他在原有的五个阶段后面增加了"追求生活质量"的阶段。

发展时期转变的重要时间节点。在战后重建、生产恢复、人口增长和科技革命等因素的共同作用下，这些发达国家的城市逐渐转型，由于产业分布和就业结构发生了较大转变，因而城市居民的日常生活受到较大的影响。美国率先经历"第三次浪潮"革命[1]，进入知识经济时代。英国、法国、日本等也紧随其后，步入了经济转型后的高速发展期。同时在政府、开发商、产品制造商和销售商的联合激励下，市民将自己生活领地延伸到了更大的范围，郊区化现象的延续和中心城区的衰退正是在这一变革中城市居民对生活方式选择的结果。因而观察这一时期城市生活的变革将有助于了解世界范围内社会意识形态的变化，以及各种规划思潮产生和发展的背景。

此外，到20世纪末，在发达国家经历了"滞涨时期"和经济低速发展期之后，一些发展中国家以使全球侧目的惊人速度迈开了发展的步伐，但是由于这些国家中大部分没有经历完整的工业经济发展阶段，经济基础相对薄弱，因而在知识经济和信息时代来临时承受着巨大的冲击和跳跃的阵痛。在这场城市的巨变中，原来和不断成为"城市人"的城市居民成为最主要的践行者和体验者，新旧观念和不同价值观的矛盾和冲突都可以从城市居民的生活变革中全面反映出来，而在这一过程中，发达国家的生活形态起到了强烈的引导和示范作用。

## 1. 财富体系的加速运转

20世纪50年代以后，随着政治局势的稳定和市场爆炸性的扩张，全球生产以前所未有的速度增长，也使世界财富体系处于加速运转之中，这一过程以增加财富、提高富裕程度和减少甚至希望消灭贫穷作为两条主要线索，隐含着一种普遍默认的社会发展观，即存在着某种绝对超越文化、地域和民族的评价标准，可以用来衡量一个城市或个人在全球财富体系中所处的位置。

在新的财富体系形成的过程中，定义着"富裕"标准的发达国家是其中最早也是最大的受益者，首先表现为较高的城市化水平使得大部分家庭生活在城市当中，其次这些家庭在衣食、居

1

1956年美国白领工人的数量首次超过了蓝领工人的数量，因而在这一时刻，阿尔文·托夫勒宣称美国迎来了"第三次浪潮"革命。

住、休闲和通讯等方面的生活水平都得到质的飞跃。[1]在这样的示范效应下，努力向更高的现代化和富裕阶段"进步"成为全球，尤其是发展中国家大多数城市和个人发展的具体目标。而"贫穷"的状态似乎也可以逐步改善。尽管我们时代的"最大悲剧是还有1/6的人口根本没有踏上发展的阶梯。"[2]但是只要这些国家可以获得进行关键性投资的财政资源，并从发达国家那里得到帮助，似乎这最后1/6的贫困人口在不远的将来也能过上富足的生活。

正是在这样的机制刺激下，财富体系不断运转。其中不得不提到城市的作用，作为先进生产力的代表，其人口比例在很大程度上表达着财富体系运转的效率。不管是工业文明，还是知识经济都需要更多能够参与其中的"城市人"，他们不仅是现代产品的生产者，同时也是消费者，是支撑整个财富体系运转的原动力。因而按照这样单向进化的社会发展观，以后必将有更多的人生活在城市当中，尤其是发展中国家的城市中，它们不可避免地将面临人口激增的冲击。而基于对这种财富体系的潜在认可，在整个社会的引导下，大多数城市个体将为能够在这一体系中立足而付出更多劳动、智慧，甚至个性的价值。

## 2. 消费时代的悖论

西方社会在20世纪中叶以后进入了从传统的以"生产"（制造）为中心转向以"消费"（包括消费服务）为中心的时代，人们的消费观念由此产生了根本性的变化。一方面符号消费使时尚而不是使用价值成为消费的价值尺度[3]，而且"一次性"消费、商品的过度包装、"深加工产品"等奢侈性消费也在不断增加。其中反映的消费主义的意识形态构成了当今现代性和自我意识的基础，并深刻影响着人们的生活方式、彼此之间的认同感和自我观念，因此它不仅是社会经济的转变，也是整体性的文化转变。

但是，消费时代的来临激发了许多难以调和的矛盾。建立在地球无限和科技无限认识上的现代消费观首先激化了人与自然的冲突关系。符号消费一方面造成非必要消费的增加和商品社会寿

[1]
正如经济史学家伍德拉夫（William Woodruff）所言："这些地区的开发利用和随之而来的贸易成长，使得欧洲家庭的财富到达了前所未有的水准。"而美国家庭在20世纪中叶的平均可支配收入中有20%的部分用于填饱肚子。到2002年，用于吃饭的仅需要10%了，过了一年之后这个数字又下降到6%。

[2]
美国学者杰弗里·萨克斯在《贫穷的终结》一书中写道"好消息是——一半以上的世界人口经历了经济增长，他们不但已经踏上了发展之梯，而且正在继续往上爬。向上爬的证据是显然的——逐渐提高的个人收入，以及拥有手机、电视机、摩托车等商品。经济进步也体现在一些决定经济福利的关键因素上，比如预期寿命提高，婴儿死亡率下降，教育水平提高，更容易获得清洁水源和卫生设施等。"详见（美）杰弗里·萨克斯著. 贫穷的终结：我们时代的经济可能[M]. 邹光译. 上海：上海人民出版社，2007.

[3]
新的消费观"不同于以往之处在于，它不受生物因素驱动，也不纯然由经济决定，而是更带有社会、象征和心理的意味，并且自身成为一种地位和身份的构建手段。"成伯清. 现代西方社会学有关大众消费的理论[J]. 国外社会科学，1998/03.

命的缩减，另一方面对奢侈性消费的追求更加剧了资源的紧缺和环境的恶化，这无疑加重了城市生存链的负荷。其次，消费主义也蕴含着人与人之间的危机。在这一文化体系中，富有阶层受到较大关注，并占用更多的社会和物质资源，其中大多数消费品增加了代内和代际消费的不公平。最后，当人类的生活方式被简单地"物化"后，构筑在消费刺激上的精神追求将有可能导致人类精神世界的迷失，而逐渐失去感悟"幸福感"和"充实感"的能力。彼德里亚在《消费社会》一书的开篇写道："今天，在我们周围，存在着一种由不断增长的物、服务和物质财富所构成的惊人的消费和丰盛现象，它构成了人类自然环境中一种根本变化。恰当地说，富裕的人们不再像过去那样受到人的包围，而是受到物的包围……我们生活在物的时代……我们根据它们的节奏和不断替代的现实而生活着。在以往所有的文明中，能够在一代一代人之后存在下来的是物，是经久不衰的工具和建筑物，而今天，看到物的产生、完善，而消亡的却是我们自己。"[84]

### 3. 汽车领地的扩张

美国城市交通的发展历程以最为清晰的画面展现了城市汽车化的过程和归宿。自诞生于 19 世纪后期的汽车开始由福特汽车公司大批量制造以后，到 20 世纪 30 年代美国已经基本形成了依赖汽车的现代生活方式及城市结构的雏形。而 20 世纪 50 年代以后，这一现象伴随着时间的推移不断地在其他国家重复上演。

对城市而言，小汽车使用对距离感的突破也使城市得以在更广大的腹地内对市民生活进行重组，并把为日常生活提供场所的办公楼、工厂、商店和居住区分割成局部的构成要素。随着小汽车占有量的提高，城市空间的规划和设计便摆脱不了对汽车出行和开车人需要的优先考虑。曾经是地方游戏场所和大众交往场所的街道，被征用为机动车道，甚至是停车场。城市中机动性特征明显的场所，如城市干道、高架桥、停车场、加油站正成为现代城市的重要特征之一。在规划设计中道路和交

图 2-6　小汽车导向的城市空间
（资料来源：自摄）

通空间的地位也越来越高，以致对城市空间结构的控制作用也越来越明显（图 2-6）。

　　而小汽车使用带来的城市问题也逐渐被人们认识，发达国家把在 20 世纪下半叶大多数城市中普遍出现的"城市病"很大程度上归咎于人们对小汽车的依赖。因为交通拥堵、环境污染、城市蔓延和人际关系疏理等为人们所诟病的现代城市问题几乎都与小汽车的使用有着直接关系。就交通拥堵的问题，简·雅各布斯的看法十分精妙："汽车并非原本就是城市的破坏者……内燃机一旦被用上就会成为加强城市特性的有效潜在手段，同时还可以把城市从对马匹的依赖中解放出来……我们的问题在于，在拥挤的城市街道上，用差不多半打的车辆取代了一匹马，而不是用一个车辆代替半打左右的马匹。在数量过多的情况下，这些以机器为引擎的车辆的效率会极其低下。这种效率低下的一个后果是，这些本应有很大速度优势的车辆因为数量过多的缘故并不比马匹跑得快很多。"[85] 当然，这种以原有城市形态为基础的讨论受到历史的局限，但是其原理同样可以放到道路建设速度远赶不上汽车数量增加速度的现代城市中。而小汽车使用加剧环境污染的问题更在全世界达成共识。它对不可再生资源和能源的依赖从 20 世纪 70 年代"石油危机"的影响力中也可见一斑，不需赘述。

### 4. 范例与自我的遗失

　　以城市自身的演进为参照，其通过历史信息传达的价值和传统中流传至今的内容可以被视为范例。在城市缓慢发展的时期，这种范例得以鲜活地生长在城市的土壤里，影响一代一代人的生活方式。但当社会面临经济、政治各方面的巨大变革时，范例又往往因为代表着过去的意识形态而率先受到批判和颠覆。"在20世纪50年代至60年代，左右着英美的城市更新运动，一般而言，是勒·柯布西耶'彻底粉碎旧世界'（Tabula Rasa）方法和单一功能分区的结合。""历史的思考和对先例的运用被有意从设计过程中剥离了，在他们的眼光里，形式的新鲜和独创是一切品质中最值得嘉许的"。[86] 其产生的结果便是我们眼中简·雅各布斯描绘的城市。

而在面临"发展"和"保护"两难抉择的发展中国家，类似的矛盾和冲突更为激烈。只要看齐或赶超经济发达国家的发展观为大多数人所认可，那么即使目前世界各国鼓励重归对历史的价值判断，横亘在发展和进步前面的传统依然岌岌可危，这对其中文化的延续而言尤其是不可挽回的损失。当然，我们的城市仍在不断学习并制造着范例。在全球化进程中，来自欧洲和美国等发达国家的城市成为发展中国家的范例，发达地区成为落后地区的范例，而大城市又成为小城市的范例，这样一种新的范例产生模式主导了20世纪末至今，直至以后的城市发展途径，如果这是把人类社会作为整体来考虑生存问题的开始，那么借鉴和学习还有待于由表及里的思考，以及恰如其分的选择。

对城市中的个体而言，他们是城市的缔造者，但反过来，城市同样塑造和影响着城市人的观念、性格和行为。社会给生活于其中的每一个人提供与他人交往的平台，使其在不断与他人交往的过程中得以确认自己。与乡村社会形成鲜明对比的是，城市中初级群体的功能较之以前减弱，次级群体的作用则日益增强。[1] 而在繁忙的现代城市，尤其是大城市中，大部分人与次级群体接触的频率和时间远多于与家人、朋友等初级群体共处的时间，相对复杂而多元的人际交往关系一方面给自身价值的确认产生困扰，另一方面也使个体更容易受到社会普遍意识的影响。如果城市决策并不注重原有社会关系网络的保护和重建，那么在群体向单一目标行进的过程中，个体与个体之间关系的疏离便难以避免。

---

1

初级群体的概念最早由美国社会学家C·H·库利提出，是指具有亲密的、面对面交往与合作特征的群体。这些群体之所以是初级的，因为具有几个方面的特征：面对面的互动；有限定的群体规模；不能完全替代的人与人之间的特殊关系；靠习俗伦理维持的群体控制。初级群体强调家庭、邻里和儿童游戏群伴等在人的早期社会化过程中所发挥的重要作用，把它看作"人性的养育所"。后来的社会学家将这一概念扩大到人际关系亲密的一切群体。次级群体又称作次属群体，是用来表示与初级群体相对应的各种群体，如学校、职业群体、社团等。次级群体是人们为了达到一定的社会目的而建立起来的。一般说来，次级群体规模比初级群体要大，成员较多，有些成员之间不一定有直接的个人接触，群体内人们的联系往往通过一些中间环节来建立。

### 2.3.3 追寻与回归：以"紧凑"策略提高城市生活质量

在最近 50 年的城市发展历程中，世界经济极大繁荣。以城市为依托，许多国家和地区逐步走上了富裕的道路，而其他一些正在往这个方向努力，这对改善人们的生活质量起到不可估量的重要作用。然而，随着客观事实对"地球有限"的不断揭示和知识经济中对个人价值判断的重新要求，以单一的经济价值标准来衡量城市生活质量的方法已经暴露出许多弊端，这并非城市居民对生活质量评判的真实表达。在较早进行生活质量研究的国家，美国的学者们已经指出市民对生活的满意度基本反映了较为稳定的意愿，可以用于衡量市民的生活质量，使得这方面的研究逐渐摆脱了将经济增长直接等同于生活质量提高的认识误区，而强调了必须重视人们在精神、心理和情感上的主观感受。

而对于什么才是市民满意的城市生活，1987 年英国格拉斯哥大学的研究人员给出了他们的答案。为了弄清楚广大市民如何考虑每一项生活要素对生活质量判断的重要程度，他们在英国进行了全国范围内的专门普查。其结果认为：如果人们有选择城市的机会，他们一定会选择居住在暴力和非暴力犯罪率低、良好的健康服务设施、低污染、生活费用低廉、购物中心设施齐全以及能享受到各民族之间和睦相处、充满情趣的城市之中。[87]这虽然不是一个普适的标准，但却或多或少地说明，在城市未来发展的过程中，改善生活和服务设施的可达性、减少污染、创造富有多样性和活力的城市物质及社会环境都有助于提升人们对于生活质量的感受。而显然在功能割据、小汽车主导、范例遗失和人际关系日益淡漠的现代城市中，其自身的弊端如果得不到改善，人们对于更为美好的城市生活的追求便也难以满足。"紧凑"策略的提出便尝试回答如何回归城市在外延式粗放扩张中经常被忽视的对于市民生活质量的考量，寻求在不随意增加资源和能源消耗的前提下通过内涵建设来满足市民主观诉求的方式和方法。这是对城市发展策略研究与实施出发点的完善，因而我们有理由相信，在人类智慧的共同努力下，与自然和谐共处的理想家园是能够被重建或创造的。

此外，从另一个方面讲，"紧凑"策略能否获得社会的支持和市民的推崇及参与在很大程度上也依赖这些行动步骤能否逐步改善人们目前的生活状态。从表面上看，"紧凑"策略对自然环境和资源的珍视与目前财富体系中推崇的消费生活存在较大的冲突，在社会发展的强大惯性下，目前城市发展方式的不可持续问题远没有被公众所普遍认识，这似乎为其实施设置了潜在的障碍。但如果因为暂时的困难而放弃对城市长远的可持续发展的价值判断，实是因噎废食之举，同时我们不能忽视积极的环境氛围对于市民消费观念和行为的引导作用。在目前的社会环境中，我们更应该关注"紧凑"的城市发展策略对于城市居民生活质量改善的重要作用，因为一旦市民在相对更为"紧凑"的城市中获得了理想中便捷、舒适的生活状态，他们就有可能积极投入可持续的城市建设之中，转而从人类共同的利益出发考虑环境问题。这是博弈论中的"纳什均衡"告诉我们的道理：合作才是有利的"利己策略"。

同时，在城市的可持续扩展是有限制的扩展这一前提下，如何在需要容纳更多人的城市中改善市民的整体生活质量，关键还在于规划师和政府决策者能否听懂大多数市民的普遍诉求，找到改善城市居民生活质量的最佳切入点。当人们因为不能够和富裕阶层一样消费更好的食品、衣物和住房而不满时，我们不仅需要提供工作机会来帮助他们创造财富，还应该重视社会公平，避免社会公共资源在分配上的不均；而当人们在拆迁、被管制的事件中表达对抗情绪时，他们还希望能够受到尊重。因而在"紧凑"策略研究和实施的过程中必须梳理出较为清晰和更加深入的工作思路，关注可能有助于提升市民对生活质量价值评判的各方面措施。

## 2.4 小结

戈尔在 2006 年的一次演讲中说："人类的进化使我们能更容易，也更自然地应对来自蛇、其他动物的牙齿、爪子或蜘蛛的威胁，然而对于要经过抽象分析来理解的威胁，人类却更难应对。这并非不可能，但需要更多时间。"[88] 自从 40 多年前一本《寂静的春天》改变了我们观察这个世界的视角后，人类如何与自然共处的讨论一直持续至今，但是我们不得不承认，在 21 世纪的今天城市社会单向进化的发展观仍然占据主流，并深刻影响着处于加速发展状态的发展中国家。

"紧凑"策略的提出便是建立在对生存环境反思和精神价值回归基础上的对城市空间可持续扩展方式的研究。它的基本研究与实践目标旨在帮助实现城市的可持续发展，并尽可能提高城市居民的整体生活质量。随着人们对城市运作体系和环境生存系统的不断深入认识，"紧凑"策略在现阶段的实施不仅可以帮助解决城市扩展中遭遇的主要问题，也将为后世探索更可持续的城市生存方式争取更多的时间和空间。

# 3 "紧凑"的策略基础

在建立"紧凑"策略的完整目标体系后，如何在城市未来的发展过程中，通过该策略的研究和实践促进上述目标的实现成为本书研究的重点。当然，我们首先仍需要就"紧凑"策略的几个关键性问题进行探讨，这是全面认识"紧凑"意义，以及展开策略研究的基础。尤其对于针对我国国情的"紧凑"策略研究而言，其内容一方面有助于认清我国城市当前发展的现实条件，也为如何在受限制的诸多条件下建设环境、社会、经济和政治利益相统一的"和谐"城市提供了思路。

这几个关键性的问题包括：将哪些利益主体纳入"紧凑"策略考量的对象范畴，"紧凑"策略的多重价值体现在哪些方面，以及我国研究"紧凑"策略的必要性与可行性，其中时机的选择关系到策略实施的成效。

## 3.1 "紧凑"策略的利益主体

学者们普遍认为在城市发展的动力机制中，政府、企业、城市居民这三方力量共同促进了城市在空间上的不断扩展与演变。[1]"由于在城市中所处地位的差异，不同的动力主体对城市空间构成产生了不同的利益追求。"[93]因此这些动力主体成为目前城市发展策略制定和实施时考量的主要利益主体。而其中政府力和市场力在我国过去促进经济增长的单一目标体系下无疑受到了更多的关注，在城市发展问题上是决策的"主因力"[94]，随着构建"市民"社会的呼声日益高涨，以及政府对于自身多重职能认识的不断深入，社会力自下而上的诉求也需要寻求能够得到有效表达的方式。

除此之外，在以"紧凑"为关键词的城市发展策略研究中，为了将与城市生产和生活密切相关的环境及资源要素纳入统一的

---

1

如宁越敏从城市化的资本来源角度认为 20 世纪 90 年代以来中国城市化是以政府、企业、个人联合推动的新城市化过程；张兵把推动城市空间结构变化的动力主体分为三种类型：政府、城市经济组织和居民；张庭伟也认为政府力、市场力和社区力促进了城市空间结构的演化。虽然大家分析的视角各有不同，但是都归结到相似的动力主体。

研究视角,并真正着手研究城市发展与"环境友好"的方式和方法,笔者认为有必要将环境生命体本身设定为策略实施的一个相关利益方。实际上,城市的发展过程中不断遭遇资源和能源瓶颈的事实,以及气候与环境变化对城市生产和生活造成的各种可能影响已经说明:它拥有一定的话语权。因而,"紧凑"策略的研究要求从这四个相关利益主体的角度考虑策略的制定与实施能够为其带来的实质性改变,并在实现策略目标的过程中将这些利益主体纳入共赢互利的作用机制之中。

## 3.1.1 政府:"经济人"角色与多重职能的实现

对于政府而言,它既是城市发展策略的制定者,也是实施者,因而其价值取向对于策略的推进具有重要意义。在新中国的城市发展史上,来自中央和地方政府的决策意见对我国城市建设和发展起到重要的引导作用。从不同时期的城市发展方针和土地政策对全国城市分布和规模控制产生的影响看,来自政治力的政策主张在一定程度上左右了城市资源配给和城市的发展。[1]

进入 20 世纪 90 年代以后,随着向社会主义市场经济体制的转型,中央政府开始向各级地方政府简政放权,使得地方政府获得了较大的行政裁量权和相对独立行使地方政务的空间。与此同时,奥斯本的企业家政府理论受到我国城市体制改革的青睐,政府也由此成为"经济人"直接参与到运用市场手段对城市各类资源和资产进行资本化运作和管理的过程中。因为市场经济改革从最开始就赋予了各级政府发展地方经济的使命,所以直接导致政府采用任期内见效快的发展策略,以政绩为目标选择最大限度促进城市 GDP 增长的建设项目,并谋划城市空间的增长。

然而,随着城市在轻"质"重"量"的发展过程中问题的不断显露,各级政府都意识到除了"经济人"的角色之外,自身还承担着满足各社会主体的公共需要、实现社会公共利益和谋求城市长远发展的重任,这是对政府履行其他职能的客观要求。这些职能首先在市场经济中表现为:在"市场失灵"的场合干预资源

1
过去 30 年来,中国政府大致通过两种手段来促使其作用的实现:制度建设和直接参与规划决策及项目建设。其中制度建设包括两个方面:一是直接对城市及其发展产生影响的制度安排,包括市镇建制制度、城市发展方针、行政管理制度、户籍、就业和社会保障制度、土地政策等;二是间接对城市发展产生作用的政策制度,主要涉及为实现发展战略而设置的各项经济政策,包括财政、金融和投资政策等。

配置；保持宏观经济稳定，避免市场经济的过度波动，以及进行资源再配置和收入再分配，这是从保障居民生产和生活，避免因经济因素造成社会矛盾的角度出发对政府提出的要求。其次，对社会公共事务而言，政府是社会公平和公正力的代表，尤其在我国社会主义民主政治体制下，完善社会基础设施供给，兼顾社会各阶层的利益要求，关注社会弱势群体的物质和精神生活都是转型时期政府社会职能的表现。此外，政府还需要全面理清城市发展的现状与条件，引导城市未来的可持续发展，这对我国政府的执政能力提出了很高的要求，也是我国目前进行政治体制改革的主要目标。因此，基于上述认识，我国城市发展策略的制定也必须兼顾政府在转型时期承担的当前和长远发展任务，帮助政府实现"为全体市民长远利益服务"和"推进市场经济持续健康增长"等多重职能。

## 3.1.2 企业：逐利行为的引导与健康市场的培育

在发达市场经济国家，由企业所代表的市场力是推动城市空间扩展的主要动力。在中国，随着市场经济的逐步完善，企业在城市建设中的影响作用也逐渐增强。在国内外参与市场运作的各类企业中，跨国公司和房地产及其相关企业是其中值得单独分析的两个集团。其中跨国公司的趋利动机推动了经济活动的全球化发展，也由此塑造了一个新型的包括的发达国家和新兴工业化国家在内的全球一体化经济体系，发达国家纷纷将传统产业，尤其是劳动密集型产业和资金密集型产业向发展中国家转移，我国许多城市的低廉地价和各项优惠政策也造就了他们的"区位优势"。

而房地产及其相关企业也在20世纪90年代以后的土地及住宅开发市场化的进程中发挥了不可估量的作用。它们一方面成为城市大量性建设的项目执行者，使得政府从希望改善市民居住条件但受资金限制的尴尬中解脱出来，同时对地产开发商而言，土地制度的改革也激发了他们的投资热情，使其作为微观经济主体得以追求并实现利润最大化的目标。在过去一阶段的城市建设中，一些通过土地投机实现这一目标的企业行为的确助长了城市用地加速蔓延的现象，但是还不十分规范的土地市场和粗放的规划管理手段却是投机行为滋生的土壤。这些源自规划自身建设的问题其实干扰了房地产行业内部有序的竞争，削弱了龙头企业的示范带头作用。同时，我们要客观看待地产企业的逐利行为，在一个健康有序的市场之中，对这一目标的追求恰恰有利于更好地发掘土地价值，获得用地效率的提升，我们必须承认具有先进开发理念的地产项目对改善我国城市居民居住质量所起的作用。

因而积极培育规范的房地产市场，将地产企业的逐利行为向收益与质量并重的方向引导是可行的。在"紧凑"策略中，地尽其用的原则首先鼓励开发商在充分满足各类限定条件（如历史街区保护、城市特色风貌保护、户型面积及比例，以及各类配套设施完善等）的基础上，探讨如何通过提高自身设计和管理水平来获得高质量和较高收益的有效结合，以此不但能促进房地产企业的自身完善，也将激发他们的创造性和能动力。同时，由于相同的用地面积可以提供更多高质量住房，不仅加大了住房的供给，在稳定房价上起到一定的作用；也为政府增加了稳定、持续的税收来源，避免"紧缩"土地政策下的财政危机。此外，对规划决策者而言，可以避免在无法深入调查市场的客观限制下草率设定用地容积率的尴尬，使之逐渐进入裁判员的角色：设定规则，经过多方案比较后再进行决策。尽管这对规划管理人员提出了更高的要求，但是对以供需关系为基准的房地产市场的健康发展而言具有重要意义。

### 3.1.3 城市居民：整体生活质量改善与社会资源共享

城市居民是城市财富的真正创造者，也是城市空间最广泛的体验者，因此规划决策部门有必要对他们的主观诉求加以考察，并做出综合的判断。尤其对城市"紧凑"策略的研究而言，城市居民的立场关系到"策略"目标的实现。

在对我国目前城市居民生活质量的调查报告中，大多数学者得出了整体质量不高的结论，在城市经济大发展和现代化建设加速时期，市民对于生活质量的主观感受并没有相应得到提高，这是城市发展策略在过去忽视市民自下而上诉求的结果，也在很大程度度上影响了全体市民共同分享城市发展的成果。因而"紧凑"策略的重要内涵便是关注市民整体生活水平的提高。

当然，在当前的市场经济条件下，中国的社会阶层结构也发生了深刻的变化，[1] "中国已经进入结构性时代"。[100] 在这一社会阶层结构形成的过程中，我国城市居民原来社会经济地位相差不大的现象也产生了根本的变化，各个社会阶层由于在居民就业、家庭收入、受教育程度、个人能力与社会机会等方面差异不断加大而出现分化。由于社会分化有空间自表达的倾向和能力，与空间的发展互为因果，因此社会的分异直接导致了城市空间的扩展过程带有明显的社会性差异和同质认同等特征。为避免城乡之间、阶层之间、地域之间、行业之间、物质层面和精神层面之间的冲突日益激烈，亟待新的社会整合方式参与到社会利益的整体调整中去，因为城市发展中社会资源均衡配给的问题实则是关系到我国现代化建设成果能否保持和继续收获的重要环节。在我国城市人口基数大，且仍在持续增长的现实背景下，保证有限社会资源的公平共享是城市发展策略制定时必须考虑的关键性内容。

## 3.1.4 环境生命体：自然生存权的尊重与保护

关于自然环境与城市文明的关系在前面一章有详细的论述，当人类以不可征服的姿态看待这个赖以生存的地球"母亲"时，危机便已经逐渐累积。我们无法回避从即刻开始行动的号令，因为事实上没有人能够预测留给我们思考的时间还有多少。面对一次又一次飓风的袭击，对抗一次又一次洪涝和干旱的灾害，我们已经不能说全球的气候与环境危机还与我们无关。当我们在埋怨发达国家给世界留下一个已经饱受折磨的地球时，似乎应该更清醒地了解重蹈覆辙的危害。而森林的过度砍伐、水资源的严重污

---

[1]
据中国科学院《当代中国社会阶层研究报告》的内容，到20与21世纪之交，按照组织资源、经济资源和文化资源占有情况，中国的社会结构已经由1978年的工人阶级、农民阶级、知识分子阶层的组成，分化为十大阶层，这些阶层分属于五个社会等级，形成了现代化的社会阶层结构的雏形。但是我国目前离现代结构的最终形成还有很大距离，社会阶层中该缩小的规模仍然很大，而该扩大的社会中间层规模依然很小。从世界各国的历史情况看，阶层结构比例失调往往是引发经济和社会危机的深层次因素，因此我国在精心培育和引导一个日趋成熟的社会结构的方向上还有很长的路要走。

染和矿产资源的无节制开采，以及对动植物栖息地的破坏似乎都在诉说我们依然高速行进在由发达国家指明的发展道路上，近年来频繁出现的水华、沙尘暴、洪灾、旱灾、雪灾和各种病毒的侵害，以及鼠灾、雀灾等生态失衡的后果已经为我们敲响了长久的警钟。当然迫于事态的严重和政治的压力，许多城市的大规模污染治理已经开始或即将展开，然而如果不能从源头上反思城市的发展模式，并重新考虑它在地球上的价值及对人类的意义，这场战役将万分艰难。

因而出于对自然生存权的尊重和保护，也为了人类自身的更可持续发展，选择在有限的土地资源上相对"紧凑"地发展是全人类的共同选择，而对于发展势头迅猛的发展中国家而言，这一认识的建立更为迫切。在这一点上政府的行为和决策具有极强的示范效应，只有扭转自上而下带动的逐利行为，并在城市发展策略中将环境视为存在感知的生命体，把它纳入决策的利益主体，才能从根本上改变目前的规划决策思路。

## 3.2 "紧凑"策略的多重价值

从目前国内外学者对于"紧凑"策略的研究成果，以及不断践行着与该策略目标相一致的城市发展策略的国家及城市的实践效果来看，城市采取相对较为"紧凑"的发展模式不仅是被动实现"地人平衡"的现实选择，同时也有利于主动实现经济、环境和社会效益的统一，向人类理想中的城市社会迈进。

### 3.2.1 被动实现"地人平衡"

整个地球的空间有限早已得到证实，适合人类生存的土地已被尽数发掘，其数量还正在因为受到沙漠化及各类自然灾害的影响而持续减少[1]。与此同时，地球上的人口却仍在不断增长，1999 年 6 月地球人口总数达到 60 亿，约是 1900 年全球人口的 4

---

1

全球陆地面积占 60%，其中沙漠和沙漠化面积 29%，每年有 600 万公顷的土地变成沙漠。在总共 50 亿公顷的干旱、半干旱土地中，33 亿公顷遭到荒漠化威胁。致使每年有 600 万公顷的农田、900 万公顷的牧区失去生产力。人类文明的摇篮底格里斯河、幼发拉底河流域，都由沃土变成荒漠。

图 3-1　说明世界人口分布密集区域的人类大陆示意图

（资料来源：参考书目 103,p18）

倍，1960 年的 2 倍，而世界人口从 50 亿增长到 60 亿，只花了 12 年时间，这比之前任何一个 10 亿倍数人口增长的速度都要快。[107] 在这样一个大的生存背景下，我们虽然不需要过分悲观地讨论地球上究竟能够容纳多少人，因为科技进步、人类潜能和未知因素都使关于这个问题的研究趋于无解，但其真正的价值在于引发人们对于"有限地球"的关注，起到启发认识和指导行动的作用。

此外，土地及其他资源和人口在地球上分布极不均衡，90% 以上的人口集聚在仅占陆地面积 10% 的土地上，陆地上大部分地区（如沙漠、高山、热带丛林）等都不适宜人类居住。加之自然气候、经济发展和城市化阶段的差异，直接导致了各个国家和地区面临着不同的"地人平衡"压力。著名学者邦奇（W·Bunge）等曾用人类大陆图（图 3-1）揭示了世界人口分布问题，其中显示了 4 个人类分布较为密集的区域，首先是东亚和东南亚；其次是南亚；再次是欧洲，最后是北美洲东部。这些区域加起来虽然面积仅占世界陆地的 14%，但却集中了世界人口的 2/3 以上。

部分国家的人口与土地资源情况　　　　　　　　　　表 3-1

| 国家或地区 | 国土面积或土地面积（km²） | 人口 | 人口密度（人/km²） | 土地资源情况 |
|---|---|---|---|---|
| 中国大陆 | 9634057 | 13.2 亿 | 137 | 中国宜居的一类地区只占国土面积的 19%，加上二类地区，宜居土地也只占 26% 左右 |
| 印度 | 2974700 | 10.9 亿 | 366 | |

| 国家或地区 | 国土面积或土地面积（km²） | 人口 | 人口密度（人/km²） | 土地资源情况 |
|---|---|---|---|---|
| 日本 | 377800 | 1.28 亿 | 338 | 境内山地崎岖、河谷交错，山地面积占全国总面积的 80%，只有在东京附近和东部沿海地带有一些可以用于建设的平原 |
| 中国香港 | 1092 | 690 万 | 6318 | 整个中国香港可以用于开发的土地少于总面积 25% |
| 新加坡 | 682.7 | 435.1 万 | 6373 | 由本岛和大约 60 个小岛组成，其中新加坡岛占全国面积的 88.5% |
| 美国 | 9629000 | 3.03 亿 | 31 | 不宜农牧业利用的沙漠、石质裸露的山地、冻土寒漠、沼泽湿地、永久积雪区和冰川等仅占全国土面积的 13% |
| 英国 | 245000 | 6058.7 万 | 247 | |
| 荷兰 | 41578 | 1634 万 | 392 | 国土面积中只有 34000km² 是陆地面积 |
| 加拿大 | 9984670 | 3161 万 | 3 | |
| 澳大利亚 | 7692000 | 2043 万 | 2 | 沙漠和半沙漠地区占全国面积的 35% |

（资料来源：根据相关资料自绘）

　　同时从表 3-1 中，我们也可以大致了解部分国家人口与土地资源的关系，总体上看，亚洲和欧洲"地人平衡"的压力远大于美洲与大洋洲。表中的人口密度提供的只是基于整个国土面积的平均密度（粗密度），而如果用该国或地区适宜居住的用地进行计算，那么东亚国家和地区土地资源相对于人口数量而言更显珍贵。其中，日本实际的人口密度达到 1694 人 / 平方公里，而中国香港为了在 25% 的可利用面积内容纳目前的人口，其密度实际上已经达到 25275 人 / 平方公里。因而包括新加坡在内的这些国家和地区实施与"紧凑"策略目标相一致的城市发展策略可以说是在"地人平衡"压力下的被动选择，但是从其城市发展水平和居民的生活品质来看，这些相对"紧凑"的城市与地区也表现出了在容纳居民生产和生活，以及保护自然环境资源两方面的惊人潜力。

　　上述数据反映了各个国家或地区整体的土地资源水平，其中也只有美国、加拿大和大洋洲的国家可以真正被称为"地大物博"。而我们国家虽然整体的人口密度与欧洲相似，但是不同的

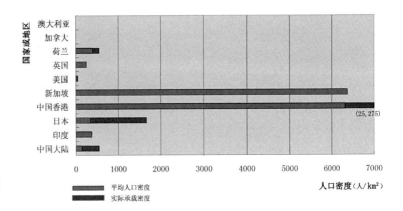

图 3-2 部分国家或地区
人口密度的图式比较

城市发展阶段却使我国严峻的"地人平衡"压力在城市发展进程中体现出来：

一方面，我国人口基数大，惯性增长的势能依然强劲。在这一过程中，持续快速的城市化进程将使城市人口以每年 1800 万的速度增长，预计到 2030 年，将有 9.1 亿人生活在城市之中。[104]这说明我们不得不在城市化进程进入稳定期以前，为新增的 4 亿～5 亿城市人口提供相应的土地及产品。而随着人均生活水平提高对住房、公共设施和环境以及农产品需求的进一步加大，土地资源需求与供给的矛盾将会日益加大。而另一方面，城镇密集区，也即是城市化人口最主要的吸纳地恰与我国为数不多的优质耕地在地域分布上高度重合。目前我国人均耕地仅为 1.4 亩，且仍在逐年减少。尽管统计资料显示城市扩张并不是耕地减少的主要原因，但是对优质耕地以及耕地后备资源的侵占仍然引起了有关部门和专家学者对于粮食安全的普遍担忧。

因而出于这两方面的双重压力，选择更为"紧凑"的城市发展策略也是我们国家的现实选择，而对这一压力的认识和应对能力直接关系到城市是否能够获得可持续发展的资源支持。

## 3.2.2 主动实现经济、环境和社会效益的统一

除了在获得"地人平衡"的方面表现出相对于蔓延发展的优势之外，"紧凑"的城市发展策略还被证明有助于主动实现经济、

环境和社会效益的统一，这在国内外的城市案例和诸多学者有针对性的研究中已经得到证实。

## 1."紧凑"与经济效益

经济理论指出，城市发展的主要源动力是城市经济的空间集聚。市场（劳动力和消费市场）规模越大，交易成本越低，经济就越繁荣。而如果市场被肢解或打碎为小的零散市场，那么该空间结构的效率是较低的。其结果不仅导致就业与居住功能之间距离的增加，也使得城市基础设施规模，及其投资和运营成本的提高，最终降低城市的经济竞争力（图3-3）。

因而"紧凑"策略与城市经济效益的相关性可以由以下几个方面来认识：首先，适当的人口和就业密度是建设与扩大城市劳动力和消费市场的必要基础。城市的经济活力有赖于人口与各类设施在空间上的集聚才能得到最有效的体现。因而，即便在以低密度蔓延为特征的美国城市，其较高的经济发展水平也是建立在就业中心较高密度基础上的。从图3-4可以看出，美国几个较大的都市区中CBD的就业密度甚至略高于欧洲和亚洲的经济发达城市。这在一定程度上说明城市的就业密度与其在全国，甚至世

图3-3 纽约的资本密度
（资料来源：www.52tpw.com）

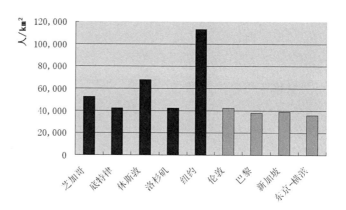

图 3-4　美国城市 CBD
就业密度与其他城市比较
（资料来源：根据参考书
目 108 绘制）

界范围内的经济地位存在显著的正相关关系。

　　其次，在公共基础设施供给方面，规模经济也使得经济活动的每单位产出分担较低的基础设施费用。从人均投资额的角度来计算，政府在相对"紧凑"的城市中对于城市公共设施的投入是较为经济的；同时也有利于各类服务设施可达性的提高，减少市民出行的时间和经济支出，对于城市整体的高效运转也是有益的。相反，如果城市以无序蔓延的方式扩展，那么较低的基础设施投入与产出比，以及使用一段时间后巨额的维修费用最终将使城市财政背上重负，美国的城市便很说明问题。美国公路使用者联盟主席科恩说："美国每年需要 750 亿美元来维护保养桥梁和公路，但只有大约 600 亿美元的资金能到位。"[1] 目前由诸州政府提出的"精明增长"便出于对过去蔓延发展模式的反思，其中减轻财政负担，增加税收收入是重要的出发点之一，这也在一定程度上说明了"紧凑"发展模式的经济可行性。

　　我们再以两个城市的案例来进行比较说明：美国的亚特兰大和西班牙的巴塞罗那在城市中心区的总人口大体相当，分别是280 万和 250 万人，但是两个城市的用地面积却差别巨大，分别为 4280 平方公里和 162 平方公里，前者是后者的 26.4 倍，使得两市的人口密度存在天壤之别，亚特兰大市的人口密度为 6 人 /公顷，而巴塞罗那达到 171 人 / 公顷。由此，亚特兰大市政府需要提供因更长的道路等基础设施建设而引发的更多资金投入。巴塞罗那的城市地铁长度为 99 公里，其站点能在步行距离内服务

1
美国明尼苏达州一座跨越密西西比河的公路桥于 2007 年8 月 1 日傍晚发生坍塌后，引发了美国国内对公路桥梁安全现状的普遍担忧。美国运输专家认为，造成美国公路系统问题成堆的主要原因是，为公路维修和改造筹措的资金，跟不上建设和维修成本的上升；同时，改造公路和维护公路的资金继续不足。引自"桥梁事故暴露美国公路系统'软肋'"［EB/OL］（2007-10-10）http://www.moc.gov.cn.

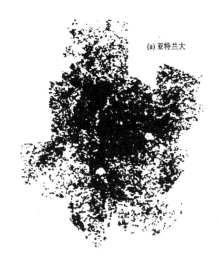

(a) 亚特兰大

亚特兰大建成区的面积是4 280 km²,
城市人口250万。巴塞罗那建成区
的面积是162 km², 城市人口280万。
前者的面积是后者的26.4倍(总城市
人口数量相当)

(b) 巴塞罗那

图3-5 亚特兰大与巴塞罗
那的城市建成区面积比较
(资料来源: 参考书目105,
p128)

60%的城市人口,因而保证了该城市居民一半的出行需求由公共
交通来实现;而若要亚特兰大也达到同样的地铁服务水平,就需
要3400公里长的城市地铁系统,这样的投资是不可想象的。[105]
事实上,该城市和Fulton, Dekalb郡希望通过改进公共交通
来减少小汽车使用比例的努力都付之东流,其MATRA[1](the
Metropolitan Atlanta Rapid Transit Authority)之所以失败的主要原
因恰在于城市过于分散带来的公共交通系统先天不足,以及基础
设施投资巨大,运营成本过高,且过低的城市人口密度无法保证
足够的承载量(图3-5)。

## 2."紧凑"与环境效益

"紧凑"策略研究与实施的重要出发点之一是对其环境效益
的考量,除了在容纳相同人口数量的前提下能够减少土地和其他
资源的消耗外,在对空间结构、交通出行方式与距离,以及用地
功能等方面与能源利用的关系研究中,也被证明了大多数情况
下,城市相对"紧凑"地发展能够有效减少小汽车出行,降低城
市污染物的排放量。

相关的研究成果有:Newmand和Kenworthy1989年选取全球
32个代表性的城市,探讨了人均汽油消耗量与密度的关系。研
究得到的结论是,尽管私人小汽车使用有赖于一系列相互关联的

1
1971年亚特兰大和Fulton,
Dekalb郡投票成立亚特兰大
捷运委员会,即MATRA。亚
特兰大的MARTA是全美第九
大大众公交系统,到2002年,
MATRA的快速铁路系统拥有
48英里的里程和38个地铁车
站,其公车系统运营700辆公
车和154条线路,但其服务范
围主要在环城公路以内的亚特
兰大市区,延伸至环城公路外
的公车服务极少。

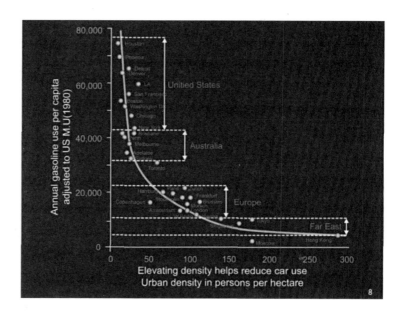

图 3-6　32 个城市的人
均交通能耗
（资料来源：参考书目 59，
p94）

因素，但是相对密度较高的城市明显减少了对小汽车的依赖，既
节约了能源，也减少了污染和温室气体排放（图 3-6）。

英国学者 Masnavi 研究了"紧凑"对居民交通出行方式的影
响。他选择英国两个城市的四个地区进行分析比较，这四个地区
有着不同的密度和土地利用特征（表 3-2、表 3-3）。它们分别
是格拉斯哥的 Garnethill 和 Hyndland，以及东克尔布莱德新城的
East Mains 和 Stewartfield。

四个城市地区不同的密度和土地利用特征　　　　表 3-2

|  | 高密度（格拉斯哥） | 低密度（东克尔布莱德新城） |
| --- | --- | --- |
| 作为混合用途发展 | Garnethill | East Mains |
| 作为单一用途发展 | Hyndland | Stewartfield |

（资料来源：参考书目 109，p66）

四个城市地区的基本数据　　　　表 3-3

|  | Garnathrill | Hyndland | East Mains | Stewartfield |
| --- | --- | --- | --- | --- |
| 总人口 | 7954 | 8377 | 4650 | 2126 |
| 总土地面积 | 72 | 86 | 138 | 144 |
| 总户数 | 3285 | 4163 | 1989 | 731 |

续表

|  | Garnathrill | Hyndland | East Mains | Stewartfield |
|---|---|---|---|---|
| 总人口密度（人／公顷） | 110 | 97 | 34 | 15 |
| 居住密度（人／公顷） | 46 | 48 | 15 | 12 |
| 平均家庭规模 | 2.2 | 1.8 | 2.3 | 2.9 |

（资料来源：参考书目 109，p66）

通过大量的问卷调查和与当地居民的访谈，该研究得出了这四个地区到城市公共设施的可达性，及其交通行为的特征（图3-7），其结论认为相对"紧凑"的城市更有利于居民方便地到达城市各相关设施，在功能混合的地区，由于大多数服务设施的可达性良好，不仅降低了小汽车的使用，也使得能耗和有害气体的排放都会减少。证据表明较高密度与功能混合的地区与低密度、单一功能的地区相比能减少 70% 的小汽车使用，同时减少 75% 用于非工作用途的交通出行距离。其中还指出单纯的高密度并不是实现可持续发展的有效手段，高密度和土地混合使用的结合才是最可持续发展的。[1]

此外，英国学者 David Simmonds 和 Denvil Coombe 通过模型预测的方法比较了英国港口城市布里斯托尔（Bristol）地区 1990年之后的 25 年里城市形态的变化对交通量的不同影响，其中还比较了不同的"紧凑"措施使结果产生的变化（表 3-4）。结果

---

[1] 详见 Mohammad-Reza Masnavi, The New Millennium and the New Urban Paradigm: The Compact City in Practice [A]. Achieving Sustainable Urban Form [C]. London and New York: E&FN Spon, 2000.

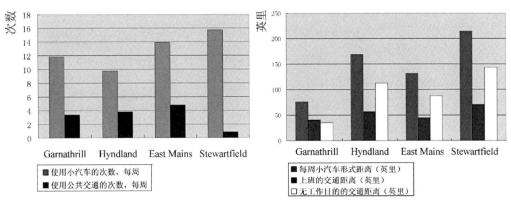

图 3-7　四个城市地区的居民在交通选择和出行距离上的特征比较
（资料来源：根据参考书目 109，p70 绘制）

显示采取了"紧凑"策略后综合交通量比按照目前方式发展的交通出行量有所减少，在适当的策略引导下，人们的交通出行方式的比例分配将有所变化[110]。

不同城市发展策略对不同交通方式的交通量的影响
（表中数据为交通距离）                        表 3-4

| 方式 | 1990 年现状 | 按目前发展 | | 简单的紧凑策略 | | | 几种特定的紧凑策略 | | |
|---|---|---|---|---|---|---|---|---|---|
| | | DM | DS1 | DM | DS1 | DS2 | A2 | A3 | A4 |
| 小汽车 | 29832.3 | 45131.8 | 44112.4 | 44106.7 | 43081.5 | 42981.5 | 43041.6 | 40701.1 | 40804.3 |
| 公交车 | 1045.0 | 826.6 | 916.3 | 806.4 | 890.8 | 673.0 | 597.0 | 865.2 | 764.1 |
| 火车 | 965.5 | 2000.2 | 1743.1 | 2095.8 | 1797.4 | 1739.3 | 1615.6 | 1764.3 | 1678.5 |
| 轻轨 | 0.0 | 0.0 | 0.0 | 0.0 | 0.0 | 24.3 | 649.7 | 951.2 | 1096.3 |
| P&R（car） | 0.0 | 60.1 | 512.2 | 63.8 | 546.6 | 549.7 | 650.3 | 715.1 | 800.5 |
| P&R（bus） | 0.0 | 16.9 | 116.5 | 18.1 | 121.6 | 120.6 | 143.0 | 164.3 | 182.0 |
| 步行 | 3352.5 | 3529.1 | 3650.2 | 3384.5 | 3513.9 | 3467.1 | 3532.3 | 3371.0 | 3435.9 |
| 合计 | 35195.3 | 51564.7 | 51050.7 | 50475.3 | 49951.9 | 50055.6 | 50229.4 | 48532.2 | 48761.7 |

（资料来源：参考书目 110，p122）

1）除 1990 年现状数据外，其余均是运用交通模型预测的 2015 年的交通情况。

2）DM 就是指在发展过程中几乎不进行交通措施的干涉；DS1 则包含了一些交通策略，比如中心区停车的减少，城市中心道路的定价，公交线路、自行车线路和乘车站、停车位的供给等措施；DS2 则包含了更多的措施，比如广泛的轻轨系统。

3）简单的紧凑策略是指一般性的限制城市外围增长的一种策略；几种特定的紧凑策略都是指在 DS2 的情况下采取了其他措施，包括：A2——在公交系统良好的中心区集中就业，A3——中心区以及轻轨沿线的集中居住，A4——就业与居住均集中（混合了 A2 与 A3）。

　　同时通过对挪威首都奥斯陆（Oslo）大都市的研究发现，居住地到 CBD 的距离和能源利用存在很强的正相关关系，而人均能源利用与工作地环境密度、工作地点的公共交通设施这两个指标之间则是负相关关系。关于交通方式，在郊区工作的公司员工使用小汽车的比例远远高于使用公共交通的比例。塞弗洛（Cervero）和吴（Wu）在研究旧金山城市就业分布和交通通勤的关系后也得出就业中心分散化伴随着通勤时间和通勤距离增加的结论。[105]

　　当然，通过城市"紧凑"地发展来限制小汽车使用，鼓励公交出行是该策略影响城市环境效益的一方面内容，部分学者也指出城市较高密度的建设有可能导致绿地的减少和空气污染的加剧，甚至增加交通拥堵。其中澳大利亚学者特洛伊（Troy）是持上述观点的学者中的典型代表[111]。但是如果不考虑各个国家的现实发展条件，用容纳相同人口数量的城市来进行比较，鼓励公共交通的使用，减少 $CO_2$ 排放显然是具有整体的环境优势的，而小汽车使用量的减少将对缓解交通拥堵大有裨益。同时，对于相同用地、相同人口的城市而言，相对"紧凑"地发展在理论上能够释放更多的城市公共空间，并提高这些公共环境的可达性。

### 3．"紧凑"与社会效益

"紧凑"策略的社会效益也是学者争论的主要焦点之一。伊丽莎白·伯顿（Elizabeth Burton）曾经对不同学者的相同和相异观点进行过总结（表 3–5）。其中"紧凑"策略有助于提高各类设施的可达性；为步行和自行车出行创造可能，以及减少社会隔离现象的观点得到广泛认可，但在其他方面仍存在着不同的意见，比如在健康状况、住房的可支付性、绿色空间和就业情况等方面，学者们尚未达成一致。[112]

不同学者对于"紧凑"策略社会影响的观点　　　　表 3–5

| "紧凑"策略的社会影响 | 是否存在不同意见 |
| --- | --- |
| 1．更好的设施可达性<br>（Ree，1998；Bromley & Thomas，1993；DoE，1992） | |
| 2．绿色空间的可达性降低<br>（Breheny，1992；Knight，1996；Stretton，1994） | * |
| 3．更容易获得工作<br>（Beer，1994；Laws，1994；Elkin *et al.*，1991） | * |
| 4．为步行和自行车出行创造了可能性<br>（Bourne，1992；Newman，1992；Bozeat *et al.*，1992） | |
| 5．减少了户内生活空间<br>（Brotchie，1992；Forster，1994；Stretton，1996） | |
| 6．健康状况下降<br>（Freeman，1992；Mclaren，1992；Schwartz，1994） | * |
| 7．降低了犯罪率<br>（Jacobs，1961；Elkin *et al.* 1991；Petherick，1991） | * |
| 8．社会隔离现象较少<br>（CEC，1990；Hamnett，1991；Fox，1993；Van Kempen，1994） | |

| "紧凑"策略的社会影响 | 是否存在不同意见 |
|---|---|
| 9. 为低技能的市民创造就业机会<br>（Porter，1991；Des Rossiers，1992；Castells & Hall，1994） | * |
| 10. 可支付住房数量减少<br>（Town & Country Planning Association，1994） | * |
| 11. 财富增加<br>（Minnery，1992） | * |

（资料来源：根据参考书目 112，p20 绘制）

　　由于各个国家社会文化背景的不同，在有关"紧凑"策略社会效益的讨论中存在不同意见是必然的，也同时因为城市不同的发展历程和其他来自政治、经济等作用要素的多方面影响，孤立地看待"紧凑"策略的社会效益是不现实的。如果把世界上相对"紧凑"的城市和相对"蔓延"的城市并置比较，我们会发现有些答案是显而易见的，比如在亚洲和欧洲的发达城市，市民公交出行的比例和各类服务设施的可达性都是较高的，而有些学者关于"紧凑"策略实施后对居民健康、犯罪率和住房供应等方面将造成负面影响的担忧却不存在必然的证据。其中可以用以说明的数据是，香港是公认的较高密度城市，但其人均寿命达到 79 岁，位居世界第二，而人均寿命最高的国家——日本的城市整体密度同样较高。而通过诸多城市的现实情况比较，也难以得出有关犯罪率和失业率与城市密度的明显相关性，从图 3-8 中可以看出亚洲高密度城市犯罪率是低于美国和欧洲城市的。

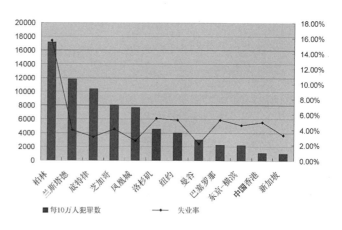

图 3-8　部分都市区的犯罪率和失业率比较
（资料来源：根据参考书目 108 绘制）

此外，学者们关于住房供应的讨论更是各执一词，反对城市"紧凑"发展的学者认为由于土地供应量减少，导致住房价格上涨；而支持"紧凑"发展的一些学者却认为因为较高密度发展，相同面积的用地提供了更多住宅，因而房价将下降，可见出发点的不同完全有可能产生不同的结论。但通过新加坡的案例，却从另一个角度说明了在较高密度城市"居者有其屋"的理想也完全有可能实现，从这些经验中我们应该认识到政府解决问题的决心往往关系到策略实施的成败，仅仅停留在争论的层面对于解决现实问题无益。尤其对于整体生活质量并不高的发展中国家而言，各类设施可达性的提高和提供多种交通出行方式的选择等一些"紧凑"策略能够带来的明显益处将有利于有限的基础设施和服务设施投入能够惠及更多的城市居民，对于社会公平的促进是有正面益处的。

## 4. "紧凑"的综合效益评价

前文分别讨论了"紧凑"策略的经济、环境和社会效益，实际上任何城市发展策略对这些方面的影响都不是单独存在的，而是相互交织，无法分割的，并且时常表现出不同的正相关和负相关关系，这便要求我们在面对不同问题和发展条件的时候将平衡法则（Trade-off Approach）运用到策略的决策和实施过程之中，将策略的优势尽可能发挥出来，并避免和缓解策略实施有可能产生的负面效应。表3-6分别就相关要素可能的受影响情况进行了评述：

"紧凑"策略对相关要素的影响力评价　　　　　　　　表3-6

| 受影响要素 | 正面影响 | 负面影响 | 不确定 | 备注 |
|---|---|---|---|---|
| 土地利用效率 | * | | | |
| 城市经济活力 | * | | | |
| 基础设施使用率 | * | | | |
| 区域生态环境 | * | | | |
| 城市空气质量 | | | * | 与污染物排放量和气候条件在规划与设计中的运用有关 |

| 受影响要素 | 正面影响 | 负面影响 | 不确定 | 备注 |
|---|---|---|---|---|
| 城市绿色空间 | | | * | 与规划控制有关 |
| 公共交通使用率 | * | | | |
| 交通设施的选择性与可达性 | * | | | |
| 小汽车使用率 | * | | | 有正面影响，但作用程度与城市小汽车占有率、城市结构对小汽车的依赖程度有关 |
| 交通拥堵情况 | | | * | 与机动车使用量和交通供需关系相关 |
| 城市总体资源与能源消耗 | * | | | |
| 污染气体排放 | | | * | 与机动车使用量与生产能耗有关 |
| 城市噪声污染 | | * | | |
| 服务设施可达性 | * | | | |
| 社会生活多样性 | * | | | |
| 犯罪率 | | | * | 与城市执法能力和社会文化氛围有关 |
| 流行病扩散 | | * | | |
| 社会资源共享 | * | | | |

因而"紧凑"策略对城市扩展的正面积极影响可以概括为：

1）节约土地、减少城市周围农田及绿地的占用；

2）有助于规模经济的发展，促进交流与创新，提高城市整体竞争力；

3）提高基础设施的使用效率，减少管线、道路等设施的服务距离和建设维修费用，减轻财政负担，并有效节约能源和资源消耗；

4）提供多种出行方式，为市民交通增加可选择性；

5）为提倡公共交通的城市保障必须的人流与客源，减少私人小汽车的使用，降低污染物和温室气体排放；

6）提高社会资源的共享性和社会服务的质量，有利于避免社会隔离现象的发生与加剧，为多样性的社会文化生活提供土壤；

7）由于容纳相同人口占用较少环境资源，有利于保护区域生态环境和生物多样性的保持。

而其对某些因素的不确定性影响在不同的文化背景和城市发展阶段会表现出较大的倾向性，如事实证明亚洲高密度发达城市由于实践中促成了相对高密度的城市，因而其小汽车的使用率得到了很好的控制，而美国城市由于依赖小汽车的城市结构和市民使用小汽车的习惯已经形成，所以"紧凑"策略对减少小汽车使用的影响并不明显，这对站在十字路口的我国城市而言，具有深刻的启发意义。同时，对于由"紧凑"带来的负面效应，如有利于流行病扩散和加剧了噪声污染等，加强城市应对突发事件的能力和完善公众医疗和服务设施，以及提供污染控制方案都有可能缓解这些负面影响的程度。而在以人口密集为基本特征的亚洲城市与地区，这些措施的必要性是无论采取什么样城市发展策略都需要重视的。

对于正在经历着城市化重要发展阶段的我国城市而言，我们不仅面临着"地人平衡"的巨大压力，还肩负着促进城市可持续发展、提高城市居民生活质量的艰巨任务。在这一关键的历史时期，选择较为"紧凑"的城市发展模式既是在人多地少的现实条件下进行的被动选择，也是主动提高城市经济、环境和社会效益的必由之路。

## 3.3 "紧凑"策略的时空选择

在进行"紧凑"策略的利益主体和多重价值的研究后，本节进一步就我国城市"紧凑"策略应用的基本问题进行探讨：采取该策略的必要性可以从我国城市目前空间扩展和居民生活质量的现状来再次进行认知与强调，其次需要就我国城市人口密度是否过高的问题进行说明，为策略的研究与实践澄清认识；最后得出无论从空间扩展需求，还是时机选择，都说明我国目前开展"紧凑"策略研究与实践是恰逢其时的结论。

### 3.3.1 "紧凑"策略的空间扩展与生活质量背景

#### 1. 我国城市空间扩展现状

我国研究"紧凑"策略的必要性已经从"地人平衡"压力的日益增大中有所体现。而这一事关全局的现实条件显然在各个城市过去阶段的快速发展进程中没有受到应有的重视。20 世纪 90 年代以后，城市经济持续高速增长激发的用地需求使城市空间的扩展获得了持续的动力，这不仅反映在我国城市建成区面积不断扩大的单一指标上，也可以从房屋建设总量、固定资产投资和能源消耗的增长情况上表现出来，以 20 与 21 世纪之交的数年数据为例（表 3–7）：

1990～2005 年我国人口与用地增长相关指标的数量表现　　表 3–7

| 年 | 1990 | 1993 | 1999 | 2000 | 2001 | 2002 | 2003 | 2004 | 2005 |
|---|---|---|---|---|---|---|---|---|---|
| 总人口数（万人） | 114333 | 119850 | 125786 | 126743 | 127627 | 128453 | 129227 | 129988 | 130756 |
| 城市化水平（%） | 26.4 | 28.6 | 30.9 | 36.2 | 37.7 | 39.1 | 40.5 | 41.8 | 42.99 |
| 城市市辖区非农业人口 | 14625 | 17709 | 15964.8 | 16988 | 17753 | 19034.6 | 20778.4 | 21282.7 | 22627 |
| 城市市辖区建成区面积（km²） | 12761 | 17416 | 14907 | 16221 | 17605 | 19844 | 21926 | 23943 | 24529 |
| 房屋施工面积（万平方米） | 23236 | 39535 | 263294 | 265293 | 276025 | 304428 | 343741 | 376495 | 431123 |
| 城镇固定资产投资总额（亿元） | — | — | 23732.0 | 26221.8 | 30001.2 | 35488.8 | 45811.7 | 59028.2 | 75095 |
| 能源消费总量（万吨标准煤） | 98703 | 115993 | 133831 | 138553 | 143199 | 151797 | 174990 | 203227 | 223319 |

（资料来源：《中国统计年鉴》、《中国城市统计年鉴》）

从这些数据中我们一方面看到了我国城市建设中投资热情的高涨以及建设成就的数量表现，但仔细分析也不难发现在我国城市空间扩展中暴露出来的一些问题。首先体现在我国城市建设用地扩展的弹性系数较高。该指标可以用于粗略地表征城市新增用地在容纳城市人口时反映出的容量水平。从 2000 年到 2005 年，

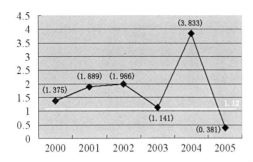

图 3-9　2000 年以后城市
用地弹性系数变化

我国城市用地扩展弹性系数的平均值为 1.768，在 2004 年甚至高达 3.833，远远超过学术界普遍认可的 1.12 的数值。随着政府土地管理和调控政策的出台，城市用地扩展的速度在 2005 年显著减缓（图 3-9）。

其次，1990 年以后我国城市建成区人口密度在整体上呈下降趋势，由 1990 年的 11460 人 / 平方公里下降至 2005 年的 9220 人 / 平方公里；与此相关的城市人均用地由 1990 年的 87.3 平方米增加到 108.4 平方米。当然，我们难以说明建造技术进步带来的土地利用集约度的提高，和因经济发展带来的人均用地需求量增加这两者之间的精确关系。但是从一些城市的现状考察来看，在开发区、高新区、保税区、大学城等建设热潮和行政中心外迁、行政区划调整等政治行为的带动下，城市粗放式扩张已使我国部分城市"蔓延"的特征初显。以开发区为例，据 2005 年统计，开发区整顿前我国各类开发区有 6866 个，规划面积 3.86 万平方公里，是全国所有的城市建成区面积（2.4 万平方公里）的 1.5 倍。尽管整顿后，222 个国家级开发区和 1346 个省级开发区的规划面积加起来减少到 10201.58 平方公里，只有原来的 1/3，[1] 但是数字的变化并未带来规划模式和土地利用方式的改变，情况并不容乐观（图 3-10）。

同时，我国城市用地效益虽逐年增长，但由于多数城市试图通过增加土地面积扩展承载经济要素的总量，在这一过程中较注重城市化和工业化的数量表现，而在一定程度上忽视对质量的追求，因而影响了城市整体功能作用的发挥，城市土地利用的集

1
《国家发改委关于全国各类开发区设立审核工作的总结报告》（2006 年 9 月），转引自仇保兴 . 紧凑度和多样性——我国城市可持续发展的核心理念 [J]. 城市规划，2006/11.

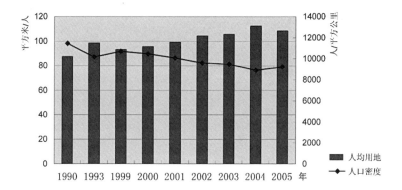

图 3-10 我国城市自 1990 年以后人均用地与人口密度变化

约度并不高，中小城市用地效益较低的问题更为明显（表 3-8）。而即便是我国经济较为发达的特大城市，其用地效益与亚洲其他发达城市相比仍有较大差距（图 3-11）。

大、中、小城市用地效益相关数据比较 表 3-8

| | 城市数量（个） | 建城区面积（km²） | 总人口（万人） | 非农人口（万人） | GDP（亿元） | 用地效益（亿元/km²） |
|---|---|---|---|---|---|---|
| 大城市 | 91 | 10161.02 | 17052.53 | 12057.77 | 35165.57 | 3.46 |
| 中等城市 | 300 | 6329.53 | 15495.07 | 6084.95 | 15565.3 | 2.46 |
| 小城市 | 265 | 13259.7 | 21666.37 | 4222.46 | 18680.76 | 1.41 |
| 合计 | 656 | 29750.25 | 54213.97 | 22365.18 | 69411.63 | 2.33 |

（资料来源：参考书目 119，p369）

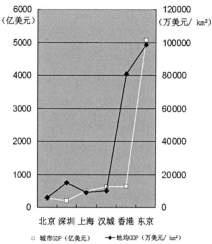

图 3-11 亚洲部分城市的土地产出效益

（资料来源：根据参考书目 119 改绘）

而在城市发展的动态要求下，城市人口的高速增长将进一步加剧我国城市的"人地矛盾"。在未来几十年内，着力提高对人口规模增长的适应力及承载力是我国各类型城市必须接受的巨大挑战。而目前以城市空间粗放增长的模式来应对这一压力显然在效率上是较低的。从许多城市的实际建设效果看，近二十年来城市的低密度圈层扩展或以开发区、高新区、大学城、政务新区和新城等名义对城市新增用地的低效使用已经使大量城市用地失去了容纳更多人口的较好时机，而这部分能力的损失将进一步造成城市中心人口密度的增加和城市单位土地承载力的下降。

可以预见的是，以当时的城市用地效率进行空间扩展，为了容纳未来增加的城市人口，或许可以有两种解决办法，一种是继续增加城市用地，不断向外扩展生存空间，另一种观点认为目前低密度的土地利用可以在若干年后置换为高密度的开发。从经济效应的角度出发，前者将因为城市基础设施建设投入在产出上的低效益而使城市财政陷入困境，美国城市不乏类似的例子；而后者面对的问题是，我国的土地利用有使用年限的法律规定，在使用年限以内进行更新也将是巨额的财政负担，更何况类似大学城、政务新区和经济开发区等这样的用地类型一旦落实项目，实际上在较长一段时间内已失去了再更新的可能。因此，过去以土地低效利用而获得的规模扩张是以这些土地今后容纳更多人口的潜力为代价的。更何况我国大部分城市在选择城市空间扩展模式时经常忽视由此造成的环境效应，这将对城市及更大范围内整体生命环境的可持续发展造成严重威胁。从城市周边和城市内部环境敏感地带及各类自然资源被大规模侵占、城市空间扩展受自然环境和资源的瓶颈制约越来越明显，以及城市各类污染日益严重这几个方面来看，高速蔓延的城市机体已经为我们敲响了不可持续的警钟。基于上述认识，选择更为"紧凑"的城市空间扩展方式已是当务之急。

## 2. 我国城市居民生活质量现状

表3-9中的数据显示我国城市居民的总体物质生活水平在

20世纪80年代以后得到了质的飞跃：城镇居民的人均可支配收入和消费性支出增长较快；反映家庭富裕程度的恩格尔指数在2005年降至36.7%，至2017年已经降至30%以下；人均住宅面积也比21世纪初增长了近一倍。但因为物质生活水平只是影响生活质量主观感受的一部分内容，所以产生了对我国居民生活质量进行评判的要求。

1989~2005年我国城镇居民生活水平不断提高 表3-9

| | 1989年 | 1997年 | 2004年 | 2005年 |
|---|---|---|---|---|
| 城镇居民家庭每户就业人口（人） | 2.00 | 1.83 | 1.56 | 1.51 |
| 城镇居民人均可支配收入（元） | 1374 | 5160 | 9422 | 10493 |
| 城镇居民人均消费性支出（元） | 1211 | 4186 | 7182 | 7943 |
| 城镇居民家庭恩格尔指数（%） | 54.5 | 46.6 | 37.7 | 36.7 |
| 城市人均住宅建筑面积（m²） | 13.5 | 17.8 | 25.0 | 26.1 |
| 城市每万人拥有公交车辆（标台） | 2.1 | 4.5 | 8.4 | 8.6 |
| 城镇每百户拥有家用汽车（辆） | — | 0.19 | 2.18 | 3.37 |
| 城市人均拥有铺路面积（m²） | 3.2 | 5.2 | 10.3 | 10.9 |

（资料来源：中国统计年鉴）

　　20世纪80年代以后此类研究逐步在国内展开，焦点一般都集聚在城市。具体成果有：林南等人分别于1985年在天津进行的居民生活满意度的抽样调查和1989年对上海居民生活质量进行的研究[127]；1989年江苏社科院也调查了江苏、广东、河南、四川、吉林这五个省城乡居民对自身生活质量的感受；90年代以后，风笑天等对武汉市涉及居住、交通、工作、婚姻、家庭生活等领域的居民生活质量进行了调查分析[129, 130]；湖北省发展计划委员还接受了国家发改委关于"人民生活质量指标体系研究"的课题任务，并于2003年发表了相关成果[133]；2004年唐弢等人对北京1991年至2001年十年间城区居民生活质量进行调查，结果显示：北京的客观生活质量的综合指数有所上升，但是市民对生活质量的主观满意度却有所下降[136]。这些研究提供了有关我国城市居民生活质量认识的丰富内容，对呼吁全社会关注生活质量提高有较大的帮助。

此外，2006年北京国际城市发展研究院对我国287个地级以上城市[1]进行了生活质量的调查，这是我国涉及城市最多、内容最为丰富的一次统计，其成果经编撰形成《中国城市生活质量报告No.1》一书。除了对有关指标进行打分并进而对这些城市的生活质量进行排序之外[2]，书中还得到一些结论：首先，在公众心目中目前中国城市的生活质量普遍不高，指数最高的城市也只有0.617，甚至有个别城市宜居指数不及格。其次，收支满意度调查显示：收入满意度最高的城市并不是经济最发达的城市，而是东部省区经济发展良好的中小城市。研究者利用SPSS统计软件对城市生活质量与城市经济水平之间的关系进行了分析，消除居民收入水平造成的影响后，计算得出生活质量与人均GDP之间的相互关系仅为0.438，为低度相关。由此说明一味追求经济总量的增长并不能对提高居民的生活质量产生较大的直接作用。此外根据这次调查，房价居高不下、交通不畅、城市环境不理想、社会保障覆盖率低、医疗卫生满意度不尽如人意、就业难，以及社会治安问题日益突出等几个方面都是制约我国城市居民生活质量提高的几个重要因素。[95]

因而，当我们将关注经济发展和城市建设的宏观视角转向观察城市居民的微观生活质量时，不禁发现城市机体虽在快速扩展，各项生活指标也在提升，但是生活在其中的市民对于生活质量的感受并没有相应地得到整体性提高。据笔者在研究期间对北京部分区县进行实地考察的结果，生活设施质量及可达性较差、交通拥堵情况严重、通勤时间较长、房价较高、环境质量不佳、社会服务水平较低等问题直接影响了居民对于生活质量的判断，这对在《中国城市生活质量报告No.1》中北京市民的主观评价与客观分指之间存在较大差距的现象存在一定的解释力。调查中还发现，生活质量的地区差异明显，由人口和空间增长带来的异质性特征也能在市民对生活质量的评价上反映出来。而社会资源分配不公已经在交通、服务、医疗、教育等领域有所表现，这一方面是策略决策较少对资源分配机制进行研究带来的后果，也是社会各阶层之间的隔阂产生和加剧的主要原因。同时对城市公共

1

这些城市具体包括直辖市、计划单列市、省会城市及其他地级以上城市，其他地级以上城市又按区域划分为东部地区城市、中部地区城市、西部地区城市和东北部地区城市。

2

研究针对居民收入、消费结构、居住环境、交通状况、教育投入、社会保障、医疗卫生、生命健康、公共安全、人居环境、文化休闲、就业概率等12个方面的城市生活内容制定了评价的客观指标体系，涉及经济、社会、人口和环境等多个层面。同时研究以网络公众调查的方式获取了关于各城市生活质量的主观评价数据，最终得出我国2006年城市生活质量排行榜前10位的城市依次是深圳、青岛、杭州、宁波、上海、无锡、烟台、苏州、东莞和大连。

空间质量的关注已经进入部分生活条件较好和闲暇时间较多的市民的视野,调研过程中市民对城市公共空间环境质量的认可度是比较低的:居住地附近公共空间和绿地的缺乏,道路过宽导致人行不方便,小汽车挤占自行车道、停车挤占人行道的现象经常发生,公共环境建设质量不高等都是市民反映的普遍问题,可见人们关注的依旧是城市生活空间的质量,这一需求并非规模宏大的政治性广场所能满足的。

相对于促进城市经济增长、提高城市竞争力等发展目标,城市居民的生活质量还没有完全进入城市决策者和规划师的视野。从建设的成效来看,政府和专家的意志显然与城市居民的主观诉求存在一定偏差,在过去城市求大贪新的策略引导下,城市尺度被一再放大,不仅城市中心被不断生成的大马路和大广场所标识,新建地区更加不受限制地显示开阔和气势。大量居民被安置到城市外围基础设施和生活服务设施相对不健全的新区或新城,开始每天周而复始的往返运动。很多人或许会说情况并没有如此糟糕,或者这只是城市发展的必然阶段,笔者对此的看法并不乐观,首先城市结构性失误对市民生活方式的影响是难以消除的,其次不能自下而上地仔细衡量城市决策对市民生活造成的影响是工作方法和思路的问题,如果这一点不能改变,问题就得不到真正的改善。

如果城市的增长存在必然,那么以更为"紧凑"的方式寻求合理的结构和完善的功能,将使空间的扩展在市民更加可以接受的范围内进行。其实在调研过程中,笔者发现市民们普遍对生活质量提高的要求与城市规划的原则似乎并不矛盾:缩短就业通勤和外出交通的时间,保证住房供给、提供完善的生活和服务设施、提高这类服务和交通设施的可达性,并为市民创造舒适、宜人的人性化公共空间。只是这些合情合理的要求恰恰是许多城市在这一轮粗放式增长中所忽视的内容,而这却是"紧凑"策略的重要内涵所在。

### 3.3.2 "紧凑"策略的城市密度观

上述讨论已经凸显了我国"紧凑"策略研究与实施的必要性，对其进行进一步探讨的要求十分迫切，但是有些问题却一直困扰着政府和学术界，使得这一研究尚未获得更加广泛的学术支持，那便是关于城市密度的疑虑，即如果增加城市密度是否会带来更多的城市问题，以及我国城市密度是不是已经没有了提升的可能。回答这些问题，笔者主要从两个方面入手，首先将密度和专家学者普遍担忧的城市拥挤问题区分开来；其次通过城市密度的国际间比较和各种密度数值的特征，以及国内学者有针对性的研究来帮助全面地认识我国城市的密度问题。需要再次强调的是"紧凑"并不等同于高密度，即便在同一密度基础上，不同的结构与功能将生成不同的紧凑度。

#### 1. 密度与拥挤

正确认识密度的意义首先要将其与"拥挤"的概念有所区分。参照物理学的定义，城市中的密度概念是指单位空间中的人口、建筑或资本数量，由于人口数据较易获取，因而在计算时多采用城市的人口密度来表征城市密度。它是城市在自身发展时间轴上进行纵向比较和城市之间横向比较的重要数据之一。但在实际操作中，城市规划能够直接控制的是资本密度和建筑密度，对人口密度的影响是通过对上述两种密度的设定而间接实现的。

相对密度的客观计量方法，拥挤是密度作用于人们心理后的主观反映，两者之间存在一定的关联度，密度高的城市和地区较易使人产生拥挤感，但在构成拥挤的众多因素中，密度只是其中的一个条件，并非导致拥挤的全部原因，有时甚至不是其中的主要因素。空间状态无序、设施资源总量不足，以及成员的社会参与度不高、防备心理增加等其他因素都有可能直接关系到人们对拥挤度的感知。同时受城市环境和社会文化氛围的影响，同一密度在不同国家和地区可能产生完全不同的空间感受，恰如同一物体在空气和水中的相对质量表现必定存在差异一样。事实上，将高密度等同于"过度拥挤",将因为过度拥挤而造成的环境质量恶劣、城市设施资源不足和犯罪现象频发等城市问题直接归罪于高密度并不利于找到真正的症结所在。

有些学者认为我国城市密度已经过高,"必然给城市的可持续发展带来挑战。"[1]因而在规划过程中多采用一方面限制人口,另一方面增加用地的办法来降低城市密度,并为新增用地设定密度上限。但这一思路有可能导致的结果却是在强大的城市化动力下人口数量不受控制地增长与保守预测下提供的基础设施和各类生活设施不足之间产生巨大矛盾,这种矛盾是产生城市空间严重"拥挤"感的根源。以城市的住宅供给为例,我们用限制用地容积率的方法达到控制人口密度的目的(此处讨论不涉及环境敏感地段),但事实上其直接后果是减少了城市住宅的供应量,一定程度上造成城市住房市场供不应求的现状,这必然推动房价的上涨,导致住宅的可支付性降低。一方面城市用地的效益没有得到较大体现,使得希望降低人口密度的最初设想反而可能导致城市整体拥挤度的上升,另一方面为了加大住宅供应,必然刺激土地消费,致使城市空间加速扩展,这一过程中基础设施的投入和人口增长又将产生新的矛盾。因此为解决我国城市过度拥挤的问题,直接以降低人口密度为目标的方法往往事倍功半,尽可能保障与人口增长速度相适应的基础设施和生活设施供给才是根本出路,因而在城市人口规模不断增大的现实背景下适当提高单位土地的承载力,在可能的地区增加人口密度可能反而向着解决问题的方向迈进。

## 2. 关于城市密度的合理性

那么我国城市的密度是否真的过高了呢?又该如何确定一个城市的合理密度呢?一些学者已经开始尝试回答这些问题。经过在密度数值上的国际间比较,以及专门针对我国城市的量化研究,答案逐渐清晰。

在 Alain Bertaud 对世界 48 个主要城市的人口密度进行比较的结果中,我们发现中国城市的人口密度高于欧美城市,低于亚洲其他高密度城市,其结果与我们前面讨论国土面积与人口密度

1
在 2004 年 3 月 1 日发布的《2002—2003 中国城市发展报告》中指出,在中国城市发展面临的五大挑战中,中国城市群人口密度过大被排在首位。详见丁成日,宋彦等.城市规划与空间结构——城市可持续发展战略 [M].北京:中国建筑工业出版社,2005:199.

关系时得出的结论相吻合。根据他前几年的计算，北京的人口密度为145人/公顷，比北京人口密度高的有孟买（389人/公顷）、中国香港（376人/公顷）、汉城（322人/公顷）、莫斯科（182人/公顷）、巴塞罗那（171人/公顷）等，较低的有墨西哥城（101人/公顷）、巴黎（88人/公顷）、伦敦（62人/公顷）、纽约（40人/公顷）、芝加哥（16人/公顷）、亚特兰大（6人/公顷）等。[137]这些城市都是各个国家国民经济的生力军，具有较高的首位度，但人口密度的差异却如此之大，这在一定程度上说明城市的整体密度与地域、发展条件和文化具有很大的相关性。也从另一个角度说明了即使在城市人口密度低至6人/公顷的城市也未必能够避免交通拥堵、环境质量恶化等困扰高密度城市的各类问题，亚特兰大是全美空气污染最严重的城市之一，其拥堵系数是1.34，排在全美第6位[137]。

此外，平均人口密度除了能够用来表征人口与用地的整体关系之外，尚不能作为规划决策依据以研究城市内部运作效率。表现在人口密度在城市内部的空间分布差异明显，且昼夜变化较大。而我们常用的人口数据是根据居住地人口来进行收集的，因此平均人口密度统计的近似于城市夜间的人口密度，这一数值无法用来说明城市白天的人口分布情况，尤其对于经济活跃的大城市而言，两者可能存在巨大的差别（图3-12）。再以纽约曼哈顿为例，在不到62平方公里的土地上，其居住人口大致为150万

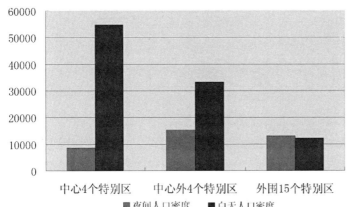

图 3-12 日本东京人口密度的昼夜变化
（资料来源：根据参考书目 137，p201 改绘）

（1995 年），人口密度约为 2.42 万人 / 平方公里，同时除周末外，它每天为近 340 万人提供经济活动的舞台，白天的人口密度达到 5.52 万人 / 平方公里。其中中城商业区在 3.11 平方公里的面积上集聚了 739000 个就业机会，就业密度高达 23.4 万人 / 平方公里，下城商业区（2.07 平方公里）里集聚了 34 万人 / 平方公里，密度近 17 万人 / 平方公里。经过比较，虽然欧洲大多数城市有着比北美城市高的人口密度，但北美城市中心区的就业密度有的却高于欧洲的城市。[137]

这些数据一方面说明平均城市密度只能提供非常有限的信息，我们无法据此判断一个城市的活力和效率，在各个城市不同的发展条件和市场机制作用下，我们很难给出一个有关城市密度的合理值。此外，从另一个方面来看，城市内部的密度分配也是空间集聚强度和活动承载能力的体现，规划决策在研究过程中需要更为详细的密度资料作为依据。

那如何看待我国城市密度是否过高的问题呢，丁成日认为："中国城市的主要问题在于无序与拥挤，而不是人口密度过高。由于国际经验显示，没有一个所谓合理的城市密度标准存在，因而中国城市人口密度不能简单地认为高或低……评判一个城市密度是否合理，应由密度是否与房地产价格相一致，是否能使城市土地市场、城市基础设施以最小投资达到最大效益等来衡量和判断。"[137]

程开明和李金昌在"紧凑城市与可持续发展的中国实证"研究中，虽然没有给出合理的密度值，但是通过对我国 284 个地级以上城市的样本分析，他们得出了我国城市密度越高，其经济、环境和社会发展可持续性越好的结论，表现在我国城市人口密度每提高 1 人 / 平方公里，人均 GDP 增加 2.95 元，每万人在校大学生、每万人医生数及每百人公共图书馆藏书分别增加 0.1351 人、0.0034 人和 0.017 册，说明密度越高，经济效益越好，人均资源增加。且人口密度与人均二氧化硫排放量、人均工业烟尘排放量呈负相关关系。这些都是解释较高密度并不一定带来人均资源减少与环境质量恶化的有力证据[138]。

此外，在陈海燕2006年在对我国45个特大城市的人口密度和综合环境指标进行分析的过程中发现，城市密度与城市综合环境指标的正相关关系在一定密度范围内存在，并得出了168.33人/公顷的数值，如果这个结论成立，那么国内只有上海和武汉两个城市的密度超过临界值，其他的城市都还有很大的潜力，"通过增加现有人口密度，而不是扩展城市边界来增加对外来人口的吸纳能力。"[57]当然，受样本数量和数据质量的限制，这一数值是否具有现实的指导意义，以及在人均资源消耗减少和污染控制能力有所提高的同时该值是否还有变化都有待于今后研究的验证，但是这些国内的研究成果至少说明我国城市整体的密度可能还有一定的提升空间。

在综合上述认识之后，笔者认为城市密度问题和"紧凑"策略自身的研究性质一样，都是一个针对城市现状和发展条件的相对认识，更多地应该根据各地段、区域和城市的自身发展情况及当时当地的市场基础进行可能性探讨。鉴于我国城市近年来总体密度呈下降趋势的现实，通过改变用地粗放式扩张来提高其人口承载量是可行的，因而"紧凑"的城市发展策略鼓励在能够提高密度的地区尽可能增加其承载能力，以避免城市的无序蔓延以及缓解城市中心的过度拥挤现象。

## 3.3.3 "紧凑"策略的时机选择

为了获得"人地矛盾"下城市空间可持续扩展，并着力提高城市居民的整体生活质量，"紧凑"策略在我国的研究已经势在必行。而国内的政治和经济环境也为这一研究的展开提供了机遇。

国内政策环境首先为这一研究营造了紧迫的气氛。2003年以后，国土资源部、国务院办公厅、中国人民银行、建设部、财政部等各大部委已经接连颁布了多项土地新政（表3-10），从《关于暂停审批各类开发区的紧急通知》《关于深入开展土地市场治理整顿严格土地管理的紧急通知》，以及《国务院关于深化改革严格土地管理的决定》,到"国八条"、新"国六条"和"24
号文",我们可以从中解读出中央政府加大土地管理力度的决心,
这是来自于政策层面的对于讨论"紧凑"策略的有力支持。但是
从土地新政实施过程中的现实阻力来看,仍然有几方面的原因给
政策的实施造成困难:其中地方政府的短视行为依然广泛存在,
政绩的压力和"寻租"空间的利益诱惑都有可能导致上述新政成
为治标之举;其次土地政策的颁布缺少了规划策略的相应配合,
使得新政过于注重"堵",而忽视了"导"的作用,在相应的土
地政策下尚未形成对规划思路和规划模式的深入讨论,使得政府
简单地将限制土地等同于限制发展,这一思路不经扭转,地方政
府的观念和态度将难以转变,因此规划编制单位和决策部门在其
中的作用将至关重要,如何以政策限制土地粗放扩张为契机,从
城市自身发展需求出发对有限的空间增长进行合理配置将是帮助
政府实现多重职能的关键。而应对这一要求,以获得城市可持续
发展为目标的"紧凑"策略或许是有针对性的研究的开始。

我国 2003—2016 年宏观调控中的土地政策          表 3-10

| 颁布时间 | 颁布单位 | 政策的主要内容 |
|---|---|---|
| 2003.02 | 国土资源部 | 《关于停止别墅类用地的土地供应的紧急通知》 |
| 2003.06 | 中国人民银行 | 《关于进一步加强房地产信贷业务管理的通知》 |
| 2003.07 | 国务院办公厅 | 《关于暂停审批各类开发区的紧急通知》《关于清理整顿各类开发区加强建设用地管理的通知》 |
| 2004.03 | 国土资源部监查部 | 《关于继续开展经营性土地使用权招标拍卖挂牌出让情况执法监查工作的通知》 |
| 2004.04 | 国务院办公厅 | 《关于深入开展土地市场治理整顿严格土地管理的紧急通知》 |
| 2004.10 | 国务院 | 《国务院关于深化改革严格土地管理的决定》 |
| 2004.12 | 国土资源部 | 《关于开展全国城镇建设存量用地情况专项调查工作的紧急通知》 |
| 2004.12 | 财政部国土资源部人民银行 | 《进一步加强新增建设用地土地有偿使用费征收使用管理的通知》 |
| 2004.12 | 国务院 | 《国务院关于深化改革严格土地管理的决定》 |
| 2005.01 | 国土资源部 | 《2005 年工作要点》 |
| 2005.03 | 国务院办公厅 | 《关于切实稳定住房价格的通知》("国八条") |
| 2005.04 | 国务院办公厅 | "加强房地产市场引导和调控的八条措施"(新"国八条") |

| 颁布时间 | 颁布单位 | 政策的主要内容 |
|---|---|---|
| 2005.05 | 建设部、国土资源部等七部委 | 《关于做好稳定住房价格工作意见的通知》 |
| 2005.05 | 国家税务总局、财政部、建设部 | 《关于加强房地产税收管理的通知》 |
| 2006.05 | 国务院办公厅 | "调控房地产业六大措施"（新"国六条"） |
| 2006.09 | 国务院 | 《国务院关于加强土地调控有关问题的通知》 |
| 2006.12 | 国土资源部办公厅 | 《关于严格考核耕地占补平衡有关问题的通知》 |
| 2006.12 | 国务院办公厅 | 《关于规范国有土地使用权出让收支管理的通知》 |
| 2006.12 | 国土资源部 | 《全国工业用地出让最低价标准》 |
| 2007.04 | 国土资源部 | 《2007 年全国土地利用计划》 |
| 2007.08 | 国务院 | 《国务院关于解决城市低收入家庭住房困难的若干意见》（24 号文） |
| 2008.01 | 国务院办公厅 | 《国务院关于促进节约集约用地的通知》（国发〔2008〕3 号） |
| 2008.03 | 建设部 | 《住房建设规划与住房建设年度计划制定工作的指导意见》 |
| 2008.12 | 财政部、国土部等 | 《进一步加强土地出让收支管理的通知》 |
| 2010.06 | 国土资源部 | 《关于进一步做好征地管理工作的通知》 |
| 2010.09 | 国土资源部，住房和城乡建设部 | 《关于进一步加强房地产用地和建设管理调控的通知》 |
| 2010.12 | 国土资源部 | 《土地利用年度计划管理办法》 |
| 2012.07 | 国土资源部 | 《闲置土地处置办法》 |
| 2014.05 | 国土资源部 | 《节约集约利用土地规定》 |
| 2016.12 | 国务院 | 《国务院关于全国土地整治规划(2016—2020年)的批复》 |

　　同时，我国经济发展依然保持强大动力，能够为实现城市重构和提高市民生活质量提供必要的物质基础，但这一阶段也是我国城市发展的关键时期，面临着方向上的抉择。可以建立一个模型进行直观的说明：现阶段我国城市犹如行驶在公路上的一辆客车，正在加足马力追赶前方发达国家的车队，在这条由发达国家铺设的通往财富王国（A 处）的道路上，我们不断收获金银，并计算着按照目前速度的优势，能够追上发达国家的时间。但是显然在性能和效率上，我们国家的城市客车还有待改进，如此高强度的日夜运转不仅使客车自身亟待保养的问题日渐突出，另一方面也给乘客带来许多不适。而与此同时，不断指引我们前行的发达国家发现有一巨石正以越来越快的速度迎面滚来，即将堵住所

有车辆的去路，原来通往财富王国的道路已经被证明很难行得通，于是纷纷开始转向，另一富饶之所 B 处成为新的目标，那里虽然没有满地金银，但却有人与自然和谐共生的美景。这一信息也被转达到我们的客车，此时有两条路可以选择，一条是继续往前，直到我们也看见这块巨石时再转向，相遇的位置可能在 C 处，由于巨石和客车同时加速相向而行，因此我们面临的情况将与发达国家有所不同，在巨大的惯性下能否顺利转向无法预测；另一种方式是，我们依旧站在发达国家的"肩膀"上，为躲避前方难以预知的可怕后果及早转向，向 B 处行进，虽然我们走的路径与发达国家将有所不同，但是显然我们到达 B 处的距离更短，也仍旧可以在保证一定速度的前提下实现更为平缓的过渡。即使在探路的过程中客车的行驶速度受到影响，但这恰恰给客车自身的修整和乘客静下心来欣赏沿途风光争取了宝贵的时间。此刻正是将一场与发达国家的"公路追逐赛"转变为更富挑战性并有意义的"自驾车出游"的绝佳时机（图 3-13）。

在这一模型中，为实现城市发展方向和空间扩展方式的转变，以提高车辆性能和乘客舒适度为目标的"紧凑"策略可以被视为由驾驶员掌握的逐步转向的方向盘，结合我国城市目前的发展速度和动力因素，在探索我国城市今后发展方向的道路上，不断地接收来自客车行驶状况和乘客的反馈将是"紧凑"策略实施的重要一环。

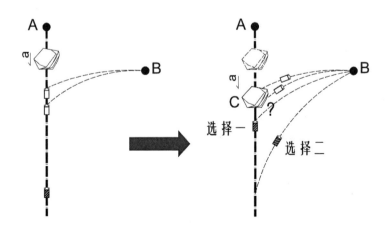

图 3-13 我国城市"紧凑"策略应用的时机选择模型

## 3.4 小结

继澄清"紧凑"概念和明确策略目标之后，本章探讨了"紧凑"策略涉及的相关利益主体，策略实施的多重价值，以及我国展开"紧凑"策略研究的必要性与可行性，这些都是对"紧凑"进行进一步研究的基础。

根据国内外的研究成果和国际上诸多城市的案例比较，我们发现"紧凑"策略不仅是被动实现"地人平衡"的现实选择，也有助于主动实现策略在经济、环境和社会效益上的统一。这对我国人多地少的基本国情和提高城市居民生活质量的现实需求而言，无疑具有较强的指导意义。同时联系我国目前城市的空间扩展和生活质量现状，以及国内的政策和经济环境，笔者得出了在我国实施"紧凑"策略不仅势在必行，而且恰逢其时的结论。

# 4 欧盟国家的"紧凑"策略：以英国和荷兰为例

## 4.1 CEC与城市环境绿皮书

1990年6月，欧共体委员会[1]（CEC，Commission of the European Communities）正式发布了对整个世界来说极具影响力的一份报告，即"城市环境绿皮书（Green Paper on the Urban Environment）"。它对欧洲城市环境现状和面临的日益严峻的城市衰退困境进行了详细的解读，并针对未来城市环境的改善提出了一系列行动指南，其内容在当时看来具有极强的现实意义，以至于在这篇报告中虽然几乎没有提到"紧凑"一词，但以M·Breheny为代表的欧洲许多学者却认为它是20世纪末"对'紧凑'作为一种解决居住和环境问题的途径，阐述得最为清楚、最具启发性，也最有意义的文章"[139]。同时国内学者的观点也普遍认为欧洲城市极力倡导的"紧凑城市"概念也伴随着这篇报告诞生[45,46,62]，鉴于这份文件的历史重要性，笔者认为有必要在了解欧盟各国的"紧凑"策略之前，先对它的内容进行一定的介绍。

报告针对整个欧洲大城市区的普遍问题展开，认为目前显露的这些问题是未来更深层次危机的先兆，必须首先对现在的城市组织和发展模式进行反思并采取相应的措施。在这一基本思路下，报告被分为两个部分："城市环境的未来（The Future of the Urban Environment）"，讲述了城市环境的现状，并探究了城市衰退（Urban Degradation）的根源，认为城市无序扩展割断了城市与历史的联系，分隔了市民生活，也损害了城市规划的灵活性；"改善城市环境的共同策略（Towards a Community Strategy for the Urban Environment）"，涉及环境管理的有效途径、改善城市环境的目标和指导原则、共同行动的措施和行动领域等各个方面，提出可持续发展这一长期目标的实现必须建立在环境质量不断提高的基础之上（表4-1）。[140]

| 城市环境恶化及中心衰退的现象与根源 |
|---|
| • 对城市进行严格的功能分区很大程度上忽视了城市文脉和地理特性，分隔了市民生活，也损害了城市规划的灵活性。 |
| • 城市无序扩展割断了城市与历史的联系；各大城市为发展经济和提高竞争力，积极寻找机会吸引工商业投资，导致经常忽视当地居民对生活质量的诉求。 |
| • 消费时代的到来对城市的空间组织产生巨大影响。表现在城市外围的大型购物中心不断涌现，城市原有中心被高档次的商店和步行街所占据，居住的多样性和便利性随之降低。 |
| • 传统的邻里社区被过境交通分割，并受到办公和商业开发的蚕食；同时，城市周边的房产也承受着文化的贫乏和城市服务及活动缺失的代价，在他们日常工作和生活中对小汽车极度依赖，这一点又进一步促进了郊区的蔓延。 |
| • 对旅游城市而言，文物古迹被越来越多的酒店和游客设施所包围。由于缺乏有效的管理，伴随着城市环境平衡的破坏，当地居民的原有生活状态也被逐渐改变 |

| 环境管理的有效途径 |
|---|
| • 协调：由于城市系统的复杂性，单个部门的决策往往会对其他城市要素产生影响，而在不同层级政府和机构之间对城市管理责任的分割也会对政策的执行带来困扰。因此有必要建立一个有利于投资、发展和环境决策几方面协调的制度框架。 |
| • 资源：在有限的预算条件下，强调对现有资源的充分利用。 |
| • 信息：帮助了解项目特殊问题的信息对建立改善的客观目标是至关重要的。 |
| • 技术：目前在噪声和污染控制等方面的技术已经有了很大进展，这对今后环境改善技术的继续研究和发展奠定了基础。 |
| • 问题转移：须将注意力更多地放在措施的潜在的次级影响上。例如，在鼓励用电车取代燃油汽车的措施中，忽视了电能的来源仍然大多来自于燃烧燃料，有害气体的污染并不能得到根治。 |
| • 环境改善 VS 经济发展：两者的冲突事实上在于目前的市场经济并没有将环境的代价"内部化（internalize）"，而时间也是判断环境和经济发展平衡点的主要难题，因为环境管理多数针对短期冲突，很少有长远的规划。通过经济和财政的手段可能可以获得环境和经济发展的最大兼容性 |

| 城市环境改善的导则 |
|---|
| • 协调与综合：城市问题的复杂性和相关性要求关于经济发展、社会政策、交通和环境的政策和投资决策尽可能综合。 |
| • 责任：在针对环境改善的实际操作中，个体、公司和公共管理部门这个层次都必须为行动的结果负责，而对一个城市来说，也必须通过自身消化掉所有的污染物，以防止向城市周边扩散。 |
| • 可持续性：为回应 1987 年的布伦特兰报告，认识到环境和经济可持续性的重要性，而这一长期目标的实现必须建立在环境质量不断提高的基础上 |

| 共同行动的措施 |
|---|
| 包括完善立法体系，制定相应导则，重视研究、实证和培训的过程，对发展落后地区（GDP 低于或接近欧洲平均水平的 75%）和正在衰退的工业区进行财政补偿、以市场经济的方式鼓励对环境无污染或造成较少污染的工业，以及仔细对城市的环境影响进行评估等 |

| 共同行动的领域 |
|---|
| • 城市规划：从欧共体委员会、各个国家和地区都应该将考虑了环境要素的导则融入目前的城镇规划策略；鼓励"棕地"和城市建成区的再开发；对功能混合和可达性良好的重点项目实施进一步的财政支持等，而与此同时，这些措施要考虑保护和帮助提升当地居民的生活状态和质量。 |

| 共同行动的领域 |
|---|
| • 城市交通：鼓励地方政府将未来公共交通和道路建设的计划与当地土地利用和交通规划协调；通过评测和监控重点项目的环境代价及影响力来改进城市交通的环境管理；在整个欧共体范围内分享管理的成功经验；尝试用经济手段帮助解决由城市交通引起的环境问题。<br>• 历史遗产的保护和价值提升：首先对历史建筑和区域的保护提供必要的财政支持；其次，必须认识到这些历史遗产的潜在价值。<br>• 城镇内部自然环境的保护和价值提升：委员会首先要认识到欧共体的重点项目必须有利于绿地规划和环境保护行动的实施，并鼓励市政当局抓住机会完善城市现有的公共开放空间体系。<br>• 城市工业：共同体将采取促进中小企业发展的措施，使它们融入整个城市的环境系统，并在适当的时候提供规则解释和推介好的案例等帮助。<br>• 城市能源管理：继续和加强城市能源管理的行动，通过立法制定一系列相关的标准，并运用经济手段在细节上鼓励节能，推广在这方面做得较为出色的案例。<br>• 城市垃圾：对城市垃圾处理制定相应的短期和中期规划，以留出场地收集各种城市垃圾，并安排和建设垃圾处理站；在源头控制建设和生活垃圾，呼吁市民重视卫生设施，鼓励研究循环处理城市垃圾的更先进技术及城市垃圾的新用处 |

资料来源：CEC. Green Paper on the Urban Environment. Brussels, 1990

从上述内容来看，CEC 在认识到城市环境的改善对城市未来发展具有显著意义的前提下，已经将如何改善城市环境和提升居民生活质量的研究落实到了具体的行动准则上，其中大部分阐释和分析至今看来仍有启发意义。

值得借鉴的是，城市居民生活质量的提高始终被放置在与城市环境改善同等重要的地位，并在具体的行动指南中被一再提及，可见无论是可持续发展还是环境改善的最终目的是服务市民的认识早已在 CEC 深入人心。同时针对城市中心衰退现象，CEC 也认识到城市生活吸引力的恢复才是促使市民回归城市的最主要动力，因而号召各个国家和地区将考虑了环境要素的指导原则融入相应的规划策略，鼓励"棕地"和城市建成区的再开发，促进城镇内部自然环境的保护和价值提升。为响应 CEC 的号召，就在"城市环境绿皮书"公布之后不久[1]，以英国和荷兰为代表的许多欧洲国家先后提出了各自的"紧凑"策略以应对当前的城市问题，而这份报告成为重要的指导纲领。

1
这份城市环境绿皮书标志着在整个欧洲层面上关注城市问题的开始，在其发表后的第二年欧共体便成立了城市环境方面的专家小组，并在 1993 年和 1994 年分别展开了"欧洲可持续城市计划"和"欧洲可持续城镇运动"。详见 Response of the EC Expert Group on the Urban Environment on the Communication "Towards an Urban Agenda for the European Union". 1998. http://ec.europa. eu/environment/urban/pdf/respons_en.pdf

## 4.2 英国在可持续思潮引导下的"紧凑"策略

### 4.2.1 概况与背景

英国面积 24.5 万平方公里，以丘陵地形为主。2006 年全国总人口达到 6058.7 万，其中 5076.3 万居住在英格兰[1]。此外英国经济高度发达，城市发展历史较长，是世界上城市化水平最高的国家之一（90% 以上）。其城市分布主要有两种形式：一种是以大城市为核心的都市区，如伦敦、利物浦、曼彻斯特及其周围地区。在英国，这样的都市区有 8 个，在行政区划上被称为"都市郡"，这 8 个都市区的人口占全英国人口的 1/3，用地只占全国的 3%；此外英国有 52 个"区域郡"，是城市分布比较均匀的地区，没有明显的核心城市，分散布置了许多小城市，每个城市的人口大多在 5 万人以下，只有个别城市人口在 10 万人左右。如兰开郡，共有 23 个城市，全郡人口 120 万人。[142]

第二次世界大战结束以前，英国大部分人仍然居住在相对"紧凑"的城市里[2]。1945 年以后，英国的人口分布开始呈现两个变化的趋势：首先，随着战后住房规划的推进，人口不断向城市外围扩展区域迁移，城市中心的居住人口逐渐减少，空房率上升；其次，随着新城建设的成熟度提高，这个有规划的分散化过程其后自发地持续演进，吸纳了从大城市和老工业区疏散出来的大批劳动力。而与此同时，人口和住房的分散也带来了城市用地在较大地域范围内的迅速扩展，大规模的居住区、零售业（如购物中心）和商务 / 办公园区[3]占据了城市外围的大量土地，直接导致了城市环境和设施配置对汽车交通的高度依赖，使得城市向外无序扩展的现象愈演愈烈，造成了整体性的交通问题和土地、能源等资源的浪费。在这一郊区化的过程中，发达国家普遍出现的城市蔓延和城市中心的衰退现象在英国也逐渐显露。

[1]
英国人口总数在世界上列第 17 位。http://www.statistics.gov.uk/CCI/nugget.asp?ID=6.

[2]
体现在高密度的住宅与工厂、商店、学校、教堂、医院及娱乐设施（如电影院）相邻，公共交通费用低廉，使用率较高，小汽车的拥有率很低，只有极少数人需要赶远路去上班，大多数工厂都在离工人住所的步行距离以内，同时社区间保持着紧密的联系。

[3]
这些园区为了求得较好的环境，在布局上对土地利用极为浪费，其规划方式被称为"校园风格"。

## 4.2.2 "紧凑"策略的提出与发展

迫于政治、环境和社会等多方面的压力，英国政府先后颁布了一系列政策措施以应对当前形势，其中体现"紧凑"思想的策略主要形成于 20 世纪 90 年代后以促进城市可持续发展为核心目标的政策体系中（表 4-2）。尽管这些策略和措施实施近二十年以来，出现了各种质疑和反对的声音，但是英国政府和许多专家学者在通过践行"紧凑"的城市发展策略以实现可持续发展目标的道路上依然走得十分坚定。

英国 20 世纪 90 年代至今公布的政策文件中与"紧凑"目标一致的策略内容 表 4-2

| 时间 | 政府部门 | 政策文件 | 与"紧凑"相关的策略内容 |
|------|---------|---------|----------------------|
| 1991 年 | DOE | PPG18：加强规划管理 "Enforcing Planning Control" | • 充分认识并理解城市规划法规的强制力[1]；<br>• 对如何运用政府力补救规划控制中经常出现的问题进行政策指导 |
| 1992 年 | DOE | PPG4：工业和商业开发以及小型工厂 "Industrial and Commercial Development and Small Firms" | • 经济发展必须和高质量的城市环境共存；<br>• 规划时要考虑地方的工业需求，但必须在工业和商业开发的重要性和改善环境的目标之间进行权衡；<br>• 建议包括功能混合、保护和继承、城市用地再开发等 |
| 1994 年 | DOE | 可持续发展：英国 2426 战略 "Sustainable Development：The UK Strategy CM 2426" | • 可持续发展和对环境的考虑应该成为政府决策的主要依据，优先发展达到多方面平衡的项目；<br>• 鼓励生物技术发展，为其减轻负担同时关注保护环境和居住特征；<br>• 对保护森林和垃圾处理也提出相关策略 |
| | | PPG9：自然保护 * "Nature Conservation"（2004 年被 ODPM 修订为 PPS9：生物多样性和地貌保护 "Biodiversity and Geological Conservation"）[2] | • 将城市和乡村的更新过程融入当地的生态系统，每一个场所的设计应该考虑更大范围内的环境，特别是对生物多样性和地形地貌保护带来的影响；<br>• 在保护自然的过程中应同时关注设计区域和非设计区域的重要性；<br>• 认识到 SINC（指重要的自然保护场所）系统在保护地方重要自然保护区时的作用 |

---

1

当时 1991 年编制的《规划和补偿法规》刚刚出台。

2

PPS9 在 2004 年取代了 PPG9，其后根据 PPS9，副首相办公室（ODPM）和环境、食品和乡村事务部（DEFRA）颁布了补充文件《生物多样性和地质保护：法定义务及其对规划体系的影响》，这两个文件加上实施细则备忘录成为在这方面规划管理的主要依据。

| 时间 | 政府部门 | 政策文件 | 与"紧凑"相关的策略内容 |
|------|----------|----------|------------------------|
| 1994 年 | DOE | PPG15：规划和历史环境<br>"Planning and the Historic<br>Environment" | • 将保护规划纳入城市规划之中，保护建筑、保护区域和开发控制的决策都需要与发展结合起来考虑；<br>• 好的保护规划创造良好的社区环境和视觉影响力，也有助于恢复城市中心活力和繁荣地方经济 |
| | | PPG23：规划和污染控制<br>"Planning and Pollution Control" | • 对如何将污染控制与规划的实践操作相结合给予一定的指导；<br>• 对如何处理地方政府规划责任与其他污染控制责任实体的关系给出建议 |
| 1995 年 | DOE | 我们未来住宅的机会、选择和责任<br>"Our Future Homes Opportunity,<br>Choice，Responsibility" | • 计划 10 年之内新建 150 万个单元住宅，并鼓励创造混合社区；<br>• 支持私人房屋租赁，并建立社会住宅租赁的新框架，以降低房屋的空置率；<br>• 确保住房建设满足环境要求：鼓励城市内部的高质量的开发，在住宅建设和使用中采取节能措施 |
| | | PPG2：绿带[1]<br>"Green Belts" | • 对 1988 年绿带政策的修订；<br>• 回顾绿带政策，再次明确建设绿地以防止城市无序蔓延的目标，并强调绿带的开放性和它在保护农田、森林等自然环境的作用；<br>• 反对绿带内不适当的开发，规定了绿带内可开发项目的类别 |
| 1996 年 | DOE | PPG6：城镇中心和零售业开发 *<br>"Town Centers and Retail<br>Development"<br>（2004 年被 ODPM 修订为 PPS6：<br>城镇中心规划） | • 城镇中心规划的主要目标是通过城市活力的增强来提升城市中心的吸引力；<br>• 加强现有城镇中心的规划和管理，改善其环境设施，并提高可达性；<br>• 鼓励建设环境条件良好的服务设施为市民服务 |
| 1997 年 | DOE | PPG1：总的政策和原则 *<br>"General Policy and Principles"<br>（2005 年被 ODPM 修订为 PPS1：<br>实现可持续发展<br>"Delivering Sustainable<br>Development"） | • 发展规划必须确保同时获得环境、经济和社会的可持续发展；<br>• 通过减少使用能源，降低排放（包括控制小汽车使用等措施），充分利用可更新能源等方式减少规划项目对环境的负面影响；<br>• 满足居民的不同需求，打破不必要的壁垒，重视社会的可持续性；<br>• 改善就业、教育、购物、休闲和交流设施的可达性，提高生活质量，并解决交通问题 |
| | | PPG7：乡村—环境质量和经济、<br>社会发展 *<br>"The Countryside Environ- ment<br>Quality and Economic and Social<br>Development"<br>（2004 年被 ODPM 修订为 PPS7：<br>乡村的可持续发展） | • 政策目标为改善乡村地区居民的生活质量，促进可持续的发展模式，并充分发挥当地潜力；<br>• 发展过程中注重高品质、可达性，严格控制现状建设区域以外和开放空间里的开发，优先开发"棕地"等土地再利用项目；<br>• 开发中注重居住点、基础设施和服务设施的平衡 |

---

1

英国是世界上最早提出用绿带限定城市边界的国家。其历史一直可以追溯到 16 世纪，从最早的阻止疾病蔓延和提供休闲场所到后来控制城市蔓延以保护农田的目标，绿带建设的意义一直处于不断发展的过程中。自 1938 年颁布绿带法案之后，英国在大城市区域的外围建立了 14 条绿带，其中范围最大的一条是围绕大伦敦区域的绿带，面积达到 48 万公顷。目前这一政策已经被广泛认为是英国城乡规划的基石之一。

| 时间 | 政府部门 | 政策文件 | 与"紧凑"相关的策略内容 |
|---|---|---|---|
| 1998 年 | DETR | 可持续发展规划<br>"Planning for Sustainable Development: Towards Better Practice" | • 运用"都市村庄"[1]的理论观点寻找实现城市发展潜力的方法;<br>• 鼓励节点式或步行屋（Ped-Shed）开发，围绕每一个节点 5 分钟步行距离或 500 米为半径布置居住区，使居民更少地依赖私人小汽车;<br>• 把居住环境建设成相对高密度和符合人的尺度的场所，以维持商店、公共交通、学校和娱乐设施的运行 |
| | DETR | 一种新的交通处理办法：惠及每个人<br>"A New Deal for Transport: Better for Everyone" | • 创造一个能够整合私人交通和公共交通的处理办法，使每个人享受到出行的便利;<br>• 从居住场所、地方交通规划、公共汽车、火车、货运、环境保护、安全性、社会民主等方面探讨新的处理方法;<br>• 可持续的交通状况体现在生活更健康、就业机会多和经济发达、环境改善、更公平的社会氛围、一个现代的、整合的交通系统、能够适应变化的交通习惯等 |
| 1999 年 | DOE&<br>DFT | PPG13：交通<br>"Transport" | • 在国家、区域和地方各个层面综合土地规划和交通规划，为人流和物流提供可持续的交通选择;<br>• 通过提高就业、购物、休闲场所的可达性减少人们的出行距离和时间;<br>• 鼓励步行和乘坐公共交通系统，减少小汽车使用;<br>• 选择可持续的城市发展模式，尽量将住宅建设在城市现有区域以内，充分利用现状道路等基础设施 |
| | DETR | 更好的生活质量：英国可持续发展战略<br>"A Better Quality of Life: UK Sustainable Development Strategy" | • 在考虑个体需要的基础上实现可持续发展，缩小贫富差距，提高市民整体生活质量;<br>• 提供可供选择的多种交通方式，减少环境影响和拥堵情况;<br>• 发展大城市，使它们更适宜居住和工作，提高能源利用效率，合理处理城市垃圾 |
| 2000 年 | DETR | 我们的城镇和都市：陈述未来城市的复兴<br>（Urban White Paper）"Our Towns and Cities: The Future-Delivering an Urban Renaissance" | • 重新审视了过去城市分散发展的政策，指出城市蔓延式扩展带来的一系列问题;<br>• 认识到只有保证城市特征和生活质量的基础上，才有可能实现城市复兴;<br>• 对策包括鼓励循环使用城市土地、改进城市设计和建设设计、运用税收等财政政策激励开发闲置土地等 |
| | DETR | 规划过程中的城市设计<br>"By Design-Urban Design in the Planning Process: Towards Better Practice" | • 提出提高设计质量、减少停车场供给和增加居住密度;<br>• 认为好的城市设计带来更好的价值 |

---

1
"都市村庄"是在城市绿地、棕地，或者城市外围建设的聚居点。人口规模为 3000~5000 人，以步行 10 分钟的距离为基本尺度。它的规模小到可以仅仅是一个社区，但是必须足以支撑起基础设施的有效合理运作，这些基础的服务设施包括日常购物、医院、基础教育、娱乐和文化设施、就业点和绿地等。而要在步行距离内聚集合适的人口数量来实现这一点意味着这将是一个高密度的社区。因此它具有以下特征：高密度、混合功能、工作和就业的比例均衡、高质量，并基于步行。

| 时间 | 政府部门 | 政策文件 | 与"紧凑"相关的策略内容 |
|------|---------|---------|----------------------|
| 2000 年 | DETR | PPG3：住宅 *<br>"Housing"<br>（2006 年被 DCLG 修订为 PPS3：住宅） | • 遵循"规划、监控和管理"的途径实现住宅供应目标；<br>• 强调城市现有用地和住宅的再利用；<br>• 认为可持续的居住环境必须包括高利用率的公共交通设施、对土地的最佳利用方式和必要的绿地环境 |
| | DFT | 2010 交通：10 年规划<br>"Transport 2010：The 10 Year Plan" | • 以地方条件为基础，有效地将所有交通方式整合到一个交通网络之中，以满足居民需求；<br>• 增加对公共交通的财政投入；<br>• 遵循可持续发展原则，争取环境、经济和社会多方面的共赢 |
| 2000 年 | DETR | 鼓励步行：对地方政府的建议<br>"Encourage Walking：Advice to Local Authorities" | • 创造易达、愉快和安全的步行体验。在政策、财政和导则上优先考虑步行空间；<br>• 将步行规划整合到交通、土地利用和发展规划中；<br>• 提供高质量的步行网络，尤其建立好居住区、学校、购物区、公交站点和就业区之间的联系，并提供步行友好的服务设施 |
| 2001 年 | DETR | 规划：陈述基本的改变<br>"Planning：Delivering Fundamental Change" | • 标志英国规划体系开始新一轮的改革；<br>• 要求简化规划的复杂过程，加快规划的编制和决策速度，更好地融入社区建设 |
| 2004 年 | ODPM | 规划和强制性购买法规<br>"Planning and Compulsory Purchase Act 2004" | • 将城市规划体系重新调整为国家、区域和地方三个层次；<br>• 允许地方政府每年制定当地的发展规划，给予地方政府一定的灵活性，鼓励高质量的发展；<br>• 正式要求区域空间战略和地方发展文本的编制过程中要进行可持续性评估，并包含欧盟"战略性环境影响评估"的内容 |
| 2005 年 | ODPM | 规划混合社区：咨询文件<br>"Planning for Mixed Communities：Consultation paper" | • 能够提高较多类型的住宅以供选择，并做好当地市场调研和住宅评估工作；<br>• 强调土地的高效利用，创造和谐的混合社区，其他内容要求反映 PPG3 的政策 |

资料来源：英国各大官方网站，如 http://www.planningportal.gov.uk；http://www.archive.official-documents.co.uk/；http://www.planninghelp.org.uk；http://www.communities.gov.uk/；http://www.sd-commission.org.uk；http://www.dft.gov.uk/；http://www.sustainable-development.gov.uk/

注：PPG：Planning Policy Guidance 规划政策导则

PPS：Planning policy Statement 规划政策声明

DOE：Department of the Environment，环境部

DFT：Department for Transport，交通部

DETR：Department of Environment，Transport and Regions，环境、交通和区域部

DTLR：Department of Transport，Local Government and the Regions 运输、地方政府和区域部

ODPM：Office of Deputy Prime Minister，副首相办公室

在 1997 年以前，英国城市规划事务由 DOE 负责；此后至 2001 年间，由 DETR 负责；2001 年和 2002 年 5 月间由 DTLR 负责；2002 年 5 月开始则由 ODPM 直接负责，而从 2006 年 5 月开始交由 DCLG（Department for Community and Local Government，共同体和地方政府部）主管。

* 表示后面的"相关'紧凑'策略内容"已经综合了前后两份文件的主要内容，故在表格中不再单独列出 2002 年以后 ODPM 公布的相关"PPS"声明。

在着力理清这些政策文件中与"紧凑"目标相一致的策略内容后，我们发现英国已经基本构建起了如何通过必要的行动来促进城市空间可持续扩展和提高居民生活质量的策略体系。在这一

策略体系中，PPS1："实现可持续发展"（原PPG1："总的政策和原则"）为策略涉及的具体内容确定了总体目标和基调；而其他文件则分别针对交通（PPG13等）、历史街区与自然环境保护（PPG2、PPS9、PPG15）、工业和商业开发（PPG4、PPS6）、住宅建设（PPS3等）、污染控制（PPG23）、规划管理（PPG18）等各个方面进行了详细的限定与引导。[143-162]

此外，在学术领域，英国也是全球探讨"紧凑"策略的前沿阵地之一。受政府委托，牛津布鲁克斯大学的学者进行了有关"紧凑城市"的专题研究，并将来自各个国家的研究成果相继汇编为三部著作，为全球探讨"紧凑"策略的同行们提供了一个讨论平台[1]。同时，这些来自学术界的关于城市形态、城市环境、社会公平、交通措施等方面的研究以及学者对"什么是可持续的城市形态"和"如何实现可持续城市形态"等基本问题的讨论都对英国的政策制定产生了直接或间接的影响，尤其对城市系统复杂性和城市规划适应性和包容性的认识也体现在了新的城市法规中。

英国自20世纪90年代开始推行相对"紧凑"的城市发展策略后，其效果最直接的反映便是城市，尤其是中心城区吸引力的回升。以伦敦为例，1991~2001年，伦敦城市人口总量和中心城区人口占城市总人口的比重均有所增加。1991年伦敦总人口为668万，2001增加到717万，年均增长0.7%，高于英国其他地区的人口增长率。而中心城区占总人口数量的比例也从1991年的37.5%增长到2001年的38.6%。相对于20世纪三四十年代以后中心城区人口持续减少的现象，这些数据可以说明市民已经逐渐开始重新认识城市生活了（图4-1）。

而这成就得益于伦敦在保持良好的市容环境、实施公交优先策略、重视城市基础设施建设和在旧城改造过程中强调综合开发等方面的努力。伦敦不仅通过绿地覆盖率、人均公园绿地等指标来指导绿地建设，还根据各类公园绿地的功能、服务范围考察市民对绿地使用的满意程度，判断各个人群的绿地享有状态，来规划新绿地。[2]同时，伦敦市内公共交通方便，交通

1
详见"绪论"中的有关介绍。

2
伦敦城市建设标准中规定大伦敦人均绿地20平方米，400米之内应有一块绿地。伦敦绿地根据大小、功能、位置等指标分成区域性公园、市级公园、区级公园、小区级公园、小型公园和线状绿地等五级。

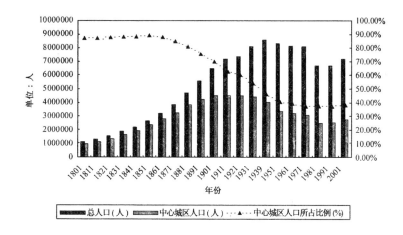

图 4-1 伦敦市人口变化图
（资料来源：参考书目 164，
p178）

线路多，有地铁、轻轨、巴士、计程车等多种交通工具满足市
民不同出行目的的需求。其中地铁是市内主要交通工具，承载
70% 的交通量 [1]。在市区任何地点，居民 10 分钟内便可进入四
通八达的地铁去往各地，而换乘全在建筑物内实现。据伦敦市
交通局 2003 年的调查数据显示，约有 34% 的伦敦市民通过公
共交通方式出行，约有 49% 的居民利用公共交通作为上下班通
勤工具。[164]

此外，为了提高城市的人口承载力，伦敦加快了城市建设的
步伐。但 20 世纪 90 年代以后更为注重的是增加城市中心区的建
设密度。首先通过强化核心商业区的功能保证了伦敦经济的持续
发展，并对不同商业设施进行了合理布局，高效地利用了城市空
间；其次为了减轻交通的压力，在城市核心区的规划发展中，通
过土地利用的强化以及临时停车场的整治等，确保公共交通节点
处的土地得到最大限度地利用；在有关建筑密度的规定中，伦敦
中心城区的建筑容积率要求至少为 5，以保证城市商业得到充分
发展，同时鼓励居住的混合开发和不同阶层居民住房的合理搭
配。可见，以伦敦为代表的英国城市在近二十年实践城市"紧
凑"策略的过程中已经获得了一些经验，不仅有效地控制了城市
向外蔓延和中心城区衰退的现象，也进一步增加了对提高市民生
活质量的关注。

---

1
目前，伦敦的地铁网总长度为
420 公里，有 13 条路线，274
个车站。每日载客量达到 300
万人次，由于采用先进的信号
控制系统，地铁运营调度良
好，在交通高峰时段，各班次
之间仅相隔 1 分钟。

### 4.2.3 英国"紧凑"策略特征与借鉴

总结上述内容,英国在城市规划和设计体系中体现的"紧凑"特征可以从以下三个方面来概括:以实现城市可持续发展为核心目标;不断创新和完善城市规划体系;以及将"紧凑"策略渗透到了城市规划和设计的各个层面。而其中将统一的城市发展理念体现到规划设计的各个方面,并由专门的部门负责制定有利于经济、社会发展和环境决策几方面协调的制度框架值得我们借鉴。

**以实现城市可持续发展为核心目标**

英国的"紧凑"策略在 20 世纪 90 年代以后正式进入政府和专家学者的视野,恰值"可持续思潮"在全球范围内的积极推进之时。继布伦特兰报告诞生和 CEC 发布《城市环境绿皮书》之后,英国政府也逐渐意识到当前的城市发展模式有违"可持续"的基本理念,并将在很大程度上制约未来城市在环境、资源和社会经济等方面的发展和进步。因此,在这一背景下产生的"紧凑"策略自其诞生便有着推动城市可持续发展的使命。

从 1994 年 DOE 提出的"可持续发展:英国战略 CM2426"到 2005 年由 ODEM 正式发布的"PPS1:实现可持续发展",英国政府在规划领域一直全面推行着可持续发展战略,尤其在 PPS1 中明确提出"成功的规划必须是一个积极的、主动的程序,并且能通过对土地利用、发展控制和规划准备体系的运作来满足公众利益和实施政府可持续发展的总体目标。"[151] 此外,英国的规划政策中还规定:区域层次的"区域空间战略"和地方层次的"地方发展文本"在其编制过程中应进行"可持续性评估"。作为推进可持续发展实施的重要手段,"可持续性评估"将依据规划的不同层次,逐项检测城市规划的各项内容在实施可持续发展时的表现。

**不断发展和完善城市规划体系**

英国是世界上较早建立城市规划体系的国家之一。自 1947

年颁布《城乡规划法》（Town and Country Planning Act）以来，其以发展规划为核心的城市规划体系成为世界其他国家和地区争相效仿的对象。经 1968 年和 1971 年两次规划体系的发展，中央政府和地方政府事权划分逐渐明确，并建立了两个层次的规划形式：结构规划（Structure Plan）和地方规划（Local Plan）。而 1991 年颁布的《城乡规划法》和《规划补偿法》（Planning and Compensation Act）则顺应了 1986 年地方政府组织结构的改变，再对当时的规划体系进行调整后，形成了英国大都市地区的单一发展规划（Unitary Development Plans）。

上世纪末随着经济全球化和可持续发展理念的全面推进，英国的政府机构、城市规划界和社会团体对城市规划的进一步发展进行了广泛的探讨，以期望能够适应变化了的社会经济发展的需要，更好地引导和促进城市的可持续发展。在这样的背景下，以 2004 年的《规划和强制性收购法》（Planning and Compulsory Purchase Act）的颁布为标志，英国的城市规划体系发生了重大的改变。它基本接受了 2001 年由 DTLR 发布的绿皮书中提出的改革方案，将"地方发展框架"（Local Development Framework）取代了原有的由结构/地方/单一发展规划构成的规划框架。[165] 由此建立的规划体系具有更高效、更有弹性，并兼具适应性等特征，这很好地契合了到目前为止人们对"紧凑"的规划策略的认识：它应该在规划的决策过程中体现"适应性"和"包容性"。

将"紧凑"目标渗透到规划的各个层面

目前负责英国城市规划事务的共同体和地方政府部（DCLG，Department for Community and Local Government）通过以下几个文件来指导地方规划建设：通函（Circulars）、PPG/PPS（规划政策导则和声明）、RPG/RSS（区域规划导则和空间战略）、MPG/MPS（矿产政策导则和声明）以及 MMG（海洋矿产导则）。其中 PPG 和 PPS 经过十几年的发展，已经成为国家政府指导地方规划和建设的主要纲领性文件，它分别由总则和涵盖住房、环境、交通、城市中心、乡村地区、能源利用、垃圾和噪声管理等内容的 25 个文件所组成，从其内容和内容修订的过程可以很明显地看出可持续思想近年来的发展，而"紧凑"策略的运用也成为贯穿这些文件的主线。

为了实现城市空间的可持续扩展，策略认为对环境的考虑应该成为政府决策的主要依据，尽量将建设控制在城市现有区域内，充分利用现状道路等基础设施，并鼓励循环使用城市用地，改进城市设计方法，运用税收等财政手段激励开发闲置土地等；而提高城市居民生活质量的相关策略更为广泛，包括提供高质量的步行网络，建立好居住区、学校、购物区、公交站点和就业点之间的联系，提高生活和服务设施的可达性，使每个人享受到出行的便利，同时鼓励建造混合社区，支持私人房屋租赁，以降低房屋的空置率，并致力于创造良好的社区环境，以恢复城市中心活力和繁荣地方经济。另外在"更好的生活质量：英国可持续发展战略"中提到优先发展大城市，使它们更适宜居住和工作，并提高能源利用效率，合理处理城市垃圾 [148]。

## 4.3 荷兰"紧凑"策略发展回顾："相对集中的发展"、"紧凑城市"、"网络城市"

### 4.3.1 概况及背景

荷兰是欧洲人口密度最大的国家，按陆地面积计算，人口密度为 479 人 / 平方公里[1]。同时荷兰城市化水平较高，20 世纪 70 年代城市人口比例已经达到 81%，1990 年为 88.7%。然而，荷兰的城市除了首都阿姆斯特丹、港口城市鹿特丹聚集区的人口分别达到 106 万和 105 万外，多数城市的规模均较小。全国主要的经济文化活动均集中在西部的兰斯塔德（Randstad）[2] 地区，它是一个横跨四个省（北荷兰、南荷兰、乌德勒支和弗莱弗兰）、包含了全国最大的四个城市（阿姆斯特丹、鹿特丹、海牙和乌德勒支）及其间众多小城市的松散城市群，该地区居住着全国

1
荷兰被称为"低地之国"，境内除南部和东部有少量山丘外，绝大部分为平原，低于海平面的地区约占国土面积的 27%，全国 60% 以上地区海拔高度不超过 1 米，近 1/4 国土是几代人围海造田形成的。

2
1930 年，荷兰国家航空公司官员艾伯特·普莱斯曼（Albert Plesman）在荷兰西部设置一个国家级中心航空港时，首次用"兰斯塔德"（荷兰语"Rand"指"环形"）来描述西部城市群。20 世纪 50 年代，人们在描述阿姆斯特丹、鹿特丹、海牙和乌德勒支等城市快速发展并相互聚合的状况时，进一步加强了这一概念。

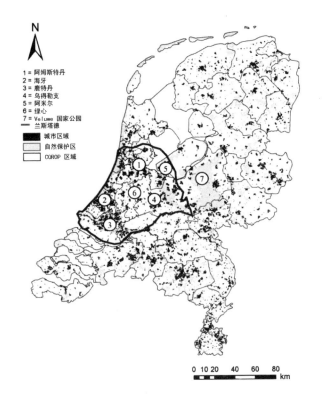

N

1 = 阿姆斯特丹
2 = 海牙
3 = 鹿特丹
4 = 乌得勒支
5 = 阿米尔
6 = 绿心
7 = Veluwe 国家公园
—— 兰斯塔德
■ 城市区域
▨ 自然保护区
□ COROP 区域

0 10 20    40    60    80
          km

图 4-2 荷兰的城市区域、自然保护区及兰斯塔德范围
（资料来源：参考书目 167，p141）

45% 的人口，并提供了全国 50% 的工作岗位。同时，兰斯塔德地区的内部有一个面积约 400 平方公里的农业地带，这一绿色开放空间被称为"绿心"。"绿心"包含了 43 个完整的行政区和另外 27 个行政区的部分地区。[166] 随着城市发展对空间需求的增加和农业本身规模经济的扩展，"绿心"也成为城市化过程中城乡用地矛盾最突出、空间争夺最激烈的区域，因此尽管荷兰国家空间规划政策的主要目标是实现不同类型城市的"紧凑"增长，但其中绝大多数的努力明显直接指向兰斯塔德和"绿心"地区。

## 4.3.2 20 世纪 50 年代至 20 世纪末的"紧凑"策略发展历程

从 1949 年至今荷兰在一系列官方研究的基础上先后开展了数次国家空间规划，其主线均围绕兰斯塔德及"绿心"地区的开发和保护展开，但在不同时期的社会经济发展背景影响下，各次国家空间规划分别展现出不同的侧重点和发展策略。

第二次世界大战以后的荷兰，国家将注意力放在战后重建及复苏经济增长上。面对当时的经济发展需求，大都市的土地开发更多地体现为一种快速的扩张模式。在相继通过"荷兰西部及其他省份规划报告"（1956 年）和自然资源保护法（1958年）之后，1960 年由国会核准的第一次国家空间规划中并没有提出对城市蔓延现象的过多关注。直到在 1966 年公布的第二次国家空间规划报告（The Second Report on Physical Planning in the Netherlands）中才强有力地提出了反对郊区蔓延的观点。其中的基本内容包括高效利用土地，投资公共服务和基础设施，保护"绿心"，以及建议将郊区化发展引向"相对集中的分散"（Concentrated Deconcentration）——即将新的城市发展集中布置在现状城市区域之外的众多增长点。这项政策被视为临界于集中式发展和低密度扩展之间的一个可行选择。自此，"紧凑"一词开始反复出现在荷兰各层级空间规划中。[168]

"相对集中的分散"这一策略在荷兰"第三次实体规划报告"（The Third Report on Physical Planning）中被更为严格地确定和实施。由于各省市地方政府在过去一个阶段中并没有有效地控制实现空间规划的进程，因此报告中指出新城的选址将由国家政府统一规划。报告中除了将提高非机动车辆和公交系统使用率作为紧凑策略的一个新的基本点之外，还要求减少对小汽车出行的需求。其目标在于减少因道路基础设施需求增长造成过量的能源消耗，并降低环境污染。[169]

20 世纪 80 年代以后大城市持续衰败的问题也不断显现，引起荷兰规划界强烈关注。这一现象产生的原因是过去 20 年荷兰大城市的人口和社会经济发展以向外迁移为主，强调长距离的分散，加上人口自然增长率的下降，导致中心城市人口数量明显减少，吸引力也随之减弱。为应对这一问题，在 1990 年完成的第四次实体规划（The Fourth Report on Physical Planning）和 1991的补充文件（The Fourth Report on Physical Planning Extra）中，"相对集中的分散"策略被"紧凑城市（Compact City）"这一概念所代替，规划的重点转为如何保持人口的平衡，以及提供广泛的就业机会。政府试图将新的城市发展引向现有的城市区域内（如"棕地"）或安排在城市附近一些新的 VINEX 地区[1]。在 1995 年到 2000 年期间，VINEX 地区一共建造了大约 46 万户住房，其中一半选址于兰斯塔德的"绿场（Greenfield）"[2]上。这些地方的住房密度相对较高，并配套了相应的就业点和服务设施。同时政府在旧城更新中也通过鼓励高额投资的方式提高现有住房的居住条件。此外，政府制定了严格的规划措施保护"绿心"，并建立了国家生态网络以确保自然保护区不受侵蚀。在这次规划和第二次交通结构规划中明确了通过空间规划和交通政策来降低小汽车使用率的目标，计划将这一指标从 1986 年的 70% 下降到35%。据统计，在公共交通节点周围集中建设住宅和就业服务设施将有助于降低 5% ~ 10% 在高峰时段的交通量。[170-171]

其后荷兰经济发展势头良好，荷兰全国上下呈现一片繁荣景象，社会人口构成和经济结构发生转变，与之相伴随的是住房、就业、基础设施、娱乐、水资源和自然环境等对空间需求的不断增长，如何创造高质量的空间环境、引导这些社会进程朝良性发展，成为制定新一轮国家空间规划的重要挑战。2000 年12 月 15 日，荷兰"第五次国家空间规划政策文件草案：创造空间，分享空间"（The Draft Fifth National Policy Document on Spatial Planning：Making Space，Sharing Space）通过内阁批准，为荷兰直到 2020 年的发展提出了新的政策决议，并为 2030 年预想了更长远的发展前景。

文件侧重于为规划提供政策框架，而不涉及具体的规划。其中关于"在必要的地方集中发展，在可能的地方分散发展"（Centralized Where Necessary，Decentralized Where Possible）的主题，将涉及空间布局规划和设计的主要决策权赋予各省、区域和市政当局，使得国家政府对地方政府的监督力度相应降低，而鼓励与市民、社会组织以及下级政府之间的开放式对话。另外，在此次规划，"紧凑城市"概念被"网络城市"（Network City）所

---

1
第四次实体规划的补充文件按照荷兰文字首简称"VINEX"，因此在这个文件中规划的一系列新的城市发展地区，都被称为"VINEX"地区。

2
棕地（Brownfield）是城市区域内现有的地块，包括工厂搬迁后的旧址，还有城市内部因为某些原因尚未开发的土地等，但都是所称的"熟地"，基本上都有基础设施。而"绿场"（Greenfield）与"棕地"概念相对，主要指城市外围的土地，多没有基础设施，类似"生地"的概念。

取代，整个政策文件中折射出关于"紧凑"发展策略不同观点的混合和交迭。其中强调了对生活质量（日常生活环境质量和乡村地区的生活质量，也包括城市和乡村生活的对比）的进一步关注。例如对"ABC 选址政策"[1]之类的政策概念进行了修正，替换了部分对乡村地区的政策等。它一方面废止了减少小汽车出行的政策目标，另一方面在保护自然环境、"绿心"和其他重要景观等方面都制定了更加严格的土地利用区划政策。同时尽管规划中的居住密度有所降低，并准备为分散布局的基础设施投入更大的资金，但是绿色区域内"紧凑"模式的居住区规划将延续到 2005 ~ 2010 年的规划中。[172]

## 4.3.3 新一轮国家空间战略：为发展创造空间

21 世纪初荷兰新一届政府在"第五次国家空间规划政策文件"和"第二次国家乡村地区结构规划"（The Second National Structure Plan for the Rural Areas）的基础上又制定了新的国家空间战略（The National Spatial Strategy：Creating Space for Development），标题直接反映出此次空间战略新的应对目标：在荷兰有限的可利用空间范围内，为不同的功能需要创造充足的空间。在具体内容的阐述中，这一主要目标被分解为四个子目标：

（1）增强荷兰的世界竞争地位，尽可能排除经济增长中的空间障碍；

（2）促进城市发展，并培育生机勃勃的乡村地区；

（3）保护和发展具有重要的国家和世界性价值的空间场所；

（4）确保公众安全，避免自然环境恶化影响农业和新城市地区的规划和发展方式。

此次规划仍然沿用了原有规划中的重要目标、政策理念和基本原则，只是根据新时期的发展需求进行了一定修改，它的特点是更多地关注政策实施的方法，而非政策的具体内容。其中有几点值得借鉴：

---

1

在第四次国家空间规划政策文件中，为了限制上下班途中小汽车的使用，推行了所谓的"ABC 选址政策"（ABC location policy）。工作场所被尽量设置在公共交通系统可达性较好的地区（即 A 类选址，可达性较低的为 B 类选址）。在 A 类选址，将采取严格的停车政策。

## 新的管制哲学

随着经济发展重要性的不断提升，国家空间战略将重心从"强制性约束"（imposing restrictions）转向"促进发展"（promoting developments），以期为发展创造更多的空间，而发展的能力成为核心的考虑对象。从根本上而言，政府希望将空间使用的决策权交给那些受到最直接影响的人们，并实现其自身从规划制定实体到发展合作者的转变，为其他层级政府、私人公司、社区组织和公众创造更多的发展空间。当然政府也为空间发展提供战略性指导，尤其在自然环境、景观、文化遗产和水资源敏感区域的空间扩展仍然受到限制。这体现在规划中普遍应用了基本质量标准（basic quality standards）作为所有空间规划方案的底线，它包括了关于内容和过程的要求，也包括更多的基本原则。[1]

同时规划中明确荷兰的土地利用可以概括为三个层级：表面（水体、土壤和动植物）、网络（所有可见和不可见的基础设施）和占据体（人类使用形成的空间模式），其中每一个层级都会对其他层级的空间利用和选择产生影响。长久以来，人们过于关注城市化、密集农业和其他形式的占据活动，并将其视为分离的、不相关的要素，缺乏对其他层级发展需求的考虑。此次发展战略中强调通过创造更为整合的实施工具不断增强不同层级之间的相互联系。

### 城市化和基础设施建设中"紧凑"策略的体现

在第五次国家空间规划中提出的"网络城市"的概念在这一政策文件中得到进一步阐述，由于荷兰正在逐步实现社会和经济的网络化，因此在个体的特性持续发展的同时，单个个体与巨大的网络之间的关系也越来越密不可分。在这一趋势下，国家政府要求将城市化和基础设施建设尽可能纳入整个国家城市网络、核心经济区和主要的交通轴线之中。[2] 其出发点是希望藉由各网络之间的合作关系扩展公共设施和服务的支撑基础，并为获得土地的最佳利用方式提供机会。这一要求直接影响着目前的空间规

---

1
例如，在经济、基础设施和城市化方面，基本质量标准关注城市集中政策、区位政策、红线（城市）、绿线（乡村）和蓝线功能区的良好平衡；在水体、自然和景观方面，关注"水质测验"、城市内外水体和绿色空间的功能结合等。如果新规划项目拥有负面效应，其责任不应转移到现有土地使用者和其他功能区的使用上。

2
由此派生的政策目标是：发展国家级城市网络和中心城市，加强核心经济区竞争力，改善交通可达性、住宅的居住舒适性，推动城市的社会经济地位，在城市内外维护可达性较好的娱乐设施，保护并加强城市和乡村的多样性，协调城市化和经济发展与水资源管理的关系，并且维护环境质量和其安全性。

划，国家政府为此规划了 6 个国家级的城市网络[1]，赋予其优先发展权，并进一步指定了 13 个核心经济区[2]作为重点发展区域。同时，荷兰将主要的国际和国内商务功能安排在两大港口（阿姆斯特丹 Schiphol 航空港和鹿特丹港）附近，为其发展构想了清晰的远景轮廓。另外规划的 1 个创意区（brainport）和 5 个绿地区（greenport）则分别促进着知识创新经济和园艺以及农业综合企业的聚集。

这次政策文件还对荷兰全国的交通基础设施建设进行了统一考虑，其中两大港口和荷兰国内外一些最重要城市区域之间的交通轴受到更多的关注。例如，"Zuiderzee 连线"（Zuiderzee Link）被最终确认，这条从 Schiphol 机场和阿姆斯特丹到 Almere 和 Groningen 的快速公交线路不仅将改善荷兰北部地区的可达性，促进当地的经济发展，而且还会进一步强化整个兰斯塔德城市聚集区的北翼，为区域城市的公平竞争创造平台。

此外，在实现整个国家城市网络系统化的同时，政府在每个城市网络内都规划了城市化的集中区域，各省、区域城市和地方政府都要求将这些区域纳入各层级规划和城市化政策中。在这些区域内，城市和乡村必须协同发展，并且要求为水资源、自然环境、特色景观、休闲娱乐、运动健身和农业耕作留有足够的空间。

为自然创造空间

此次国家空间战略的标题"为发展创造空间"，一方面体现在为城市各项功能的运作提供充足的场所，另一方面也希望通过对自然资源的合理分配和利用，为发展提供更多层次的机会。以水资源为例，由于国家空间框架中不可能囊括所有的水体空间，因此在地方层面十分强调地区水系统的利用和管理，并指出可以进一步发挥水体在休闲娱乐、或作为可持续交往网络组成部分的优势。同时，政府逐渐认识到变化的气候对于荷兰空间政策具有重大影响作用，因此提出许多策略以保护和维持自然的生态运作。

<hr/>

[1]
这些城市网络是：Randstad Holland, Brabanstad, Southern Limburg, Twente, Arnhem–Nijmegen, Groningen–Assen。

[2]
其中大部分都坐落在不同的城市网络内，只有 3 个核心经济区位于规划的城市网络之外，它们是 Wageningen–Ede–Veenendaal–Rhenen，Venlo and the Vlissingen–Terneuzen/Gent canal zone。

另外两个保护自然生态系统的重要文件是"国家生态网络（National Ecological Network）、鸟类及其栖息地导则"（the Birds and Habitats Directives）以及"自然保护法案"（the Nature Protection Act），其中确定的自然保护区，成为国家政府和省议会的共同职责对象[1]。为了修复破碎的国家生态系统，规划指定了12条生态廊道，并在这次国家空间战略中清晰地描述了一个严格的保护规则——"不，除非"（no, unless）政策[2]，用于所有受保护自然区域的开发建议中。

## 4.3.4 荷兰"紧凑"策略特征与借鉴

荷兰是一个严谨推行空间规划和城市发展战略的国家，历次政策文件的颁发都意味着一个新的里程碑的建立，而其中"紧凑"二字在20世纪70年代以来一直贯穿着整个空间规划的发展历程。即便在最近两次的空间战略中，"促进发展"开始成为规划思想的主流，但是对"在必要的地方集中发展，在可能的地方分散发展"的认识却也体现着"紧凑"策略自身在新世纪适应性的不断提高。

对荷兰实施紧凑策略30年来的成效，来自荷兰环境评估机构（NEAA）和代尔夫特大学的学者曾在21世纪初进行过一次较为全面的评估。他们通过高解析度的土地利用—交通关系模型和建立选择性的发展场景，描述了如果没有有力干涉城市发展和贯彻限制性的土地利用法规，荷兰在2000年的场景。其结论认为"没有紧凑的城市发展策略，城市蔓延可能已经更加严重，也会导致松散的城市格局。作为蔓延模式代价的将是：更多的小汽车使用，在居住区和自然地区更高的污染物排放量和噪音等级，更严重的交通拥堵和更低的可达性等级，以及野生动物栖息地的进一步破碎。"或者说，"相对于更加自由的土地利用政策，'紧凑'策略推动了开放空间的保护，并由此产生了较少的小汽车使用量以及较小的相关环境影响。"[167]

荷兰"紧凑"策略的特征可以从以下几个方面来进行概括，

1　国家政府提供资金和专家支持，省议会负责行动。

2　"不，除非"这一政策的原则是：如果在此地区的建设活动明显有利于公众利益，并不可避免，只有提供对于栖息地的补偿方案，这一开发活动才能被允许；或者，若补偿无法实现，则必须提供资金补偿。而在某些特定的保护区，甚至不允许采取资金补偿的方式。

我们可以从中得到的启发是国家必须首先自上而下地对城市发展的现实条件进行判断，给予战略上的指导，并明确发展的重点，其次也需要得到自下而上的反馈意见；另外必须重视区域的协调发展，统筹区域内基础设施网络的建设，避免重复建设及资源浪费；最后必须根据城市发展条件的改变而适时调整发展战略，增加应变性和适应性。

**历次空间规划的重点相对统一，主线明确**

荷兰国家空间政策由于近几十年来的成就而备受国际赞誉，其中兰斯塔德和"绿心"地区更成为全球极具参考价值的可持续城市形态的样板之一。早在1966年，P·霍尔便在《世界大城市》一书中对兰斯塔德的地域范围、历史发展、存在问题、规划及政策等作过较为详尽的描述，认为"这是值得其他国家很好研究的模式"。由于这一区域在荷兰占据着重要的政治、经济、社会和生态地位，因此它的发展和保护在其后历次空间规划中一直被视为重点，并在全国范围内起到一定的示范作用。

图4-3为兰斯塔德地区目前的建成区分布状况与如果不采取"紧凑"策略放任其自由发展的建成区分布状况对比，可以很明显地从图中看出在紧凑策略保护下的"绿心"受到了较少的开发活动的侵蚀，并保持了更完整的开放性。[167]

图 4-3 兰斯塔德地区采取"紧凑"策略（左）与放任自由发展（右）的不同场景对比
（资料来源：参考书目 167，p153 页）

城市区域
自然保护区
主要高速路

## 根据不同的发展需求，适时调整发展策略

荷兰的空间规划自其诞生起便着力应对城市发展中的各种空间问题，从战后重建到控制城市蔓延、振兴内城，再到满足经济增长带来的空间需求，历次国家空间规划都根据不同的发展需要，适时调整着发展策略（表4-3）。

荷兰历次空间规划的应对问题及主要"紧凑"策略小结　　　　表4-3

| 年份 | 历次空间规划 | 应对问题 | 主要"紧凑"策略与措施 |
|---|---|---|---|
| 1960 年 | 第一次国家空间规划 | 战后重建与经济复苏 | — |
| 1966 年 | 第二次国家空间规划 | 郊区蔓延现象严重 | "集中式的分散" |
| | | | • 高效利用土地、投资公共服务和基础设施、保护"绿心"、以及建议将新的城市发展集中布置在现状城市区域之外的众多增长点 |
| 1977 年 | 第三次国家空间规划 | 石油危机爆发前两次空间规划难以落实 | • 提高非机动车和公交系统使用率、减少小汽车出行的需求，降低能源消耗及环境污染 |
| 1991 年 | 第四次国家空间规划 | 内城衰败现象显露 | "紧凑城市"<br>• 将新的城市开发引向城市建成区的内部或邻近绿地（VINEX），保持较高密度，并配置相应的就业点和服务设施；<br>• 在旧城更新中鼓励高额投资，提高现有住房条件；<br>• 采取严格的规划措施保护"绿心"，防止城市扩展侵袭；<br>• 在公共交通节点布置住宅和就业设施，减少小汽车使用 |
| 2000 年 | 第五次国家空间规划草案 | 经济高速增长带来的对空间的持续需求 | "网络城市"<br>"在必要的地方集中发展，在可能的地方分散发展"<br>• 强调对城市和乡村地区的日常生活质量的重新和进一步关注；<br>• 减少小汽车出行的政策目标被废止；<br>• 制定了严格的土地利用区划政策保护自然环境、绿心和其他重要景观；<br>• 居住区规划延续绿色区域中的紧凑模式 |
| 2004 年 | 新的国家空间战略 | | "为发展创造空间"<br>• 促进城市发展，推动经济力量积聚，并培育乡村地区生机；<br>• 保护和发展具有重要的国家和世界性的空间场所，为水体和自然的保护及利用提供空间；<br>• 为城市今后的发展提供一个全面清晰的轮廓，采用基本质量标准控制规划的实施 |

## 控制城市的适当规模，重视区域协同发展

与其他大多数国家不同，荷兰不存在规模较大的首位城市，即便是国家的政治、经济、交通和休憩中心也被分散在构成兰斯

塔德的几个城市中。[1]而这些城市之间的区域组织关系也形成荷兰空间规划的一大特点。在区域层面上的规划管理不仅有效遏制了城市蔓延对中心"绿心"的侵蚀，也对整个西部地区甚至全国的各方面资源起到很好的整合作用。

此外，荷兰良好的区域基础设施网也为城市的合理分布、城市规模的合理控制和城市结构的选择创造了较好的条件。以道路交通为例，荷兰的铁路和公路网发达，各城市间的联系非常方便。人们可以在一个城市居住而在另一个城市上班，因城市规模普遍较小，市区内可以自行车为代步工具，减少了汽车尾气的排放量；市郊则发展大容量的铁路运输和快速干道，这种城市之间较为高效的运营方式在客观上能够将交通体系层次化和对速度的需求分区化，对交通系统的运作和城市环境的保护都相当有利。[178] 因此从全国的角度来看，目前的城市发展模式已经较为成功地缩小了区域经济的差异。虽然兰斯塔德仍然是荷兰政治经济中心，但整个国土的城市分布正日趋均衡化，区域发展亦达到了相对平衡。

### 关心居民生活空间品质，强调保护自然与历史资源

荷兰政府和规划师把提升居民生活空间品质的措施主要落实到以下几个方面：一、保证住房供给：在历次空间规划中居住点的安排始终是一项重要内容。从 20 世纪 60 年代开始的新城建设热潮便源于中心城市人口增加和荷兰人对独户住宅偏爱而导致的对住房的大量需求，尽管目前荷兰的城市人口已趋于稳定，甚至出现负增长，但是如何在尽量保护"绿心"的前提下改善居民住房条件仍是今后空间规划的一个重点；二、合理安排基础设施：荷兰通过多年的努力已经基本构建了一个国家级的重要港口—城市区域—乡村地区的基础设施网络，其中铁路和公路交通系统的发达保障了城市与城市，以及城市与乡村之间的联系，使城乡一体化的愿望得以进一步实现，这种区域的均衡发展为居民日常工作和生活提供了各种便利。此外，荷兰城市的自行车和步行系统也较为完善，居民出行可以选择不同的交通工具；三、保护和利用景观要素及开放空间：体现在新区建设中要求尽可能把现存景观纳入设计之中，而城市的内

1

阿姆斯特丹是荷兰经济、文化中心和港口城市；海牙是政府所在地，也是处理国际事务及进行外交活动的中心；鹿特丹是批发商业和重工业中心，也是世界吞吐量最大的港口；乌支得勒是重要的交通运输枢纽城市和全国性会议中心。

填式和再开发项目都赞同从现有的城市机理寻找线索和提示。而针对"绿心"和其他国家级的自然保护区,政府则出台了更为严格的法律法规。前面提到的"国家生态网络、鸟类及其栖息地导则"以及"自然保护法案"都是在国家层面上描述的对这些地区的保护规则。

## 4.4 小结

在回顾英国和荷兰"紧凑"策略的发展历程后,我们发现了其中的一些共性:作为欧洲较具代表性的两个国家,他们对实施"紧凑"策略以促进可持续发展的目标均十分明确,这不仅得益于欧盟在战略上的指导,也是各个国家自身发展要求的体现。在经历了城市的迅速扩张和城市中心衰败的历史时期后,选择以一种更为"紧凑"的城市发展模式应对不断出现的城市问题成为欧洲国家共同的趋势。英国的"规划政策导则和声明"以及荷兰的国家空间战略都是在这样的背景下不断发展的。

此外,有学者认为英国和欧盟倡导"紧凑"城市的构想很大程度上受到了许多欧洲名城高密度发展模式的启发。然而,除了高密度之外,人们也希望欧洲传统城镇公共性、多样性、地方性和独立自治的特征也可以在现代化城市中得到了新的演绎。因此,许多国家在国家层面的政策越来越成为一种指导性原则,只对特殊重要的区域进行较为严格的管理,而将更多的自主发展控制权回归到地方政府,并积极鼓励公众参与到城市和社区的重要决策中来。这也是 CEC 于上世纪末相继发布的"欧盟空间发展系统和政策纲要"(EU Compendium of Spatial Planning Systems and Policies,1997)和"欧洲空间发展远景"(ESDP,European Spatial Development Perspective,1999)中达成的共识。ESDP 是指导新世纪欧盟境内平衡和可持续发展的重要文件,它再次强调了三个主要的政策指导方针:发展一个均衡的、多中心的城市系统和新的城乡关系;确保基础设施和知识要素的同等可达性;关注自然和文化遗产的可持续开发、谨慎管理和保护。[179]

# 5 美国应对"蔓延"的"紧凑"策略

## 5.1 概况与背景

美国位于北美洲南部,国土面积仅次于中国。其人口在2006年10月已突破3亿,尽管稳坐世界人口第三大国的位置,但是每平方公里30人左右的密度仍使它成为人均占有和消耗资源最多的国家之一。此外,它是一个典型的移民国家,具有多样化的种族结构。优越的自然条件、丰富的资源、发达的经济、先进的科技以及复杂的社会与种族问题是美国城市发展的基本国情。

### 5.1.1 美国城市增长历程

自美国独立以后[1],其城市发展大致经历了四个阶段:

18世纪末至19世纪:建国初期首都华盛顿的建设成为当时城市规划和设计的代表。随着工业化进程中对劳动力需求的不断增加,以及使人和货物的交通运输更为便捷的公路及铁路的修建,19世纪初大批移民和农民为追求新的生活而涌入城市,标志着美国真正大规模城市化的开始。

20世纪初至20世纪30年代:20世纪初城市的主要任务是把第二次工业革命的成果转移到城市中去,因此大城市里的基础设施得到全面建设,而钢和混凝土等新型建筑材料的运用,以及新的交通工具的普及也在很大程度上改变了城市的形态,城市开始向高处和更大范围扩展,郊区化现象也初步显露。

20世纪30至60年代:经济大萧条之后,罗斯福新政以拉动内需的方式解决经济发展动力问题,因此加速建设了一系列的高速公路和基础设施,并鼓励居民到郊区购房。这一措施极大地促进了美国城市的郊区化和西部、南部城市的发展。同时政府试图以"清除贫民窟"的城市更新运动解决城市中心衰退的问题,不仅事与愿违,还造成对传统城市生活的破坏。

---

[1]
最早在大约300年前,一批欧亚移民率先在今天美国大西洋海岸线几个散落的地点定居下来。随着移民数量的增加,波士顿、纽约、费城等一些沿海城市逐渐形成,它们从最早的原材料出产地迅速发展为当时的商贸和社会中心。

20 世纪 70 年代至今：经历了 70 年代初的石油危机以后，政府和规划师逐步开始反思城市的发展模式。但是随着社会经济和人口的持续增长，以及新兴产业的兴起和居民对居住环境质量的更高要求，城市建设用地仍在不断扩张。尤其近 20 年来，许多城市在居住和就业分散化这一总的发展趋势下，郊区城市化出现了所谓的"外城（Outer Cities）"和"后郊区化（Postsuburbia）"现象。在原城市外围除了大量开发新住宅区之外，还兴建了各种规模的工业园、科技园、企业园和购物中心，加速了城市的蔓延。就全国人口整体的流动而言，一方面大城市的吸引力和影响范围不断扩大，仍是人口迁移的主要目的地，一些特大城市也是外来移民的主要容纳地区；另一方面，人口进一步向南方和西南方"阳光地带"的大城市地区转移。到 21 世纪初，美国百万人口以上的"大都会地区（Metropolitan Area）"已增加到 61 个，并大体形成了 5 大片跨州或全州的大城市联片联网地带。[181]

## 5.1.2 突出的城市"蔓延"问题

从美国城市的增长历程看，伴随着郊区化出现的城市蔓延现象在 20 世纪中叶便初现端倪，经过半个多世纪的发展，已经基本重塑了大多数美国城市的形态特征，由此带来的诸多环境和社会问题至今仍然困扰着美国的政府和学术界。自 20 世纪 70 年代提出的城市增长管理以及后来的"精明增长"策略和"新都市主义"运动等都是针对这一现象产生问题的反思，因此了解城市蔓延的现象、动力及后果将有助于我们全面认识美国"紧凑"策略产生和发展的背景。

### 1. 城市"蔓延"的现象

城市"蔓延"现象在美国学术界引起了广泛关注，前文曾提到国外一些专家学者对"蔓延"的定义，我们不难发现这些认识大多以对"蔓延"现象的描述为基础。概括起来，为这些学者所诟病的城市"蔓延"现象主要体现在以下方面：

首先，相对于人口增长，郊区用地的大规模低密度扩张。在"蔓延"的城市发展模式下，新消耗的土地资源大大超过了新增人口所需的用地量。从 1970 年到 1990 年，大纽约地区人口仅增加 5%，但新消费土地增长了 61%；大芝加哥地区人口仅增加 4%，但土地消耗增加了 46%；大克里夫兰的人口减少了 11%，土地消耗仍增加了 33%。同样的二十年间，密歇根州的底特律提供了相似的数据，该城市的人口降低了 7%，但用地面积却增长了 28%。匹兹堡、布法罗和代顿市都遵循了同样的趋势。在美国 100 个最大的城市化地区中，有 71 个城市的人口和用地都增加了，11 个城市没有经历人口的增长（有些城市的人口甚至开始减少），但用地仍在增长。[186] 而且这些人口和用地增长无一例外的集中于城市外围的郊区，并基本以低密度的方式实现快速增长（图 5-1）。

其次，以小汽车为导向的蔓延趋势是其表现的第二个特征。美国郊区扩张的现状使得依赖汽车的生活成为唯一的选择。郊区化程度显然与汽车的普及程度对应，到 2000 年美国拥有三辆或三辆以上汽车的家庭几乎比没有汽车的家庭多一倍，前者占

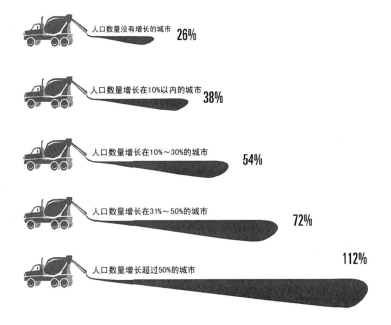

图 5-1　1970～1990 年间美国 100 个最大城市中人口增长与平均用地增长的关系
（资料来源：参考书目 182, p20）

图 5-2　美国凤凰城
的郊区蔓延场景
（资料来源：参考书目
185，p6）

18.3%，后者只占 9.3%。而占世界 5% 的美国人口消耗了世界近
30% 的石油。[184] 在郊区单一功能的区划中，居住、就业和购物
均被为机动车设计的道路分隔，而在这样的环境里，步行和公共
交通都是不被鼓励，甚至在空间上是不被允许的（图 5-2）。

最后，随着购物和就业中心向郊区的迁移，被大型停车场所
围绕的超大尺度的购物中心和工业园区成为郊区蔓延的又一普遍
现象。这些被片断化了的城市空间各自为政，由市场力量分配，
并以开敞空间的消逝和整体形态的割裂为代价。

因此，在报告《蔓延及其冲击的量度：大城市扩张的特
性和结果》（Measuring Sprawl and its Impact: the Character and
Consequences of Metropolitan Expansion）中形象地将"蔓延"描
述为："……一种过程，在景观中开发的扩展远远超过了人口的
增长。在环境景观中的蔓延有四方面的表现：人口在低密度的开
发方式中广泛地分散；严格分离的住宅、商铺和工作场所；道路
网络，以巨型街区和较少的连接路为标志；缺乏良好定义的、兴
旺活跃的中心，例如市中心或镇中心，还有许多特征通常与蔓延
相伴——交通选择的缺乏、住宅选择的相对单一性、步行的困
难——均是这种状况的结果。"[187]

## 2. 城市"蔓延"的动力

对于城市蔓延如何发生的问题，美国学术界有几种不同的看法。国内学者曾对上述研究进行过详细的综述[18,21,183]。而无论是经验性的判断，还是基于理论模型的探讨都可以将蔓延的动力归于政治、市场、城市价值观的转变这三个方面。虽然大多数的学者认为城市蔓延是市场经济下自发市场力的结果，但是政策的引导和对市场的追捧，以及现代人对城市价值观的变迁都是导致城市蔓延现象发生和发展的根本动力。

美国著名城市学家 Robert Fishman 经过广泛调查，撰写了题为"世纪转折点的美国大城市（The American Metropolis at Century's End）"的文章，并将其发表于美国的权威杂志。文中总结了过去 50 年影响美国城市发展的 10 大因素，其中在所有影响因素中占首位的是"1956 年全美高速公路法案和机动车迅速增长"。这一决策的初衷是为了缓解中心城市的交通拥堵，并为各城市之间长距离的出行提供快捷路径。而正是它的建设将住宅和人口分散到了更广阔的地域，并将商业、办公和工业园区吸引到郊区，这在很大程度上导致了布局分散、严重依赖机动车的大城市格局。列于"影响因素"第二位的是"联邦政府住房管理按揭投资计划"。这种更长期、低首付和混合按揭贷款的方法使得美国的住房自有率从 1940 年的 44% 增长到 1999 年的 66%。这一政策对城市郊区的迅速形成和发展起到了推波助澜的作用，并在一定程度上对种族隔离产生影响。排在其后的"中心城市的工业疏散"；"莱维特镇（Levittown）开发模式"，也即推广可大规模生产的郊区装配式住宅；城市和郊区的种族隔离和工作歧视；封闭的大型购物中心；"阳光带"模式的蔓延；以及发生 20 世纪 60 年代的城市暴乱等都可以被用来解释美国城市蔓延的原因。[188]

## 3. 城市"蔓延"的后果

以低密度独立住宅、大型郊区购物中心和四通八达的充斥着小汽车的高速路为表征的城市蔓延给整个城市的环境、经济和社会发展带来严重的后果，由于这些后果直接影响到城市的运作和市民生活，因此对这些问题的阐述从正面支持了美国政府和学术界关于实施"紧凑"的城市发展策略的观点。总结起来，城市蔓延的后果可以概括为：

### 绿色空间减少和环境恶化

城市郊区以低密度的方式扩张消耗了大量的土地，其中绝大多数是农田和森林等绿色空间，许多富有地方特质的乡村景观随之减少，换之以在视觉上较为单一的郊区风貌。而郊区生产和生活的垃圾也侵入了广袤的自然环境之中，污染了水体和空气。由于大面积的土地被不透水的地面材料所覆盖，因此大自然中的天然滤净机能受损，致使对河流等水体的污染面积不断加大。而由于小汽车使用造成的空气污染更是导致环境恶化的主要原因之一。

### 城市中心衰退和财政靡费

随着大量的居民、资金和就业岗位迁往郊区，在这一过程中城市中心的衰退现象成为必然结果。绝对的贫困、上升的犯罪率，以及商业和文化区的空洞化成为许多美国城市中心遭遇的困境。同时，由于郊区镇是独立于中心市的自治行政实体，企业、商务活动和富裕阶层迁往郊区后在当地纳税，导致中心市的税收收入大为减少，这一方面使得承担着基础设施建设和各种公共服务投入的城市财政捉襟见肘，另一方面也影响了对内城的投资，加速了城市中心的衰退。而在城镇之间吸引零售和办公开发项目的激烈竞争中，财政上的考虑总是使结果偏向郊区一方。

### 生活品质下降和贫富藩篱

依赖长距离小汽车出行的郊区生活使人们在路途上耗费了过多的时间和精力，给无法驾车的人（主要是老人和儿童）的生活带来不便。人们生活和工作在被快速交通道路隔离的单一功能的城市空间中，缺乏多样性的社会活动和适宜的人际交往氛围使得郊区化的生活方式显得枯燥和单调。此外，等级明显的郊区住宅需要有与之相当的经济能力来支撑，郊区化从一开始就具有浓厚的贫富空间分离的意味。富裕阶层逐渐迁往郊区，而将城市中心留给买不起房子和车的穷人。即便在郊区，住宅的价格和地点也标示出主人的阶层和社会地位，表现了强烈的均质性和排他性。

这场始于20世纪早期，在20世纪50年代至80年代达到高峰，并持续至今的美国郊区化历程，对整个城市社会产生了深刻的影响。其间伴生的城市蔓延现象及其后果因其不可持续的发展模式而被越来越多的人所认识。出于对经济、社会以及环境等方面的考虑，各级政府要求对城市增长进行管理的思路日渐清晰。

## 5.2 20世纪60年代以后的城市增长管理策略

美国城市增长管理策略的实施始于20世纪中叶，尽管刚开始的管理策略并未改变郊区蔓延的趋势，甚至对总体目标的认识也不十分明确，但是各级政府在政策制定和措施实施等方面积累的经验都是美国为应对"蔓延"的城市策略中的一部分内容，并为后来"精明增长"的提出和实践奠定了基础。

### 5.2.1 城市增长管理的提出与发展阶段

目前学术界对美国最早提出"增长管理"的年代尚未获得一致的看法，但是基本肯定的是，20世纪中叶以后与之相关的政策策略便开始逐步出现。它曾出现在20世纪60年代的社区发展管理中，强调对增长的控制，以保护环境资源；而20世纪70年代中期，一些机构和刊物也开始就此展开讨论，其中影响力较大的是1975年出版的《增长的管理和控制》（Management & Control of Growth）一书，书中将"增长管理"定义为"政府运用各种传统与演进的技术、工具及活动，对地方的土地利用模式，包括发展的方式、区位、速度和性质等进行有目的的引导"。此后至90年代，对它的认识也在逐步深化。B.Chinitz（1990）认为"增长管理是积极的、能动的……旨在发展与保护之间、各种形式的开发和基础设施配套之间、增长所产生的公共服务需求与满足这些需求的财政供给之间，以及进步与公平之间的动态平衡。" D. Porter（1997）在此基础上又进一步将增长管理概括为"解决因社区特征变化而导致的后果与问题的种种公共努力……在此过程中，政府预测社区的发展并设法平衡土地利用中的矛盾、协调地方和区域的利益，以适应社区的发展。"[48]

经总结，台湾政治大学地政系赖宗裕教授将美国增长管理策略的发展归纳为两个阶段：第一阶段是从 20 世纪 50 年代初期到 70 年代，这一时期地方政府根据地区的发展速度、环境的承载能力以及兴建公共设施的资金来制订增长管理方案，通过它来控制土地开发的速度及引导地方的综合发展；第二阶段从 80 年代开始，其标志是"平衡增长"观点的出现，许多州相继采用增长管理策略，结合经济发展、环境保护和公共设施建设等方面的需求，引导城市的发展，减缓城市发展的压力，并控制土地开发的区位、时序与公共设施水准的平衡，以保证城市协调发展。[192] 此后"增长管理"一词开始正式地出现在一些州的相关立法中，如佛罗里达州（1985 年）、佛蒙特州（1988 年）及华盛顿州（1990 年）分别制定了各自的"增长管理法"。

## 5.2.2 城市增长管理的具体措施

美国城市增长管理的具体措施在表 5-1 中进行了较为系统的归纳，这是美国农业部森林局的 David N. Bengston 等人在参阅各种书籍、杂志和政府报告的基础上进行总结的相关城市增长管理策略，他们将这些政策分为三类：公共征用、规章制度和激励政策。

作为政府的管理工具，这些政策措施的具体运作和法律基础相当重要。美国的城市增长管理分州政府、区域部门和地方政府三级运作。其中地方政府是执行增长管理的主体，区域部门扮演一个中介角色，在业务上减轻上级州政府的负担，并确保地方政府的规划与各类计划间的一致性，而州政府从 20 世纪 70 年代起开始介入地方的增长管理过程中，在其管辖范围内推行相对统一的增长管理计划，并推进其实施。[1]

1
详见 David N. Bengston 等. 美国城市增长管理和开敞空间保护的国家政策——美国的政策手段及经验教训 [J]. 国土资源情报，2004/04.

文中对城市增长管理策略的三方面具体措施进行了详细的解释。其中公共土地征用是最经常被采用的手段之一。规章制度中的暂停开发和暂缓开发一般通过禁止或暂缓颁发建筑许可证来贯彻；发展速度控制和阶段性发展法规规定了每年允许的建设量的上限，以及开发时限和开发所需的公共设施；公共设施充足条例也要求在提供所需要的各种城市服务和基础设施；提升分区用途或实行小块分区是为了在城市化地区保留小块土地以鼓励高密度开发；而绿带、城市增长边界和城市服务边界都是城市抑制政策。在鼓励措施中开发影响费主要的目的在于为开发所需的基础设施成本筹措资金，也被用来鼓励更有效的开发模式；开发影响税、改良税和不动产转移税都被用于抑制开发活动；此外政府也通过填充和再开发的奖励政策，以及双轨税率等经济手段，以引导开发，提高土地利用率，促进地区填充和再开发。

美国城市增长管理策略　　　　　　　　表 5-1

| 公共征用 | 公园、休闲区、森林、野生动物栖息地、荒地、环境敏感地等地区的公共所有权（包括地区所有、区域所有、州有、国有） |
|---|---|
| 规章制度 | 暂停开发、暂缓开发条例（地方） |
| | 发展速度控制、阶段性发展法规（地方） |
| | 足够公共设施条例（地方级、州级） |
| | 提升分区用途或实行小块分区、最小密度分区（地方级） |
| | 绿带（地方、区域） |
| | 城市增长边界（地方、区域、州） |
| | 城市服务边界（地方、区域） |
| | 规划法（区域、州） |
| 激励政策 | 开发影响费（地方） |
| | 开发影响税、不动产转移税（地方） |
| | 填充和再开发奖励（地方、州） |
| | 双轨税率的财产税（地方） |
| | 棕地再开发（地方、州、国家） |
| | 发挥地点效率的贷款（地方） |
| | 历史地点的复垦和税收抵免（州、国家） |

（资料来源：参考书目 193）

可见经过几十年的发展，美国城市增长管理的方法和手段也日趋多样化，它的产生伴随着 20 世纪中叶以后愈演愈烈的郊区化进程，而随着郊区蔓延的后果不断显现，其增长管理的措施也在不断地更新和创造。究其为何没有有效地阻止郊区蔓延趋势的原因，大致可以从两个方面进行解释，其一，对于增长的管理没有明确的目标，最初只是作为安排和控制开发的手段，并未对如何建设郊区城镇进行深入的探讨；其二，尽管州级政府在增长管理中的参与日益增多，但联邦政府始终作用微弱。现实情况是，在过去 50 年内，很多联邦政策有意或无意地对城市增长和蔓延起了明显推动作用。"全美高速公路法案"和"联邦政府住房管理按揭投资计划"便很具有代表性。

## 5.3 20世纪90年代以后"精明增长"的提出与实践

### 5.3.1 "精明增长"的提出与行动计划

#### 1. "精明增长"的提出

到20世纪90年代,迫于环保势力的增强和地方财政危机的困扰,部分政府提出了"精明增长"的策略。对其产生的背景,美国最大的精明增长网站(Smart Growth Online)上有详细的论述:"全国各地社区都日益认识到现今的开发模式——以'蔓延式'开发为主——对我们的城市、已建成近郊区、小城镇、农村和野外的长远利益来说不再合适。各地社区仍支持增长,但对放弃已经建成的基础设施而转向城市外围开发必须承担的经济成本提出质疑。它们同时质疑在郊区新建就业点和在城区依然有大量劳动力这种不匹配所带来的社会代价。它们对放弃老区内的'棕地',吞食空地及城乡接合部的优质耕地,以及因城区扩大、分散交通导致的整个地域的空气污染提出质疑。'精明增长'的推动力来自人口的转变、对环保的重视、更多的财政方面的考虑和对增长的新认识。这些结果产生了推行'精明增长'的需要和机会。"[1]

因此,1996年美国环保署(US Environmental Protection Agency)组织多个机构成立了一个旨在促进城市精明增长的组织联盟;美国规划协会(American Planning Association)在1997年发布了《精明增长立法指南》;同年,美国自然资源保护委员会和地面交通策略研究项目也发表了他们的成果——《精明增长方法》。而马里兰州在实践"精明增长"的方面走在前列,该州于1997年通过《精明增长与邻里保护法案》,希望寻求一种州政府能够指导城市开发的手段,使财政支出对城市发展产生正面的影响。自此,"精明增长"的策略和与之相关的项目得到大规模的推广。克林顿政府也赞同并支持"精明增长",认为它试图建设更为"可

1
http://www.smartgrowth.org/about/overview.asp 翻译参见梁鹤年在2005年发表于《城市规划》的《精明增长》一文。

居住的环境"；戈尔更将其作为总统的竞选纲领，指出它是"21世纪新的可居住议程"。[53]

### 2．"精明增长"的行动计划

"精明增长"的具体实践计划与之前的城市增长管理策略相比，已有所发展，尽管其措施仍然主要体现在政策制定和财政激励两个方面，但是联邦政府的参与，和应对城市"蔓延"以促进城市健康发展主旨的明确使"精明增长"在操作上更具说服力，也获得了更广泛的支持。

联邦政府的行动计划体现在：为营建绿化空间提供95亿美元的市政贷款；为《21世纪交通公平法案》的发展计划投资2000亿美元，用于发展交通运输和大运量轨道交通；投资1亿美元的"定居抵押贷款"的实验性项目[1]；为各地区提供5000万美元的费用，以促进"精明增长"策略的实施；为滨水地区、旧工业区和城市重要地区的再开发指定"棕地再开发战略"；并且认识到1954年的《高速公路法案》正是全国目前城市蔓延的根源，应该修正。[53]

当然州、区域和地方政府仍然是行动的主体。从之前20世纪70年代便延续下来的城市增长管理手段也在"精明增长"的策略中发挥着重要作用。如城市增长边界和各种税收政策的运用等仍在帮助实现着"精明增长"的目标。同时，各州政府成立了相应机构制定实施流程和导则，以法规的形式指导地区发展，并设立奖惩办法来协调区域利益，全面考察开发项目对区域的影响。各地区也改进了开发条例和土地利用规划，将新的开发项目向精明增长的地区引导，同时更有效地利用发展容量分析、给排水规划以及基建财政计划作为开发控制的工具。地方政府的行动计划由于涉及具体的基础设施建设和开发项目，因而要求在权衡各种利益关系时更具可操作性。但总体说来，都遵循以下10个原则：①增加住房样式的选择；②创建步行社区；③鼓励社会和开发商的协作；④通过场所精神的回归培育有特色的和吸引人的社区；⑤使开发决策更可预知和公平；⑥混合土地利用；⑦保护

---

[1] 凡购买临近工作地点或轨道交通沿线住房的雇员可以得到3000美元的银行贷款。

开放空间、农场、自然景观和环境敏感区域；⑧提供多样化的交通出行选择；⑨加强并引导现有社区内的开发；⑩发挥"紧凑"的城市和建筑设计的优势。

## 5.3.2 "精明增长"的实践——以波特兰为例

作为地区自治中实行"精明增长"的开拓性代表，波特兰地区受到了前所未有的广泛关注。"精明增长"的拥护者试图将其描绘成其他城市效仿的典型，而来自世界各地的政府官员和城市规划者都希望在这里找到控制本国和本地区城市蔓延的良方。在美国实施"精明增长"策略的诸多城市和地区中，波特兰确实是将其原则贯彻得最为完整的一个（图 5-3）。

*措施*

"精明增长"的拥护者向人们描绘了一幅较少拥挤和空气污染、基础设施投资降低、更多买得起的住房，以及开放空间得到良好保护的理想画面，并在此基础上提出六项基本措施：

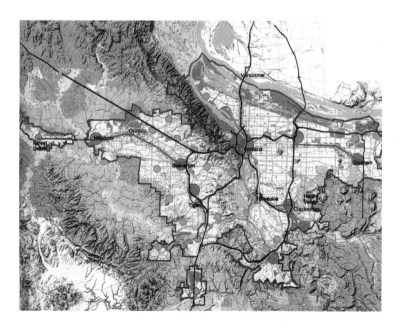

图 5-3 波特兰都市区的范围及其发展重点
（资料来源：参考书目 194，p105）

（1）设定限制农村土地开发的城市增长边界来提高城市的密度，通过规定最低密度的区划引导开发较高密度的住宅和功能混合的综合体；

（2）强调以高速铁路为主的集中公共交通替代高速公路的建设；

（3）将建设高速公路的资金用于"交通镇静"措施以减少开车对人们的吸引力，例如减少行车路线的数量和道路的宽度，并设置各种障碍物；

（4）在土地利用规划中将社区和商业安排在交通节点的周围，鼓励步行；

（5）利用建筑设计规范阻止小汽车出行，从而倡导步行和公共交通；

（6）建立区域性政府来确保当地的各个政府遵守并执行上述政策和措施。

关于"Metro"

"Metro"是波特兰都市区的区域政府。类似的区域性政府始建于20世纪60年代，是当时联邦政府的交通、住宅和城市发展等部门要求所有大都市区成立"大都市区规划机构"（MPOs）时产生的。设立这些组织最开始的目的是为该区域的城市申请和派发联邦政府基金，而并非参与和引导地方政府的日常工作。但是当地方官员因为担心选民的情绪影响下一届选举而不愿意制定精明增长的政策法规时，Porter和其他人就建议赋予区域政府以权力，来强制地方政府实现相应的目标。正如经济学家Anthony Downs所说，这样一个区域性政府可以接受和承担备受争议的看法，而避免其中的独立个体直接面对这些争议。因此"Metro"为精明增长的实践提供了一个自上而下的有效平台（图5-4）。

图5-4　Base Case（按照1985~1990年间的增长模式获得的边界）

（资料来源：参考书目195）

波特兰地区 2040 增长概念

Metro 于 20 世纪 90 年代中期为波特兰地区制定了发展管理的 50 年战略。其中提出"我们想要什么样的增长以及如何实现"的问题，并给出了四个答案，也即四种不同的"增长概念（Growth Concept）"。在城市发展分析工具和预测技术的帮助下，Metro 将这四个增长概念对土地消耗、区域环境、交通系统、自然资源和主要城市公共服务等的影响作出评估，并通过公众调研的方式最终确定了波特兰地区建议的增长方式（Concept D）（图5-5）。

中心城市设计指南和开发人员手册

波特兰地区除了因在战略规划方面推行"精明增长"而备受关注之外，它的中心城市在高品质的规划和设计方面也因为契合了"精明增长"的原则而享有杰出的声誉，形成了"美国最适宜

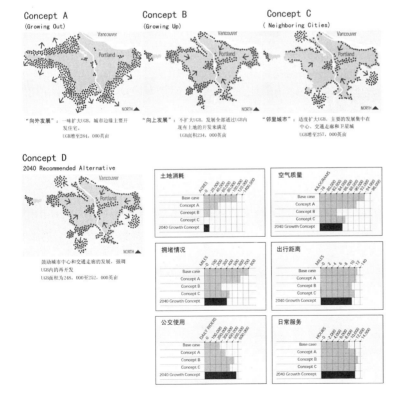

图 5-5　Metro 提供的四个"增长概念"及对这些方案的评估
（资料来源：参考书目195）

**A. 波特兰的个性**

这些指南强化了波特兰市区和中心城区东面子行政区现有的特征。在城市沿着威拉米特河在河西岸扩展以及劳埃德中心*/大剧场所在地区进行再开发的过程中，这些指南也承诺要保留这种城市特征。

**A1 结合威拉米特河进行设计**

在沿着威拉米特或位置靠近这条河的开发项目中，将河流与项目相结合是一个重要的设计考虑因素。这可以通过以下的方法实现，例如建筑和景观元素的布置、门窗的位置、相连的户外空间，以及为进入、离开以及沿着河滨空间的人行道提供入口。

为方便行人，改进跨越威拉米特河的桥梁，使桥头连接点处的交通更便利、安全、拥有使人愉快的照明系统以及舒适的步道，它们既能改善桥梁外观又能促进市区和河东岸之间的来往交通。

**A2 强调波特兰的城市主题**

将波特兰相关的城市主题合并到一个合适的项目设计当中。

**A3 尊重波特兰的街区结构**

保留并在适当的地方延伸传统的 200 英尺街区布局模式，并维持建筑之间的开放空间比率。

在采用超级街区的地方，要设置车行道和小路，应设计成为能够反映传统街区布局的样式，包括画廊和包含有人行道的公共通道等元素。以尊重传统街区方格网的方式来安排高层建筑的位置。

图 5-6　波特兰中心城市基本设计指南的部分内容（表达清晰，图文并茂）
（资料来源：参考书目 196，p77）

居住城市的特色"。由于波特兰构建了一个积极的市民参与性的规划体系，因此它的城市规划意图在最大程度上得到了市民和开发商的支持。从 20 世纪 70 年代开始，中心城市设计指南（Central City Design Guidelines）便出现在市区规划的草案中，它通过相对清晰的表达方式传达了规划的目标、原则和关键措施，并使之更有利于营建一种与公众舆论一致和鼓励公私协作的积极氛围。此外，继 1988 年发布《中心城市规划》后，波特兰政府在此基础上又重新编纂了《中心城市开发人员手册》（Central City Developer's Handbook，1992）。它的主要内容是解释中心城市规划和 1991 年修订的区域法规中包含的许可、禁止以及有条件使用和开发的标准及关系；解释规划与交通规则的联系；解释这些法规的每一个条款是如何对申请前的工作、提交、评估、设计和申诉等一系列程序进行干涉和控制的。它强调了这样一个意图："提供一个实用且灵活的设计指导体系，能够引导开发人员顺利完成一系列过程，并达到最后预期的结果……并鼓励开发人员根据指南提出各种各样富于想象力的解决方案。"[196] 可见这些规划指南和开发手册的重要作用在于帮助人们读懂规划，提供设计服务，并保障城市规划创造性地被执行（图 5-6）。

## 5.4 与"新都市主义"的相关性

### 5.4.1 "新都市主义"的发展历程

"新都市主义"最早是建筑师的尝试,其早期代表作是由 DPZ(Duany Plater-Zyberk)设计的佛罗里达州的滨海城(Seaside, Walton Country, Florida, 1981—1982 年)和马里兰的肯特兰住宅区(Kentlands, Maryland),以及彼得·卡尔索普(Peter Calthorpe)设计的加利福尼亚州的西拉古纳(Laguna West, Sacramento Country, California, 1990)。在这些开发的类型中体现了设计师对当时郊区规划和设计模式的强烈反思,也表达出创建更有吸引力的居住邻里的愿望。在他们的影响下,越来越多的人被他们的想法所感染,到 20 世纪 90 年代,"新都市主义"设计思潮逐渐形成,并以 DPZ 和彼得·卡尔索普分别坚持的"传统邻里开发(TND)"[1]和"交通导向式开发(TOD)"[2]为代表。

从 1993 年开始,"新都市主义大会(CNU)"每年召开一次,并在 1996 年南卡罗来纳州的查尔斯顿第四届新都市主义大会上签署了"新都市主义宪章",这是一份针对美国城镇的物质和社会变化的宣言。会议确定了"新都市主义"的基本原则和目标。其中突出了概念里的两个关键词:"新的",以示和旧的、现代主义城市语言对比;而且它是"城市的",旨在创造出一个合理的城市结构,消除蔓延的郊区开发模式的缺陷。他们拥护具有开放空间的区域规划,适宜而非夸张的规划和建筑;主张邻里应以紧凑的、步行友好的、混合使用的方式建设;并主张在住宅兴建的同时保持就业机会平衡;城市建设和房地产开发应反映历史的模式、既有的建筑与环境。

其后新都市主义的项目涉及改革房地产开发的所有方面,他们积极参与到新开发项目、城市改造和郊区填充等与城市建设相关的行动中,并以高度的工作热情和规划参与去影响区域和地方性的规划。几乎在所有的案例中,新都市主义的邻里规划都是适

1

DPZ 从战前的城市肌理获取灵感,提出 TND 的基本原则:更多考虑人的需求而非汽车交通作为设计的指导方针;建筑根据尺度和形式分组,但注重吸纳多种功能、容纳不同社会阶层及年龄构成的居民;替代沿汇集道路(collector roads)的居住单位,TND 代之以笔直的、连续的街道和林荫路,建筑沿道路排列以产生清晰围合的公共空间;一个有限的规模尺度,很容易步行穿越。

2

TOD 致力于创造一种新的郊区规划模式,一个能够替代低密度同质社区的郊区网络,并且聚集为有限的节点、边界充满生活气息和步行者的社区。TOD 的原型是容纳约 5000 人,提供 3000 个工作机会,用地在 100 英亩以内,步行范围 120 米内,建筑包括住宅、办公、零售、娱乐和公园;住房采取低层高密度,主要是联体别墅和公寓;工作地设置在数字化的办公区和区域商业街;良好设置的步行道可以安全到达所有设施,也是一种整合年龄、种族、阶级分异的方式;每个 TOD 有严格的人口、物质等规划规模控制。

于步行的，而且行人具有优先权。他们认为这些策略是减少行车花费时间，增加在普通群众购买力下的住宅供应和控制都市蔓延的最佳途径。其他的一些主张，例如修复历史遗址、街道安全和绿色建筑也包含在新都市主义的设计原则中。这些规划和设计思路逐渐被城市土地协会（ULI）所采纳，ULI开始创立以此为标题的工作室，并召开各种会议。到21世纪初，该协会已经出版了几部专著，来说明他们的成员应如何在新都市主义的原则下创建宜居城镇。

## 5.4.2 "精明增长"与"新都市主义"的相关性

共同产生于20世纪末的"精明增长"策略和"新都市主义"思潮至今活跃在美国城市规划和设计界，它们的影响已经渗透到城市管理、城市规划、城市和建筑设计等各个领域，其思想和实践内容更经常被引介到其他国家。通过对两者的并置比较，不难发现它们之间在许多方面有着广泛的交叠，尤其在转变当前的规划和设计模式，以及探讨如何建设更为"紧凑"的城市和社区等方面有着共同的目标。由于它们面对的城市问题和"蔓延"背景是相同的，因而在想法和思路上可以相互借鉴，并表现出对"紧凑"模式的共同倾向。

在具体的目标和措施上，它们均提倡建设公共交通导向的城市，而非以小汽车的尺度来组织城市的交通；强调城市用地功能的混合利用，避免过于明确和单一的分区规划；推崇步行的"紧凑"城市和社区，提高土地的利用率；并希望解决社会矛盾和打破贫富隔阂。

但是"精明增长"和"新都市主义"之间的区别也是显而易见的。首先从两者的思路上看，"精明增长"是城市规划领域对城市发展方式的反思，关系到政治、经济和社会的多方面内容；而"新都市主义"则主要是设计师从城市设计的角度对社区空间形态和组织方式的探索。尽管彼得·卡尔索普提出的"TOD"模式将设计的广度扩大到了区域的范围，但是他的设计思路中并不涉及在"精明增长"策略中起相当重要作用的城市财政问题。

此外，两者的作用途径不同，因此给它们的作用范围和作用效果带来了明显差异。其中，"精明增长"是政府起主导作用的一场城市变革，表现为政策措施的颁布，并有法律手段支持。它关注更宏观的土地利用、资源保护和财政分配等问题，所以其效力多从整个城市区域或城市发展方式的转变上体现出来。而"新都市主义"是建筑师和规划师自发的对社区建设模式的探索，他们设计思想的表达必须藉由开发的具体项目来实现，因而容易受到市场的左右。有人批评"新都市主义"的实践多集中于郊区，助长了城市的蔓延，这实是追随市场的无奈结果。当然，"新都市主义"这种自下而上的理论和实践探索也给市政当局提供了许多新的思路，可以说是美国从社区建设的角度实现"精明增长"的有效保障。同时，目前部分美国规划师和设计师在实践中比较倾向于把"精明增长"和"新都市主义"当成同义词来用[186]。

## 5.5 美国"紧凑"策略特征及实施成效

### 5.5.1 美国"紧凑"策略的特征

笔者在上一章中总结了以英国和荷兰为代表的欧盟国家实施"紧凑"策略的特征及对我国的借鉴意义。而美国以城市增长管理和其后提出的"精明增长"为代表的"紧凑"策略也具有与之不同的鲜明特征，这与各国国情和政治、文化因素的影响是分不开的。具体表现在：

以应对"城市蔓延"为主旨

"城市蔓延"现象是从 20 世纪至今一直困扰美国政府和城市规划师的一大难题。它所带来的中心区衰退、社会分化、财政危机和生态环境破坏等问题使得美国政府不得不对其予以重视。因此，尽管在某些政策文件中也提到对环境可持续发展的认识，但是在美国对资源和环境的考量并不是促进"紧凑"策略实施的主要动力。同时，由于造成美国蔓延现象的一个根源是美国人对土地和私人财产的特有看法，因此这些扎根于市民心中的固有观念也将成为阻碍美国"紧凑"策略实施的重要屏障。美国幅员辽阔，"整个国家的历史便是在广阔的美洲大陆上城市迅速扩张的历史，因此美国人普遍认为乡村的土地和农业用途只是暂时的，土地是经济物品而不是社会资源"，[186] 这种观念是造成美国城市的目前发展方式的重要原因之一。而在欧洲，人们更看重公共利益，乡村土地也被附加了很高的社会价值，加之受到地域的限制，他们对"紧凑"策略的推崇更多来自保护环境和资源，以促进城市可持续发展的动力。

以州、区域和地方政府为主体

此外，美国实行的是宪政联邦共和制，50 个州分别享有自主权，没有服从联邦政府的宪法责任。而作为美国联邦体制中的主权实体，各州有自己的宪法、民选官员和政府机构，可以在基本不受联邦政府或其他州干涉的情况下处理本州事务。"精明增长"策略大多由各个州政府和地方政府根据自己管辖范围内的具体情况提出，因此各州是否采取"紧凑"的策略，以及如何确定实施这一策略的侧重点均与其施政纲领有很大的关系。这与英国和荷兰站在整个国家的立场上探讨和实施"紧凑"策略相区别。

但是，介于州政府和地方政府之间的区域政府的成立和其在推行规划策略过程中所起的作用仍然对我们国家的"紧凑"策略实践有所启发，也即如果存在一个能够统筹地方利益和指导发展的机构，便将在很大程度上协调地方发展的矛盾，对地方政府的发展需求进行有效引导。

重视地方财政的平衡和激励政策的运用

在经历 20 世纪 80 年代末期至 90 年代初期的经济低潮后，美国之前的"大政府"意识和结构逐渐解体，政府开始向企业管理学习，并把政府职责由上层往下层转移。结果是城乡政府要承担越来越多的职责，却没有相应的财政支持。同时城市中大部分在 50 年代建成的基础设施也已经老化，亟待维修，因此美国城市政府在这段时间内面临普遍的财政危机，这也是"精明增长"提出的重要背景。"由于房地产税是政府财政的主要来源，'精明增长'就是城乡政府在基础设施和开发管理的决定中，以最低的基础设施成本去创造最高的土地开发收益。"[54] 因此相关策略的提出首先比较重视建立财政上的平衡。这也在一定程度上说明了城市相对"紧凑"的发展在经济上的可行性。

而财政问题需要经济手段的支持，加之美国对私人财产和利益不可侵犯的认同，政府一般倾向于采用经济激励的方式促进政策的实施，这从美国最早颁布的区划法中便可以体现出来。以马里兰州的《精明增长法案》为例，其中说明：只有在州政府希望开发的区域内才提供财政支持；地产所有者有权不处理自己的地产或不对闲置地进行再开发，但州政府将为这些处理和再开发提供津贴；政府不干涉居民居住地的选择，但可以为那些在工作地附近购买房屋的人提供补助等。

## 5.5.2 美国"紧凑"策略实施成效

在 20 世纪中后期实施城市增长管理和"精明增长"策略的地区及城市中，"紧凑"策略的成效是十分明显的。以波特兰都市区为例，该地区人口从 1975 年至今上升了 50%，但建设用地仅扩张了 2%。1995 年美国"The Seaside Prize"奖也颁给了波特兰，在颁奖词中是这样评价波特兰的："波特兰的城市增长边界控制、可作为范例的轨道公共交通系统以及土地的混合使用和步行友好的城市，使它成为其他美国城市的榜样"。[197]90 年代后期，越来越多的区域和地方政府加入了实施"精明增长"的行列。从 1999 年到 2001 年，又有 19 个地方政府颁布了与精明增长有关的规划条例，而在此之前的八年中这一数字仅为 12 项（Smart Growth Network，2003）。

另外，2000 年 10 月，美国规划协会联合 60 家公共团体建立了美国精明增长联盟（Smart Growth America），倡导地方、区域和国家各层次实践精明增长策略。同年该联盟公布了一项民意调查结果，78%的人对控制城市蔓延的政策表示支持；80%的人认为政府应当优先考虑对已有社区基础设施的维护；80%以上的人支持地方政府进行增长管理。而亚特兰大、波士顿、纽约、达拉斯、丹佛、底特律、印第安纳波利斯、迈阿密、明尼阿波利斯、旧金山、圣路易斯等城市的商会，也加入市政开发部门或成为内城开发的合作伙伴。像保护基金、山脊俱乐部、公共土地托拉斯、环境保护基金、清洁空气联盟，及美国环境保护机构等许多环境组织，也都参与到精明增长行动之中。[53]

"精明增长"目前不仅是美国城市发展的行动纲领，也成为全美规划师协会的目标口号。全美规划师协会不仅针对规划立法和法规改革提交过专题研究报告，而且出版了《州政府规划法令的现代化——精明增长研究论文专集》，收集了各州政府改革的行动和实施层面的最新思想动态，帮助各州和地方政府开发新的工作方法，管理发展和应对变化。根据"新都市主义协会（CNU）"的统计，2001~2002年度全美与精明增长有关的开发项目增加了26%，截至2002年12月，共有472项与精明增长有关的开发项目完成，据调查，未来至少有1/3的家庭倾向于选择在适合步行的紧凑社区中居住。

"精明增长"在实施的过程中也受到很大的争议，不仅曾遭遇到"支持蔓延"的利益集团和市民的强烈反对，也在贯彻的时候出现与现有法律和政策冲突的矛盾。这些困境主要体现在以下几个方面：

### 市场和居民的排斥

尽管正在复兴中的城市中心吸引了部分居民的回归，也有越来越多的人愿意住在相对"紧凑"的社区中，但是在郊区拥有带着花园的独立住宅仍是大多数人的"美国梦"。因而追随需求的自由市场并不会放弃对郊区低密度住宅的开发。同时，在现有住宅区的内填式开发也因为侵害了原有居民的利益而遭到排斥，开放空间的减少、居住和交通密度的增加，以及社区居民构成的变化都成为他们反对继续开发的理由。

### 机构运作的强大惯性

"紧凑"策略的实施要求进行政策和机构改革，但是由于这些机构的运作具有强大的惯性，因此改革显得庞大和缓慢。除了政府和规划机构外，改革涉及许多的利益相关者，包括地产开发商、金融机构、汽车业、高速公路建设公司等，这些群体更愿意维持现状。所以政策及其目标的确定与落实的成效之间还有较大的差距。

### 与原有法律和政策的冲突

冲突来源于美国目前的区划法和土地细分法则等土地利用法规都曾是城市郊区化发展的保障，而在"精明增长"和"新都市主义"思想指导下的土地利用，要求较高的建筑密度、新型的道路设计标准和不同的公共服务设施布局方式，这与原有的区划法和土地细分法则中有些内容相悖。

### 阶层和种族问题的限制

精明增长的出发点之一是希望能够解决美国由来已久的种族隔离问题，曾提出建设不同阶层、不同种族、不同收入和不同年龄的居民能够生活在一起的居住区，但是收效并不明显。在人们选择商业和居住用地的决策过程中，种族和阶层观念的影响甚至占主导因素，它对城市形态和社会局面造成的负面影响已经成为扎根于美国城市发展历程的一大难题。

## 5.6 小结

美国以应对"蔓延"为主旨的"紧凑"策略发端于20世纪中叶开始实施的"城市增长管理"，并在90年代因为提出了"精明增长"和"新都市主义"而获得新的发展。由于国情的差异，与欧盟国家相比，美国实行的"紧凑"策略在目的、动力和措施等方面都表现出很多不同。尽管大部分地区和城市推行"'精明增长'的出发点是'对放弃现存的城市基础设施而转向往外围扩建所引发的经济成本提出质疑'"，而其推动力之一是"地方财政困难"，但是从目前的实践效果来看，这些措施对城市未来的可持续发展也起到了直接或间接的促进作用，从中揭示出"紧凑"策略实现经济和环境可持续两者双赢的可能性及可行性。

同时，美国的城市发展模式对世界上许多发展中国家而言，具有极强的示范作用，我国目前许多城市在扩张过程中的郊区景象也时常可以和美国城市蔓延的画面产生共鸣。因此，美国城市的自省或许也可以从侧面帮助理解我国城市寻求"紧凑"策略的重要意义。因其在实践成效中遭遇的困境可以说明"城市空间的布局是不可逆的，过度的郊区化所造成的城市密度持续下降、城市中心退化等弊端难以纠正。"[58] 虽然不同的国情和文化背景，以及郊区化主体和动力的差异使我国的郊区化进程表现出与美国的较大不同，但是由小汽车主导、并低效利用新增用地的城市扩张模式却也显露出了郊区蔓延的特征，为避免重蹈发达国家城市的覆辙，我们唯有及早行动，重新审视城市未来的发展方向。

当然，美国实施相关"紧凑"策略的过程也为其他国家提高了启示和借鉴价值。它一方面提示了实施"紧凑"策略时可能会因触及某些集团的利益而遭遇困难，另一方面在实施过程中运用的具体措施和手段也为我们探寻适合我国国情的"紧凑"策略提供了思路，如公共交通和公共空间重新获得关注；设定最低密度的区划来引导较高密度开发；鼓励土地的混合利用以及通过区域性政府来确保地方政府遵守并执行相关策略等。

# 6 亚洲高密度城市和地区的"紧凑"策略

## 6.1 亚洲高密度城市和地区的分布及特征

　　亚洲以 4400 万平方公里的面积成为世界第一大洲,而其人口数量在世界各大洲中也居于首位,为 40 亿(2010 年数据),占全世界的 60.5%,其中中国和印度的人口数量居于世界前列。由于人口基数较大,按照目前的人口增长速度,预计至 2050 年,亚洲人口总量将达到 48 亿。[1] 不仅就平均水平而言,亚洲的人口密度整体较高,而且从世界人口密度分布图上看,日本、朝鲜、中国东部、中南半岛、南亚次大陆、伊拉克南部、黎巴嫩、以色列、土耳其沿海地带也是世界上密度最高的地区之一(图 6-1)。

　　同时,由于亚洲除日本、韩国、新加坡等极少数的发达国家外,大多是发展中国家,在当前的国际环境和经济形势下,亚洲国家普遍表达出对发展的积极诉求。而通过城市化的途径获得经济增长动力仍是目前被大多数国家和地区接受并鼓励的发展模式。在过去 40 年中,大量的农村人口急速向城市,尤其是大城市集聚,亚洲的城市人口已经从 4 亿增加到 15 亿,预计到

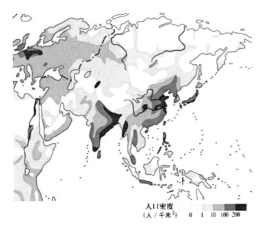

图 6-1 亚洲人口密度分布
(资料来源:地理频道 http://www.dlpd.com/)

人口密度
(人/千米²)  0  1  10  100 200

1
2002 年 8 月 6 日亚洲开发银行在新加坡发表的《2002 年关键指标 – 亚洲人口趋势和挑战》的研究报告,http://jsw.bjchy.gov.cn/popread/popread876.htm.

2025 年可能增至 25 亿，甚至 30 亿。据南斯拉夫联盟《经济周刊》2000 年第 2490 期报道，亚洲国家在世界上拥有 1 千万以上人口的城市数量最多，目前有 9 个。他们是中国的北京、上海和天津，南朝鲜的汉城，印度的孟买和加尔各答，日本的东京和大阪，及印度尼西亚首都雅加达。亚洲银行的最新统计也表明，到 2025 年，预计曼谷、达卡、卡拉奇、马尼拉、马德拉斯、拉合尔和新德里等 9 个城市也将步入千万人口城市之列，这些城市大部分集中在东亚、南亚和东南亚地区。

此外，世界上人口密度最高的城市和地区也多集中在亚洲，中国的香港、澳门、上海、北京、台湾地区，以及新加坡、东京等城市建设的背景和扩展模式显然区别于世界上的其他地区，而形成了亚洲城市特有的高密度特征。这一特征的形成和强化是基数较大的人口在特定地域内不断集聚的结果，也是人地矛盾的现实表现。在这一过程中，大城市和特大城市的吸引力表现得尤为突出，这些经济相对发达的城市和地区成了人口和产业流动的目标地，往往造成亚洲国家和地区城市发展和人口分布的不均衡。

亚洲高密度城市或地区的基本情况比较 　　　　表 6-1

| 城市或地区 | 面积（平方公里） | 人口（万） | 人口密度（人/平方公里） | 人均GDP（美元） |
|---|---|---|---|---|
| 香港（2018 年） | 1104 | 745.1 | 6749 | 40170 |
| 澳门（2018 年） | 32.8 | 63.16 | 19256 | 18500 |
| 新加坡（2018 年） | 682.7 | 563.87 | 8259 | 50123 |
| 东京（2016 年） | 2155 | 1350 | 6265 | 72222 |
| 台湾（2018 年） | 3.7 万 | 2358 | 637 | 52304 |
| 上海（2018 年） | 6340 | 2424 | 3823 | 113600 |
| 北京（2016 年） | 16412 | 2172.9 | 1324 | 115000 |
| 德里（2015 年） | 1484 | 2570 | 17318 | 1789 |

表 6-1 中提供的人口密度为该城市或地区的人口平均密度。由于地形的限制和人口分布的差异，这些城市中部分地区的实际人口密度远大于这个数值。由此与前面两章提到的欧盟和美国城市相比，这些相对高密度的亚洲城市在讨论"紧凑"策略时有着

不同的背景，其中有些城市和地区，如东京、中国香港、新加坡等在推动自身发展时已经将这一基本条件纳入发展的框架，践行着与"紧凑"目标相一致的规划设计策略，并用事实证明人口密度与经济发展和居民生活质量提高之间实现正相关的可能性，这些都为在我国以密度较高为背景的城市中探讨"紧凑"策略提供了有价值的参考。

# 6.2 日本的城市"紧凑"策略——以东京为例

## 6.2.1 日本的城市化进程及规划体系

日本的国土由北海道、四国、本洲和九洲四个大岛及几千个小岛组成，总面积 37.78 万平方公里，境内山地崎岖、河谷交错，山地面积占全国总面积的 80%，只有在东京附近和东部沿海地带有一些可以用于建设的平原。而其总人口截至 2018 年达到 1.27 亿，居世界第十位，可见人多地少是日本的基本国情。

同时，日本是世界经济大国，工业和国民经济生产总值均居世界前列。它有着丰富的森林资源、水力和渔业资源，森林覆盖率为 66%，但矿藏资源极为匮乏，绝大部分工业原料和燃料都依赖进口。由此也使得日本较为重视新能源开发、产业技术革新、垃圾和污染物处理，以及社区和学校的环保宣传，是世界上对可持续发展理念较为重视的国家之一。

### 1. 日本的城市化进程

日本的城市化水平较高，相对于它适宜建设的国土而言，基数较大的人口在城市集中无疑为日本大多数城市的建设和发展设定了基本条件；而也由于日本的城市集中了全国大部分的人口，城市经济发展才有了持续的推动力，并得以使城市外围的自然环境和资源被保护下来。因此城市化的进程便是日本城市体系形成的过程，也是城市"紧凑"扩展的策略逐渐发挥作用的过程。

第二次世界大战以前，日本就逐渐形成了京滨、阪神、中京、北九州四大工业带，并在东京、大阪和名古屋三个大城市的周围形成了都市圈，其中东京圈的人口数量最多，占全国总人口的18%。二战以后经历了经济的复苏和改组，日本进入高速发展时期，并一跃成为仅次于美国的第二经济大国。50年代以后日本的城市化大致经历了三个阶段：

（一）20世纪50年代后期至70年代：这一期间日本的城市化水平迅速提高，从1955年的56.1%上升到1965年的67.9%，东京都市圈的人口也从1955年的1542万人增长到1965年的2102万人。到1975年，城市化水平达到75.9%。

（二）70年代中期至90年代，由于大城市地价上涨和城市环境污染的日益严重，许多原来居住在城市的人开始迁往郊区居住，城市化的速度趋缓。由此地方城市和中心城市周围的町村得到了一定的发展，城乡一体化趋势明显。

（三）20世纪90年代后期至今，日本向三大都市圈迁入的人口数量又开始回升，其中向东京大都市圈，特别是东京都"一极集中"的现象增加。同时日本已经进入了"少子高龄化"[1]社会，给大城市的基础设施建设和持续发展提出了严峻的考验。[204]

### 2. 日本的城市规划体系

自明治维新开始，日本引入了资本主义制度，其中包括城市规划作为政府行政管理的一项职能。从最早1888年的《东京市区改正条例》到1919年《城市规划法》和1968年的《城市规划法》，日本的现代城市规划体制逐渐形成。[206]其特色体现在规划的法规体系、行政体系和运作体系三个方面，这些都为日本城市实践日趋"紧凑"的规划理念和执行有效的规划管理提供了保障。

日本现行的城市规划法规体系主要包括四个部分，即：由城市规划法、建筑基准法及其相关法规所组成的核心法规；更高层次的国土发展综合法、国土利用规划法和国家主干高速公路建设

---

1

至2005年10月1日，日本总人口中65岁以上高龄人口占到21%，而未满15岁低龄人口只占13.6%。这两项数字占据了世界的高低之最，其中75岁以上老年人口比上次国情调查多出35.2%，人数为1216万人。

法等区域性法规；由与土地利用区划有关的（建筑基准法、港口法、城市化促进区域内的保留农田法）、与城市开发计划有关的（如土地调整法、新居住区发展法、城市更新法、大都会地区住宅用地供给的特别措施法）和与城市设施有关的（如道路法、有轨电车法、河道法、城市公园法、污水设施法、停车泊位法）各类专项法；以及农业地区发展法、森林法、土地征用法和环境基本法等其他法规。其中，与 20 世纪 90 年代再次修订的城市规划法仍是城市规划依法行政的核心内容。

日本的政府行政体系包括中央政府、都道府县和区市町村三级政府。中央政府中建设省的都市局负责协调全国层面和区域层面的土地资源配置和基础设施建设。除了编制国土利用规划和审批城市规划之外，中央政府还可以通过财政拨款的方式促进各个地区的均衡发展，其下属的公共开发公司也直接参与大型基础设施建设和大规模的城市开发计划。而地方政府的规划职能也在 1968 年以后得到逐步加强，都道府县负责有区域影响的规划事务，区市町村更多从本市自身的发展利益出发进行规划管理和项目建设，而跨越行政范围的规划事务则交由上级政府进行协调。

在日本城市规划的运作体系中，政府运用土地利用规划、城市公共设施建设和城市开发计划等手段对城市建设进行监督和管理。在土地利用规划中，除了地域划分和区划制度外，街区规划成为日本促进地区发展整体性和独特性的一项重要规划措施，这缘于 70 年代以后人们对城市生活环境质量的关注和公众参与意识的增强。它的内容包括了规划文件和图则，有时还附有地区景观意向图示，以帮助公众对规划意图的理解。由于它促使了开发项目的所有权益者参与规划的编制过程，因此较具灵活性和可参与性的特征使其成为日本城市规划体系的一个特色。除此之外，在城市公共设施规划中对基础设施和土地利用的整体考虑，及城市开发计划中对城市更新和再开发项目的重视都体现出日本政府运用规划控制和管理手段的成熟度。[1]

1
本节内容参见唐子来，李京生. 日本的城市规划体系 [J]. 城市规划. 1999/10: 50.

## 6.2.2 东京都市圈的形成及历次首都圈规划

东京最早由封建幕府时期的"江户"发展而来，明治维新时期的中心地位使其在 20 世纪初得到了较大的发展，但随后爆发的二次大战对日本造成了深刻的影响，战争结束时，东京的人口比战前减少了一半以上。随着战后经济的复兴和城市人口的恢复性增长，东京再次成为人口和企业的聚集地，1945～1965 年东京人口年均增长率为 5.8%，而日本全国的年均增长率为 1.6%；东京占全国总人口的比重也由 4.8% 提高到 11%。[208] 人口数量的增长产生了对城市建设用地的大量需求，以东京都为核心的城市型土地利用迅速扩展，逐渐形成了目前东京都市圈的范围。目前的东京都市圈包括东京都（23 个区和多摩地区）及邻接的神奈川、琦玉和千叶三县，人口数量在 3400 万左右。

东京都市圈的形成除了以人口和企业的自发聚集为基础之外，在更大范围内的首都都市圈的基本规划也对其结构和形态的形成起到重要的引导作用。首都圈仍以东京都为中心，但包含了其周围的 7 个县，即通常所说的 1 都 7 县（东京都、神奈川县、琦玉县、千叶县、山梨县、群马县、栃木县和茨城县）。首都圈在 20 世纪末聚集了大约 4000 万人口，占日本全国人口的 1/3。[209]

表 6-2 经整理，反映了自 20 世纪 50 年代以来，历次首都圈基本规划的主要内容，从中可以看出政府在各个时期选择城市扩展途径的侧重点。从最初为防止城市规模过大而布置卫星城，到最终确定"分散型·网络结构"，东京为应对人口规模的急速增长，并发挥核心城市的集聚效应，选择了以东京都为核心的多中心分散扩展的方式。

日本历次首都圈基本规划的时间和中心内容　　　　表 6-2

| | 时间 | 主要内容 |
| --- | --- | --- |
| 第一次首都圈基本规划 | 1959 年 | • 效仿 1944 年的大伦敦规划，在建成区周围设置 5~10 公里宽的绿带，并在其外围布置卫星城，以控制工业等用地向外扩展，从而希望防止出现规模过大及已建成区过密的状况 |
| 第二次首都圈基本规划 | 1968 年 | • 提出将东京作为日本经济高速增长的管理中枢，实施以实现管理中枢功能为目的的城市改造 |

| | 时间 | 主要内容 |
|---|---|---|
| 第三次首都圈基本规划 | 1976 年 | • 鉴于对首都圈"一极集中"城市空间布局模式的反思和对大城市存在极限规模的认识，提出了在首都圈中分散中枢管理功能，建立区域多中心的"分散型·网络结构"的设想 |
| 第四次首都圈基本规划 | 1986 年 | • 基本延续第三次规划的思想，对周边核心城市进行了调整，并提出进一步强化中心区的国际金融职能和高层次中枢管理职能的设想 |
| 第五次首都圈基本规划 | 1999 年 | • 再次强调"分散型·网络结构"。提出城市发展政策和引导措施：提升城市活力、通过增加绿色空间来营造丰富的城市环境，形成和扩展城市文化，建造安全和健康的生活环境，在推进信息化社会的过程中促进城市发展 |

（资料来源：根据参考书目 209 整理）

## 6.2.3 东京都市圈的结构优化和功能完善

最初基于对东京都市圈内"一极集中"现象的反思和对大城市存在极限规模的认识，日本在第三次首都圈规划中便提出了建设多中心城市的设想，用以应对城市中心区地价高涨和环境污染等城市问题。同时由于 20 世纪 80 年代以后，东京进一步强化了其国际都市的地位 [1]，吸引了大量跨国公司和银行在东京设立它们的总部。在这一背景下，历史形成的以日本桥、银座为核心的单中心城市结构难以适应东京国际化策略带来的城市规模扩张。因此，优化城市结构，建设以东京都为核心的多中心城市区域，并完善各中心的功能成为此后日本城市规划研究的重点。

1989 年，东京还成立了"集中问题调查委员会"，在其报告中进行了各种城市设施和服务水平能否满足城市居住和就业人口需求的评价，并得出有必要改变就业向城市中心单向集中的集聚方式，谋求都市圈内均衡发展。因此，规划也围绕抑制市中心的办公用地，保护和促进住宅用地的布局展开。受此报告的影响，在 1991 年公布的东京都第三次长期规划中强调了在市中心和东京都内促进住宅供应，恢复"职"和"住"的平衡。[210] 其后东京都较为关注对市中心就业密度的增长管理，积极推进都市圈内"分散型·网络结构"的实施，并提出相应城市发展政策和引导措施。

1
区别于传统以金融业为基本功能的国际都市，东京的国际化途径则是在政府和企业紧密合作的组织体系上，以本国跨国企业的成长为依托，发展以产业尤其是强大的制造业为基础的综合经济功能。20 世纪 80 年代以后，日本拥有的世界最大的跨国公司和银行的数量超过了纽约和伦敦，位列世界第一。

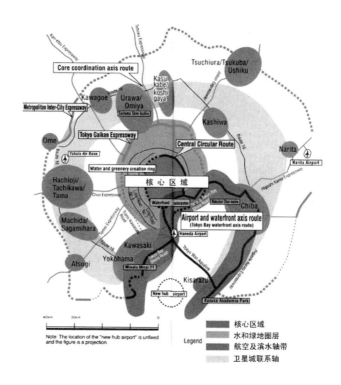

图 6-2　东京都市圈结构
示意
（资料来源：http://www.
toshiseibi.metro.tokyo.
jp/plan）

　　目前，东京都市圈正在形成由中心—副中心—郊区卫星城—
邻县中心构成的多中心构架，各级中心在职能上有所分工，并互
为补充。传统中心区域在继续承载世界城市须具备的国际金融功
能和国内政治中心功能的同时，逐渐向其他中心疏散次级职能。
位于距中心 10 公里范围内的新宿、涩谷、池袋等七大副中心，
主要发展以商务办公、商业、娱乐、信息业为主的综合服务功
能。经过近 30 年的建设，新宿已经成为以商务办公和娱乐功能
为主的东京第一大副中心，池袋和涩谷分别作为商业购物和娱乐
中心，以及交通枢纽和信息中心也已基本形成。郊区卫星城则以
多摩地区的八王子、立川和町田为核心，距中心约 30 公里，以
居住功能为主。在东京外围县还设立了川崎、横滨、千叶、筑波
等八个邻县中心，距都中心约 50 公里。其中，位于茨城县，距
东京约 60 公里的筑波自 1963 年起，主要接纳从东京建成区迁出
的科研教育机构，建设以研发为主的科学城。都中心和副中心的
主要功能定位如表 6-3 所示。

东京都中心、副中心的主要功能定位　　表6-3

| 名称 | 主要功能定位 |
|------|------|
| 都中心 | 政治经济中心、国际金融中心 |
| 新宿 | 第一大副中心、带动东京发展的商务办公、娱乐中心 |
| 池袋 | 第二大副中心、商业购物、娱乐中心 |
| 涩谷 | 交通枢纽、信息中心、商务办公、文化娱乐中心 |
| 上野—浅草 | 传统文化旅游中心 |
| 大崎 | 高新技术研发中心 |
| 锦町—龟户 | 商务、文化娱乐中心 |
| 滨海副中心 | 国际文化、技术、信息交流中心 |

（资料来源：Tokyo's Plan, 2000.）

## 6.2.4 东京都市圈内交通政策的引导

东京都市圈内交通政策的引导对促进城市结构的形成和优化起到至关重要的作用。20世纪60年代中期，机动车在日本迅速普及，当时人口的高度集中和机动化水平的提高也使城市地区的道路交通供需矛盾日益突出。在尝试扩充道路交通容量、优化道路功能及等级结构等手段未见其效，并经历了70年代的石油危机后，决策者逐渐将城市交通政策的战略重点放在发展公共交通，并提高其服务水平和吸引力上。在《第三次全国综合开发计划》中，政府提出城市化地区道路交通设施的供给应该与城市的土地利用规划保持充分的协调，并在交通系统决策中，形成了优先考虑轨道交通，综合布置高速路和以其他交通方式为辅助手段的交通规划模式。

**东京都市圈的交通系统构成**

东京都市圈内的交通系统由高速公路、城市道路、地铁、电气铁路（相当于国内所说的城铁）、新干线和其他现代交通工具（如单轨磁性电车、悬挂式单轨交通、封闭式准用公共汽车道、无人驾驶定时性往复电车）构成[211]，并形成了市际交通和市内交通的整体化网络与便捷的换乘交通枢纽。其中的公共交通的设施和运输途径十分完善，包括了50条电气铁路，14条全长329.5公里

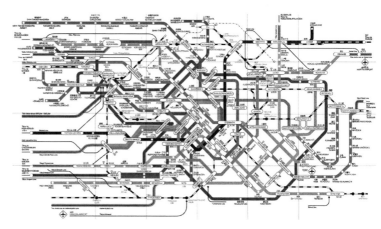

图 6-3　东京的轨道交通网络
（资料来源：http://www.bento.com/subtop5.html）

的地铁，6 条单轨和 5 条导向轨，全长 27.2 公里的路面电车线路，共 11218.3 公里的公共汽车线路，以及出租汽车等。[212] 这些多样化的交通方式给东京居民出行带来了很大的灵活性和可选择性。

### 大力发展轨道交通

东京是城市通过轨道交通系统帮助实现在土地总量较少的地区实现高度发达的工业化和城市化目标的极佳案例。作为准时、便捷和相对廉价的交通出行方式，它在促进形成东京都市圈结构、提高居民出行可达性和舒适性等方面起着重要作用（图 6-3）。由于居住地和就业点已经基本被轨道交通覆盖，因此，都市圈内 25% 的非工作出行和 46% 的工作出行由轨道交通承担。[213] 而在更中心的东京 23 区内，57% 的工作出现都依赖轨道交通，使其在居民出行方式构成中占有绝对的优势（表 6-4、表 6-5）。

东京 23 个区居民通勤及出行方式构成（%）　　　　表 6-4

| | 步行、自行车 | 小汽车 | 公交 | 轨道 |
|---|---|---|---|---|
| 20 世纪 60 年代 | 25.7 | 7.6 | 9.2 | 57.5 |
| 20 世纪 70 年代 | 27.4 | 8.8 | 5.2 | 58.6 |
| 20 世纪 80 年代 | 28.1 | 9.6 | 3.7 | 58.6 |

（资料来源：参考书目 10，p57）

| | 步行 | 摩托、自行车 | 小汽车 | 公交 | 轨道 |
|---|---|---|---|---|---|
| 1968 年 | 42.8 | 8.1 | 16.8 | 7.1 | 24.8 |
| 1978 年 | 33.9 | 15.1 | 24.1 | 4.0 | 22.8 |
| 1988 年 | 27.0 | 17.6 | 27.5 | 2.8 | 25 |

（资料来源：同上）

在以轨道交通引导城市发展的同时，东京还十分重视综合换乘枢纽的建设，通过合理的用地和交通组织，高效地将轨道交通、地面公交、汽车和自行车停放，以及商业布局组织在一起，既缩短了乘客的换乘时间，也促进了轨道交通周围物业的开发。

### 适度限制小汽车

日本半数以上的家庭拥有小汽车，1990 年东京都市圈每千人拥有的小汽车为 275 辆，[213] 这一数值略低于其他发达国家城市的普遍水平[1]。尽管日本是汽车生产和消费大国，但是适度限制小汽车在城市中心的使用一直是各大都市的基本政策。除了对小汽车征收相应的税费、公路使用费和停车费之外，通过建立完善的公共交通系统和提高服务质量吸引人流，使人们主动放弃小汽车使用，尤其是上下班高峰时间的使用是政府采取的主要有效措施。同时，政府还制定政策要求每个公司对员工发放公共交通特别津贴。因此，除了外出游玩，东京人工作出行大多选择公共交通。

## 6.2.5 日本城市空间对生活质量的关注

东京代表着日本，乃至亚洲经济高度发达、人口众多的一种大都市类型，受到用地的限制，类似的城市大多采取高强度的开发模式缓解用地扩张的压力，在以高密度和高容量为特征的城市环境中，如何保证环境的高品质，并获得高质量的城市生活给城市的规划设计带来巨大的挑战。而这也是城市在实现"紧凑"发展的过程中必须解答的重要问题。运用城市设计手段提高高密度环境中的空间利用率；强调城市景观和城市文化；以及关注最广

---

1
同时期大伦敦每千人拥有小汽车 350 辆，美国的都市圈是 600 辆。

泛的市民群体，包括高龄者和残障者的生活质量是日本城市给予的回答。

### 高密度环境中提高空间使用效率

日本是极其重视城市立体开发的国家之一，其三大都市圈之所以能够在有限的地理空间内容纳这么多人口在很大程度上归功各层级城市中心和节点处的高密度立体开发。这种对城市地上和地下空间的综合利用方式不仅帮助缓解了人地的现实矛盾，也使得城市空间的利用效率得到根本性提高。而城市在高效运作的过程中既可以产生发展的极大动力，也使生活于其中的居民体验到便捷、高效的都市生活。

城市立体开发得益于交通方式的变革和大型综合体设计的研究进展，它在竖向空间的安排上融入了功能混合的概念，使交通、商业、办公、居住，甚至公园等城市功能获得了在相对较短的距离内整合的可能性。同时这些城市综合体通过便捷的交通组织相互联系，使得这些城市功能还可以在更大的范围内实现互补，这不仅增加了居住、就业、商业服务和基础设施的可达性，也保证居民可以在较短时间内到达目的地，并获得希望的服务与帮助。

### 强调城市景观和城市文化

日本城市较为强调城市景观的建设，除了以《城市规划法》、《公园绿地法》、《城市绿地保全法》以及《屋外广告物法》为指导之外，还颁布了专门的《景观法》。尽管日本各地大力进行景观建设的目的之一是提高日本的整体旅游形象，增强对国外游客的吸引力；但是以此为契机，改变城市面貌，提高市民的生活质量是政府设定的重要目标。以东京为例，从东京都长期规划以"我的家乡东京（My Town Tokyo）"为主题，并以建设"能够安居乐业的城市"、"能够生机勃勃生活的城市"和"可以称之为故乡的城市"作为行政的基本方针，从中不难看出东京的城市建设以市民为根本的出发点，其中城市文化的建设也被一再强调。因此创造人性化的城市空间，完善功能分级明确的城市绿地系统，以及加强历史建筑和历史街区的保护都是日本城市在强化城市景观和城市文化的具体操作中首要关注的三个方面。

为高龄者和残障者创造无障碍环境

日本城市积极为最广泛的市民群体创造良好的生活环境，其中对高龄者和残障者生活空间的关注可以很好地体现这一点。日本城市对无障碍环境的考虑可以追溯到 1949 年颁发的"身体残障者福祉法"。20 世纪 70 年代前后，一些城市发起关心残障者需求的乡镇建设运动，呼吁扩大身心障碍者的生活圈域。在 1973 年日本厚生省的推动下，许多城市相继出台了有关的规划图例和规范。到 90 年代，东京、神户、仙台、大阪等城市的公共交通已经基本实现无障碍化。同时，通过"建筑基准法"和其他"福祉乡镇建造条例"，政府可以根据公共设施的种类、规模和面积来规范"无障碍环境"的实施细则，并将多种融资贷款制度和辅助措施用于推动"无障碍环境"的实现。尤其要指出的是，由于日本在 20 世纪率先进入了老龄化社会，因此全国上下十分关心老年人的生活质量。除了对公共空间"无障碍环境"的重视外，日本在无障碍住宅和老龄住宅的设计及设施安排上也融入了先进的理念，并将其视为一种重要的住宅类型来研究，探索了自立互助住宅、独立生活住宅、照护和看护机构，以及养老院等多种形式。

可见，比照"紧凑"概念的两个基本点，相对于我们之前引介的欧盟和美国城市，日本的城市虽然没有刻意强调"紧凑"的概念，但是以东京为代表的各大城市实则是在其自身发展背景下实践"紧凑"策略较为成功的城市。尽管人地矛盾限制下产生的高密度城市常暴露出自身难以调和的环境和社会问题，但是市民的接受度和可适应性才是判断该城市活力和价值的最终评判，事实上，城市生活质量的不断提高帮助增强了市民对都市生活的信心。同时，日本城市化地区外围自然环境和资源的最大限度保存也是日本城市"紧凑"策略实施的重要成果体现。与日本东京相类似，香港和新加坡这两个亚洲发达城市和地区也在高密度的背景下探寻着可持续发展的途径。

# 6.3 中国香港的城市"紧凑"策略

## 6.3.1 香港城市发展与人口分布概况

香港全境包括香港岛、九龙半岛、新界和离岛四大部分，总面积为 1092 平方公里，境内山岭丘陵众多，主要平地在九龙半岛及新界西北部，据统计整个香港可以用于开发的土地少于总面积的 25%。但作为世界上最自由的一个经济实体，2003 年香港实现 GDP1645 亿美元，以相当于广东省 0.6% 的面积和 8.6% 的常住人口，创造了与广东省相等的经济总量。[218]

随着 20 世纪香港经济的快速发展，其对人口的巨大集聚力既而显现出来，从 20 世纪初到 80 年代，香港地区的人口一直处于爆炸性的增长态势，至 80 年代以后才逐渐放慢。1981 年人口普查时香港共有人口 502.11 万，比 1961 年增长了 60.5%，2001 年人口增至 670.84 万，20 年间的增幅为 33.6%。据当年的人口普查，香港的城市化率已接近 100%。[218] 目前香港总人口约 690 万（2006 年），在 250 平方公里的面积容纳近 700 万人口突显了香港人多地少的现实发展条件，也成为香港进行各项城市决策的重要背景，因此无论在城市发展的各个时期，相对"紧凑"地扩展、实现土地的最优化配置都是香港土地制度的核心内容。

人地矛盾的突出表现使得香港成为世界上人口最稠密的地区之一，其人口平均密度约为每平方公里 6350 人。其中由港岛、九龙及新九龙组成的市区，人口密度为每平方公里 26100 人，而在包括了多个新市镇的新界，人口密度约为每平方公里 3000 人[1]。[217] 据统计资料显示，香港的居住密度高达每平方公里 104135 人。[108]

但近年来，一方面香港人口的整体增长速度在放缓，另一方面为了疏解城市中心区的人口，为香港今后的发展寻求空间，由政府推进的城市郊区化进程也在不断加快，加上外来人口的流动，香港人口的分布发生较大变化：表现为中心城区的人口被不断疏解到新市镇和卫星城，九龙和港岛的人口数量在总人数中的绝对性比例在

---

[1]
此为平均人口密度，香港岛和新界多为山岳地形，因而实际人口密度大很多。

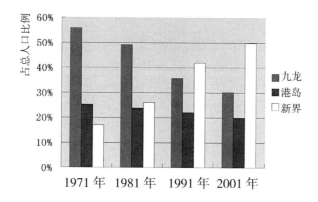

图6-4 自1971年以来
九龙、港岛和新界人口占
总人口比例的变化
（资料来源：根据参考书
目218绘制）

逐渐减少，并最终下降至50%以内。1971年，九龙和港岛地区的
面积分别仅占香港的4.24%和7.31%，但当时的常住人口分别占了
全香港的55.8%和25.3%。此后，在辖区面积不变的情况下，常住
人口所占比例持续减少，至2001年九龙和港岛的人口分别只占全
港人口的30.1%和19.91%。而新界是香港面积最大，发展空间最
充足的一个区域，总面积占香港地区的88.44%，但1971年时人口
仅占总人口的16.9%，随着其发展潜力的逐步发掘，到2001年，新
界人口达到334.30万，已经占总人口的49.83%，图6-4中反映了
九龙、港岛和新界自1971年以来人口数量占总人口比例的变化。

## 6.3.2 香港的城市规划体系

市场为主、行政为辅、计划管理、有序供应是香港土地管理
体制的特点，也是实现土地优化配置和集约利用的重要保障，而
完善的规划体系则是其中的核心内容，它在较好地解决发展中的
现实矛盾、不断提高城市环境品质，及改善市民生活质量等方面
表现出积极作用。香港的城市规划体系可以从不同规划部门的职
能分工、城市规划的层次架构和城市规划法规这几个方面来认识。

香港负责城市规划的部门主要有三个：房屋及规划地政局、
城市规划委员会和规划署。它们分别承担不同的职能，相互关
联又相互制约。房屋及规划地政局主要负责特区规划方面政策
的制定[1]，其主要职能是制定涉及香港土地管理、土地利用规

1
它由原规划地政局与房屋局
于2002年7月1日合并而成，
是香港特别行政区政府的行政
职能局之一。

划、楼宇房屋等建筑物安全和市区重建等内容的各项政策；城市规划委员会是根据香港"城市规划条例"成立的法定组织，行使对特区规划检察、督导、批复等决策职能[1]，它以定期开会的方式履行其职责；规划署于 20 世纪 90 年代初成立，是香港规划业的常务性工作机构。它的成立是为了适应香港发展模式的转变、旧城区的大规模重建与重组、郊区环境的改善、新港口和机场设施的建设规划、土地利用及运输规划两者之间配合的需要。[2] 此外，规划与土地发展委员会和城市规划上诉委员会也是与城市规划有关的两个重要部门。前者负责监察香港长远发展战略的制定，审议大型发展计划，批准规划标准和审批政府内部规划图则；后者则专门审理和裁定有关规划申请和违例发展提出的上诉。

同时，香港城市规划的内容构架可以分为三个层次：全港性的发展策略（Territorial Development Strategy，TDS），包括整体的中期和长期土地利用、运输及环境规划大纲；次区域的发展策略和导则；地区层面的详细土地利用图则。其中全港和次区域发展策略不是法定文件，它们是政府经过详细研究和广泛公众咨询后制定的中期发展策略，地区层面的详细土地利用图则是由城市规划委员会依据《城市规划条例》制定的。事实上，规划图则在香港规划政策的制定和执行中运用十分广泛，它们是协调和推行不同层次发展计划的主要手段。表 6-6 有助于我们了解不同层次的规划图则在实际操作中各自的职能。

1

其中包括指令规划署系统地编制和拟定香港地区的规划设计，绘制分区计划大纲图和发展审批地区图的草案；公示新图则的草案，并将反馈回来的各种意见呈交特区行政长官会同行政会议，以便做出最终决定；考虑和复核规划许可申请；批复由开发公司递交的规划图纸等。

2

规划署与上述两个部门的关系是：它按照房屋及规划地政局的政策指令办事，负责制定、监察、检讨市区和郊区规划政策，以及香港建设发展方面的有关计划。同时也是城市规划委员会的执行机构，负责全港、次区域及地区三个层面的各类规划事宜，并为城市规划委员会提供服务。

香港各层次规划图则的职能范围及制定 / 审批机构　　表 6-6

| 规划图则 | 规划层次 | 制定 / 审批机构 |
| --- | --- | --- |
| 全港发展策略（Territorial Development Strategy） | 全港性发展方向 | 规划署草拟，由政府规划及土地发展委员会考虑，是行政审批 |
| 香港城市规划标准及指引（HK planning Standards and Guidelines） | 全港性规划标准 | |
| 次区域发展纲领（Sub-regional Planning Statement） | 次区域性发展方向 | 规划署草拟，由政府规划及土地发展委员会考虑，是行政审批 |

| 规划图则 | 规划层次 | 制定／审批机构 |
|---|---|---|
| 发展审批地区图<br>（Development Permission Area Plan） | 法定地区性发展管制图则 | 规划署草拟，呈城市规划委员会拟备、最终由特区行政长官会同行政会议核准 |
| 分区计划大纲图<br>（Outline Zoning Plan） | 法定地区性规划图则 | |
| 分区发展大纲图<br>（Outline Development Plan） | 地区性规划图则 | 规划署草拟，由政府规划及土地发展委员会考虑，是行政审批 |
| 详细规划<br>（Layout Plan） | 详细规划图则 | |

（资料来源：参考书目 220，p27 绘制）

此外，香港在 2005 年 6 月 10 日已经开始施行最新的"城市规划（修订）条例"，此次修订是香港在回归中国后重新思考如何谋求与内地协同发展，并获得环境和经济可持续发展的结果。早在 1996 年，香港政府便同时推出"城市规划条例草案（Town Planning White Bill）"及"全港发展策略回顾（Territorial Development Strategy Review）"的咨询文件，公开征询市民的意见。它们的共同目标是考虑香港与内地的经济政治联系，建立一个更公开、有效及适合时宜的城市规划体制。另外两个与城市规划管理密切相关的重要法规是"香港规划标准与指南"和"环境影响评估条例"，前者是政府部门决定项目规模、用地、配套设施和场地要求的指导手册，是政府审批项目的基准；后者则通过环境影响评估程序及环境许可证制度，控制、减缓或尽量避免指定工程项目[1]对环境产生的不良影响。通过这些清晰、透明、公开的城市规划法规和运作制度，香港政府得以较完整地逐步实现全港城市发展策略中的可持续目标。

## 6.3.3 香港的城市空间扩展

香港的城市空间扩展过程与东京有类似之处，均经历了人口高度集中、增长受到城市用地限制，后又谋求城市空间有机增长的历程。但与东京建设职能分工不同的多中心城市相区别，香港政府从 20 世纪 70 年代便致力于以"自给自足、均衡发展"为目

[1]
所谓指定工程项目，指的是有可能引起不良环境影响的项目，这类项目均属于环境影响评估条例的审核范围。

标的新市镇的建设，并与郊野公园的规划彼此呼应。此外，市区重建也是政府进一步集约利用城市土地，改善居民生活质量的途径之一。

新市镇建设

第二次世界大战后，由于人口大量集聚在港岛或九龙，及九龙北部与新界的过渡地段，导致这些地区人口密度过大，生活环境质量恶化，加之工商业的恢复和发展带来对用地的大量需求，政府于是把眼光投向了当时作为农业用地的新界。1972年香港政府成立了新界拓展署，并宣布启动十年建屋计划，这是香港推动新市镇发展的最大动力来源。从70至80年代，共有八个区被纳入新市镇发展计划，它们是荃湾、沙田、屯门、大埔、粉岭、元朗、天水围和将军澳。至21世纪初，香港已经有了12个新市镇，然后其中三个规模最大的仍要数荃湾、沙田和屯门，它们的人口规模均接近或超过50万，已经相当于中等城市的容量。预计当新城镇计划完成时，政府总开支将达2600亿港元，共容纳人口350万，现在已经十分接近这个目标（图6-5）。

香港政府为达到新市镇设立最初的目标：疏解市中心人口及功能，提升市民生活质量，在新市镇的规划设计中把握了两个原

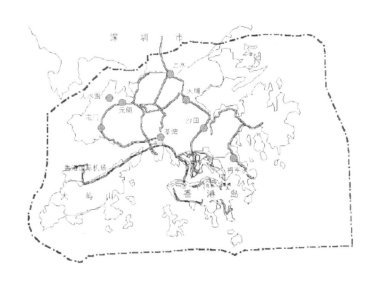

图6-5 香港新市镇的分布
（资料来源：参考书目221，p62）

图 6-6 大浦新市镇全貌
（资料来源：参考书目
223，p137）

则。其一，引入较市区更高的规划标准来建设新市镇，如在相同的人口水平下，新市镇设有比市区更多的社区设施、游乐场、绿化带和其他基本设施，以产生足够的吸引力来引导市民选择居住地；其二：区别于郊区和卫星城的概念，政府希望每个新市镇都可以获得自给自足的均衡发展，也即提供足够的就业机会、教育和康乐设施，有不同类型的住宅（公屋、居屋和私人住宅），并能够融合不同的社会阶层。这一原则的提出可以区别香港的新市镇建设与东京设立多个副中心和新城的做法。

从新市镇建设 30 多年的绩效来看，它们在吸纳市区人口、缓解市区在基础设施、交通运输、环境卫生和房屋建设等方面的压力发挥了重要作用。这些新市镇的建设不仅帮助实现了全港范围内城市空间的"紧凑"布局，而且它们自身也实现了集聚发展，较为"紧凑"地利用了新开发的土地。尽管在实施过程中，"自给自足"和"均衡发展"的目标显得过于理想，但是，为了创造令人满意的生活环境，并减少通勤，每一个新城镇都在继续设法为社区提供更多的工作机会、商业、游憩和其他设施。

### 郊野公园建设

香港新市镇的"紧凑"发展与政府对郊野公园规划建设的重视密不可分。最初新市镇的规划范围一旦确定，主要通过环形绿带的控制来防止新市镇发展超越既定的界限。伴随着新市镇人口的增加和生活质量提高对休闲娱乐设施的持续需求，也出于保护当地自然环境的目的，香港政府于 1967 年和 1971 年分别成立了"临时郊区使用及护理局"和"香港及新界康乐发展及自然保护委员会"。而第一个郊野公园发展五年计划（1972-1977 年）在1972 年获得立法通过，标志着对城市空间扩展起到重要限定和引导作用的郊野公园建设进入实质性阶段。截至 2005 年，全港已经划定 23 个郊野公园和 15 个特别地区（其中 11 个位于郊野公园内），共占地 41582 平方公里，覆盖全港土地面积的 40% 以上。这些公园不仅为市民提供了休闲游憩的场所，也为香港自然生态的保育提供了必要的条件。[222]

香港郊野公园的建设成就不仅是城市通过在建设区域高密度开发换来的结果，也在一定程度上成为政府配合政策和法规防止城市蔓延，并间接促进城市建设区域高密度发展的手段之一，帮助城市实现了"地尽其用"的集约式开发。而且在功能上，郊野公园和新市镇互为补充，新市镇着力为市民提供必要的生产和生活设施，而郊野公园为市民能够以最近的距离接触自然提供机会，满足其在城市生活和工作之余的休闲游憩需求。同时郊野公园还起到保护野生动植物群落、净化空气、调节微气候、防止水土流失和稳定山坡的重要生态作用，从其多方面的成功效应来看，确实可谓是香港最具前瞻性的施政措施之一（图 6-7）。

图 6-7　香港城门郊野公园
（资料来源：自摄）

## 市区重建

香港的市区重建发端于 20 世纪 60 年代，其大规模推进的原因来自于三个方面：市区内人口增长，基础设施不足，环境恶化；旧有建筑和基础设施亟待维护，市民对生活质量的要求也在逐步提高；经济增长和国际金融中心功能的强化促进市区用地需求的大量增加。因此充分利用市区的土地资源，改善市民生活环境及质量是香港政府希望在市区重建的过程达到的两个目标。

在这一过程中，政府、市区重建局（原土地发展公司）、房屋协会、房屋委员会、私人发展商和市民都参与其中。政府担当推动者的角色，负责制定法规，并做出整体的规划布局。市区重建局是独立于政府的法人团体，其主要工作包括征集、回收老旧失修楼宇或社区的地块，根据具体情况对其修复，或重新开发；以及对文物建筑和历史街区进行保护和更新等。而房屋协会和房屋委员会则担当起在政府和私人开发商之间建立桥梁的重要作用，致力于为香港市民提供可负担的房屋及相关服务。可以说香港市区的重建计划在很大程度上是由这些非政府组织推动的。在整个市区重建的工作中，市民参与是其中必不可少的环节，其做法包括向公众提供宣传品、征询资料查阅，开放网页，邀请公众发表意见；进行问卷调查和民意调查；通过社会工作者等非政府组织团体开展服务工作，扩大宣传，收集意见；邀请专业、学术团体加入公开探讨等。在公众提出意见和建议后，政府会继续优化概念、纲要、规划，参考对重建的意见和建议改进后，再召开公众参与活动进行介绍。这就保证了市区重建能够最终让市民受益，提高他们的居住品质。

市区重建为旧区带来了环境上的极大改善，充分利用了市区内的闲置土地，并通过置换利用效率较低的城市土地和功能获得了高效的城市空间，这些成果从香港城市面貌的改变上可以看得出来，同时在城市更新过程中各类设施的增加和居住条件的改善也在很大程度上提高市民的生活质量。以旺角油麻地一带（佐敦道以北，弥敦道以西、界限街以南）为例：以建筑面积而言，从

1984 年至 1993 年，增加幅度最大的是政府和社区设施用地，共增长了 26.59%。相对于商业用地的 16.92% 和私人住宅的 1.38%，可以看出政府改善环境和提高居民生活质量上的努力。[217] 但是部分香港学者也意识到，由于市区重建过多地依赖社会团体和私人开发商，政府力量在其中相对较弱，因此在计划推行过程中经常遭遇的在征收土地和补偿安置时的困境无法得到根本性改变。

## 6.3.4　香港的城市交通与土地利用

香港的城市交通体系具有许多明显的特征，其中高效、便捷和舒适可以用来概括其长期施行整体交通"主导"战略的成果。香港先后进行了三次交通规划，在最近一次 1999 年的第三次交通规划（CTS–3）中仍然明确了发展公共交通的思路。在 1996 年，香港的日均公交乘客就达到 1086 万，居民日均乘坐公共交通的次数为 1.7 次，而规划到 2016 年，公交总量达到 1916 万乘次，居民日常乘车大 2.1 次 / 人。[224] 与东京一样，香港也优先发展铁路运输，并协调多种交通模式，可供市民选择的交通工具有近十种，而这种交通工具之间的换乘也十分方便。

其中我们重点关注香港轨道交通与土地利用的关系。香港目前建成和投入运营的共有 7 条地铁线路[1]，全长 90.9 公里，日均客运量为 240 万人次。而自从 2006 年香港地铁公司与九广铁路公司合并，香港地铁运营的总里程便达到了 210 公里，同时成为了世界上最繁忙的地铁线路之一。尽管每天承载巨大的客运压力，但是香港地铁的运营表现一直十分优异，这得益于以下几个重要方面：

一、便捷的地铁换乘系统：香港共有换乘车站 19 座，其中绝大多数是同站台换乘，地铁公司明确要求同站台换乘步行时间不得多于 60 秒，而不同站台换乘不得多于 3 分钟，换乘效率的提高有助于提高整个网络的运营效率。同时地铁与其他公共交通方式的接驳也被精心安排，在香港 53 座地铁车站中，有 26 座周围形成了综合性的地区交通枢纽。与其他交通方式的紧密联系，一方面方便了乘客，另一方面也扩大了地铁吸引人流的范围。

二、良好的地铁车站可达性：一般情况下，车站周边步行 500 米半径内的客流为地铁客流的主要来源。因此香港地铁努力改善这个范围内人流步行进入车站的环境，提高地铁车站的可达性，其措施通常是增设自动扶梯、在地铁车站与居民楼、商场之间设置全天候人行连廊，或者利用人行隧道接驳系统等。

三、高效的"铁路 + 物业"发展模式：由于地铁沿线物业的价值将随着地铁投入运营而大幅度攀升，如何将地铁带来的外部效益向其自身进行转化是一个重要课题。而香港的答案是推行"铁路 + 物业"的综合发展模式，港铁首先与政府达成协议，获得车站和车辆段上盖及周边物业的开发权；随后利用其专业项目管理体制以监督地铁建设工程及物业的联动开发，真正发挥了两者的协同效益和无缝连接的优势。这一模式一方面利用物业开发回收增值，可以补贴地铁建设成本；另一方面也为地铁提供了充足的客源，达到资源高效利用的目的。因此市民也可以以合理的价格享受舒适的地铁服务及完善的配套设施，真正实现了地铁与周边城市的可持续发展。2007 年，港铁为香港超过 40% 的人口提供便捷快速的交通选择，有 280 万人居住在地铁沿线 500 米的范围

---

1
分别为观塘线、荃湾线、港岛线、东涌线、将军澳线、机场快线和迪士尼线。

图 6-9　香港地铁与物业
的紧密联系
（资料来源：自摄）

之内。以地铁为主导规划的将军澳地区为例，其总人口在 2007 预
计为 34 万，其中约 85% 的人口（约 29 万人）将居住在 500 米这
个步行可达的范围之内（图 6–9）。[225]

## 6.3.5 香港城市设计的目标与特征

　　香港的城市设计对城市特色的形成和促进城市空间环境质量
的提高发挥着积极的作用。在香港以高层高密度为主要特征的
城市意向中，如何保证生活在其中的市民获得较高的生活质量，
并形成舒适有序的城市空间是香港城市设计的主要任务。因此，
在"香港城市设计指引"（2002）中，城市设计的目标被设定为：
"籍着订定一套整体策略去改善公共地方、市容、文化设施和发
展计划，以提升香港的居住质量，并确保发展计划与所涵盖的环
境能互相配合，从而改善香港的城市竞争力，缔造更佳的安居
之地。"。同时它的原则是"提升质量"、"提供弹性"和"提倡活
力"，强调通过创造与自然环境互相融合的建设环境，改善市民
的生活质量；提倡切合时代的设计，并要求反映多元与活力的香
港精神。[226]

　　规划署地区规划处下属的城市及景观设计组是香港主管城市
设计工作的专门机构[1]，从他们的工作内容可以大体看出香港城
市设计作用的三个层面：宏观层面上结合全港性规划进行的城市
设计研究，研究对象包括城市空间形态、自然生态保护、城市
景观体系、城市人文特色等；在城市重要建设区域，针对该地

1
城市及景观设计组的职责是
为一切有关规划工作提高所
需的设计资料，就各层面的
规划进行城市设计和景观研
究，制定城市设计和景观策略
与导则。同时依据香港"城市
规划条例"，对特别管制地区
的建设项目进行有关图则的
审批。

区实际情况，编制的地区城市设计方案，内容包括建筑群体设计、城市公共空间设计、绿地及建筑小品设计、道路集团设施设计等；微观层面上对城市重要地区的建设项目，向开发商提出"景观指引"，提出整体空间环境对建筑物的具体要求，包括建筑高度、体量、建筑风格、室外广场空间等，以引导建筑设计对城市空间环境做出贡献（图6-10）。[227]

经总结，香港城市设计的特征可以从设计研究和推进机制两个方面概括。首先在技术研究层面，香港城市设计保障了城市整体形态的完整和人性化城市空间的生成：城市设计涵盖了规划的各个层面；其研究内容十分广泛，主要议题除了有"发展高度轮廓、海旁发展、城市景观、行人环境"之外，对与交通系统和日常生活相关的其他空间与环境设计也十分关注，甚至从道路段面形式、隔音屏障设置及沿街建筑物的布置等方面提出了对控制城市噪声的设想；此外，人与建设环境的关系是香港城市设计的重要因素，人的尺度及使用者的观感和体验是设计的主要依据。

其次，在城市设计推进机制方面，香港城市设计在严格控制和弹性管制之间找到了较好的结合点，帮助形成了多样化和充满活力的城市空间。尽管香港现行的城市规划条例并没有赋予规划当局直接的法定权力以管制建筑和环境的设计，但是通过分区计划大纲图上的规范和确定的"综合发展区"地带，以及建筑物（规划）条例，政府部门可以对建筑物的布局和设计进行一定

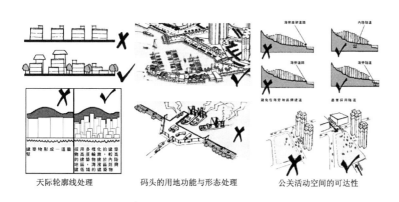

天际轮廓线处理　　　码头的用地功能与形态处理　　　公关活动空间的可达性

图6-10 香港城市设计指引中的部分内容，通过图示表达建议的做法
（资料来源：参考书目226）

的管制；同时由于香港的土地都是不同年期的租约地，因此政府可以在契约上附加提出对城市设计方面的要求，具体有"建筑物设计形式、布局及高度条款"等。而且城市及景观设计组也通常会向开发商发出"景观指引"，要求指引建筑师对公共环境做出贡献。

---

# 6.4 新加坡的城市"紧凑"策略

## 6.4.1 新加坡城市概况

新加坡是位于马来西亚半岛南端的一个城市型岛国，面积为682.7平方公里，由本岛和大约60个小岛组成，目前人口超过560万。首都新加坡市的面积连郊区共216.8平方公里，占新加坡岛面积的37%（图6-11）。

自1965年新加坡退出马来西亚联邦，成立新加坡共和国以来，它在经济、社会、政治等方面取得了令人瞩目的成就，不仅成为国际贸易中心之一，同时也成为了国际一大金融中心和国际运输中心。用美国前国务卿基辛格的话来讲，新加坡仅仅通过一代人的努力，就实现了由发展中国家向发达国家的跨越。[234] 它在短短30年中就获得如此突出的建设成就，与其科学决策和高效率的管理机构是分不开的。

而它与之前引鉴的两个亚洲城市一样都直面土地资源和人口之间的巨大矛盾，被现实条件要求以一种更为"紧凑"的方式发展，正是在以此为目标的城市发展策略引导下，新加坡不仅成为举世瞩目的花园城市，也被认为是世界上整体生活质量最高的城市。[237]

图6-11 新加坡CBD及海岸线全貌
（资料来源：http://home.pacific.net.sg）

## 6.4.2 新加坡的城市规划体系

新加坡的建设成就不仅得益于其经济连续二十年的高速增长，在将经济建设成果转化为较高品质的城市环境面貌和较高水平的居民生活质量的过程中，城市规划和管理的作用显得至关重要。

简要概括新加坡的城市规划体系，也可以从法规体系、行政体系和运作体系这几个方面来认识。其规划法规体系由规划法及其修正案、从属法规和专项法组成。其中规划法是城市规划法规体系的核心，它由议会颁布，为城市规划及其行政体系提供法律依据；从属法规由国家发展部制定，作为规划法的实施细则，主要是编制发展规划和实施开发控制的规则和程序；专项法是对于城市规划有重要影响的特定事件的立法。而在行政体系中，中央政府在公共管理事务中起着主导作用，国家发展部主管形态发展和规划，具体的职能部门是城市重建局，城市重建局除了各职能部门外，还下设两个委员会，分别是总体规划委员会和开发控制委员会¹。此外，与形态发展规划有关的其他政府部门还有住房发展部、裕廊工业区管理局和公用事业局，分别负责居住新城镇、工业园区和公共道路的规划、建设和管理。

就新加坡的发展规划而言，它采取二级体系，分别是战略性的概念规划和实施性的开发指导规划。概念规划表达实现长远发展目标的形态结构、空间布局和基础设施体系。开发指导规划的核心是用途区划，作为开发控制的法定依据，整个新加坡被划分为5个规划区域，并再被细分为55个规划分区。20世纪80年代后期以来，新加坡发展规划的演化趋向是战略性规划更为远景化和实施性规划更为具体化。同时，新加坡对开发进行控制的手段也有其自身的特色：它对开发的定义不仅指建造、工程和采掘等物质性开发，还包括建筑物和土地的用途变更²；政府部门通过授权和豁免，规划许可、增收开发费和强征土地等手段加强对土地资源的有效控制[235]。其中"白色地段"的概念可谓是在市场经济条件下规划管理手段的一种创新，它允许发展商根据土

---

1

总体规划委员会和开发控制委员会的职能是协调各项公共建设计划和非公共部门重大开发项目的用地需求。

2

1981年的用途分类条例划分了6类用途，每个类别之内的用途变更不构成开发。

地开发需要，灵活决定经政府许可的土地利用性质、土地其他相关混合用途以及和各类功能用地所占的比例。在这些特殊地段内，发展商在租赁期间根据需要可以自由改变用地性质，而无须交纳土地溢价。[1] 这一概念希望实现的目标是激发发展商的创造力和能动性，使土地效益和价值得到最大化发挥；避免规划的草率决策以及规划方案因环境条件变更而变得不合理；同时在市场的配置作用下，间接获得了用地功能混合的实施效果。这些对规划管理方法的探索不仅反映出政府负责任的规划态度，也较好地体现了城市规划限制性和灵活性的巧妙结合，值得国内规划界借鉴。[242]

## 6.4.3 新加坡的城市空间扩展

一个世纪前，新加坡还是一个落后的渔村，当它独立时，市中心仍然充斥着污秽、拥挤、杂乱的贫民窟，然而经过仅仅半个世纪的建设，新加坡已经发展成为一个高层高密度、后现代工业化的城市国家，并成就了"花园城市"的独特魅力。这其中历次城市规划的引导对城市空间的扩展起到至关重要的推进作用，而"紧凑"的发展策略也帮助生成了城市与自然环境共存的和谐景象。

### 历次城市规划对城市空间扩展的影响

1958 年的城市总体规划在新加坡河两岸划定了中央更新区，面积约 1700 公顷，当时该地区有居民 25 万，最大的居住毛密度超过 24.72 万人 / 平方公里，是世界上最拥挤的贫民窟之一。[236] 规划要求建设环城绿带以限制中心城区的蔓延扩张，鼓励通过新市镇，新城区和扩大现有村镇的方式容纳新的城市建设。开发距离中心城区 6 公里范围内的女皇城和大巴窑者这两个新城便是在此次规划中提出的。

1967 年在联合国开发计划署的协助下，新加坡开始编制着眼于长期土地利用和交通运输发展的概念性规划，于 1972 年编制完成，此次规划受荷兰兰斯塔德地区的影响，确定将"环形概

1

根据新加坡 1964 年规划法令修正案，在规划允许的情况下，开发活动可以超过规定的开发强度或变更规定的区划用途，但必须支付开发费，使得土地增值的一部分收归国有。对于拥有国家限制性契约的发展商在转换土地用途或使用率时，需支付"土地溢价"，土地溢价的计算方式以开发费为依据，并作出适当调整；对于没有面对限制性契约的发展商在转换土地用途或使用率时，则需支付开发费。

念性规划（The Ring Concept Plan）"作为指导未来城市建设发展的方针，预计未来新加坡人口规模将达到 400 万。规划将主要的城市建设集中在汇水区周围呈环形布局，南部沿海地区则呈轴向发展，由此境内形成三个主要的就业中心[1]，就业中心之间的长条地带被用来建设高密度住宅，并在公共交通干线的沿线布置次一级的城市中心，以便为当地居民提供必要的社会服务。

在"环形概念性规划"出台后的十多年，规划确定的基础设施建设项目大多已经完成，因此从 1987 年开始，新加坡政府着手对原规划进行修编，以将物质环境建设推向一个新的发展阶段。新规划于 1991 年宣布通过，分别确定了各个层级中心的位置的规模：首先新的城市中心投入建设；在距离城市中心最远的东部、东北、北部和西部四个分区建设新的地区中心，服务人口为 80 万，在空间区位上，这些地区中心都位于轨道交通和公路交通汇集的交通枢纽地带，以促使就业岗位更靠近新城，缓解中心城市归于拥挤的压力；第三级城市中心是依托轨道交通车站发展起来的地区副中心，此外还有在城市边缘地带建设的更小规模的分区中心。这些各层级的城市中心都以放射形和环形的大运量交通运输走廊为依托，形成了以五个发展走廊为骨架的扇形城市空间结构体系（图 6-12）。

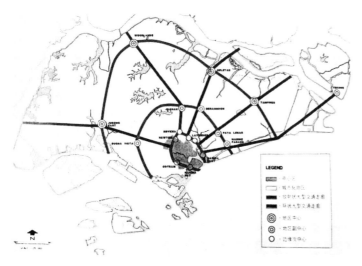

图 6-12　新加坡城市空间结构
（资料来源：参考书目 236，p35）

1
这三个就业中心分别是中心城区及南部港区、西部的裕廊工业区和位于罗阳的大型工业基地、以及西北部的森巴旺和乌德兰兹。

### 新市镇建设的特点

新加坡的新市镇建设是历次城市规划的重心。从 20 世纪 60 年代安置从城市中心贫民窟疏解出来的居民，到 21 世纪为居民创建理想家园和提供一个整体的居住环境，新加坡新市镇的功能和建设目标经历了几个变化的阶段。70 年代以前，新市镇大多为单一的住宅开发，相似性较强。为了给新镇建设加入个性的色彩，并指导以后新市镇的多功能开发，新加坡发展了新市镇结构规划模型，该模型是土地利用与道路网络相结合的综合规划，其中包含三个主要目标：土地开发与交通规划协调、优化使用土地、促进环境改善和生活质量的提高。到 90 年代新加坡已经建成了不少的新市镇，其中最著名的是 1991 年获联合国人居奖（发达国家组）的淡滨尼新镇[1]。此后新市镇发展从大规模的兴建转向了对服务和质量的强调，政府采取各项措施提高已建成新市镇的居住环境，其更新计划内容细致，极大地改变了旧有社区的居住条件和面貌。

到目前为止，新加坡已经发展了 23 个新市镇，这些新市镇的共同特征是采用高层高密度的开发模式，建设周期较短，以高效率的交通系统和公共设施规划为依托，并有良好的绿化和生态

1

该镇位于新加坡东部，面积 1200 公顷（其中 424 公顷为居住用地），距离新城市中心 14 公里，目前居住人口 22.2 万。新镇规划了 150 万平方米的商业设施（包括银行、购物中心、饮食中心等），一个电信工业园和金融园区，以解决日常服务和就业问题。

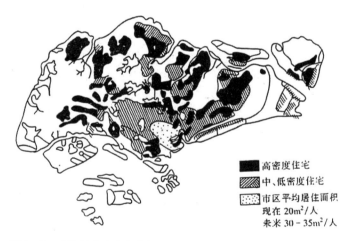

■ 高密度住宅
▨ 中、低密度住宅
⬚ 市区平均居住面积
现在 20m²/人
未来 30 – 35m²/人

图 6-13　新加坡住宅密度分布
（资料来源：参考书目 241，p43）

环境。在这些新市镇里居住着新加坡 80% 的人口，他们大多通过便捷的交通通勤在城市中心就业，随着新市镇对就业平衡的逐渐关注，也开始有更多的居民在新市镇内的工业园区或服务业工作。此外，由于这些新城镇以较为"紧凑"的模式建造，追求结构的合理和土地的高效利用，使得周围的自然环境被尽可能保存下来，加之在城市总体结构布局和新市镇规划中都对城市公园分布进行了精心安排，因此新城镇的大部分居民能够同时享受到现代生活的便捷和亲近自然的身心愉悦。

新城市中心

市区重建局于 1995 年公布了在马里纳湾（Marina Bay）建设新城市中心的计划，规划面积 372 公顷。其建设目标是"创造具有 21 世纪时代特色，充满活力的新城市中心形象"，这不仅要求突出新加坡花园城市的景观特征，而且强调规划有足够的灵活性，以适应不同的市场需求，并为市民提供"类型多样、丰富多彩的居住、工作和休闲环境"。由此，高效率的交通运输、高质量的基础设施和优美的生活环境被用来概括新城市中心的特征。

新城市中心的规划十分强调居民出行的便捷和就业、商业及其他服务设施的可达性，在报告中对交通设施分布和交通系统运

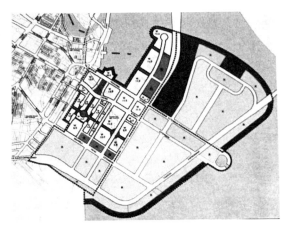

图 6-14　新加坡新城市中心分区图则
（资料来源：参考书目 236，p31、p32）

图 6-15　新加坡新城市中心步行交通系统
（资料来源：参考书目 236，p31、p32）

作的设想完善并全面。在布局上，停放私人小汽车的场地被安置在新城市中心的边缘地带，居民可通过换乘高效率的公共交通方便地进入城市中心，而城市中心内部的道路则对小汽车进行严格的控制。此外，新城市中心对公共交通优先的考虑也十分细致，不仅加强公共交通的自身服务水平，而且通过在所有公共交通枢纽和周围建筑之间架设有顶连廊的方式，提供了无处不达的舒适的步行系统。[236]

## 6.4.4 新加坡"紧凑"策略的特点

与我国香港一样，新加坡的城市发展也受到地域和资源的限制，它之所以能在较短的时间内获得城市面貌的较大改变，并真正建设起一座"花园城市"，与它在经济高速增长的同时坚持"紧凑"的城市发展策略是分不开的。

重视环境质量，推进城市有机疏散

当市中心密度达到很高的阈值，并严重影响居民基本的生活保障时，新加坡政府选择了有机疏散的城市增长模式，这是在城市空间结构的层面上对城市未来发展方向的判断。新加坡推行新城镇计划半个世纪以来的成就是有目共睹的，其成功之处不仅在于有效地疏导了城市中心的人口和功能，在相对较少的城市用地范围内实现了"居者有其屋"的理想，更可贵的是为新加坡市民创造了环境质量较高的城市生活。这是"紧凑"策略实践目标的体现，尽管当时可能没有给这一系列的规划策略冠以"紧凑"之名，但是新加坡的案例可以帮助我们理解"紧凑"策略能够给城市带来的变化。

鼓励公共交通，实施城市交通管理

为了缓解中心城区的交通拥挤状况，规划建设了覆盖全岛的交通运输网络，长久以来新加坡的经济发展一直有赖于商品和人员在地域上的迅速流动，因此，交通措施的目的是在使用私人汽车和公共交通之间求得平衡，缩短商品运输和市民出行的距离。

为了减少汽车保有量，鼓励市民使用公共交通，新加坡在 70 年代便出台了交通管制制度。车辆的道路使用税和牌照注册费被逐步提高，同时大运量的快速交通运输系统也从 1987 年开始建设，为了控制汽车数量的增长，1990 年新加坡开始实施机动车定额制度，要求车辆买主获得权利认可证书后方可购买汽车，其后又将电子道路收费系统取代了原来的地区执照制度，此后通往 CBD 的高速公路和高峰时间通往中心城区的任何道路都是收费的。这一系列措施的结果是：作为发达国家，新加坡汽车保有量相对较低，拥有私人汽车的家庭只占全国的 31%，而它的公共交通使用率却很高，通勤人员使用公共交通的比例达到 56%。[240] 说明"紧凑"策略对交通方式带有倾向性的选择不仅缩短了市民的通勤时间，是生活质量提高的重要保障，同时减少小汽车的使用对于环境的贡献也是十分显著的。

创造人性空间，加强城市特色塑造

在新加坡的规划控制指标中有专门针对开放空间的设定：在公寓型的房地产开发项目中，建筑用地应低于总用地的 40%；在每个房屋开发局建设的镇区中应有一个 10 公顷的公园；在每个房屋开发局建设的楼房居住区，500 米范围内应有一个 1.5 公顷的公园；在房地产项目中每千人应有 0.4 公顷的开放空间。[243] 可见正因为新加坡将开放空间视为市民生活质量提升和城市特色塑造的重点，才最终促成了城市环境面貌的形成。作为新加坡规划局的首席行政长官和总规划师，刘太格对城市的理解在很大程度上能够反映出新加坡的城市建设理念："在做规划和建设的时候，首先要满足以人为本的要求，然后再把这个要求放到具体的环境中，关照生活上一切功能的需要，珍惜天赋自然、历史资源……要考虑城市大小、人口、气候、地貌和城市的身份，合理利用规划和设计笔调，形成本城市的特色和优势。"[238] 因而人性化的城市空间和环境已经成为新加坡除了高楼林立之外的又一大特色，无论是城市的绿化环境、交通设施，还是城市公共空间的设置，都是城市规划和管理部门从市民生活的角度所作的精心安排。

# 6.5 小结

　　由于欧美发达国家较早关注现代城市规划基本问题的探讨，其城市规划和设计理念一直引领着世界主流的规划思潮，因此成为其他国家，尤其是发展中国家从政府到学术界推崇和学习的主要对象，我国也不例外。就"紧凑"策略的引介而言，西方"紧凑城市"、"精明增长"等城市发展策略已经逐步为我国学者所熟悉，并成为探讨我国"紧凑"策略的重要范例。然而在实际的研究过程中，笔者发现国情的差异，以及"紧凑"策略作用的城市发展阶段的不同都将对"紧凑"的研究提出各自的要求。相比之下，来自亚洲相邻或相近地域的案例更能帮助我们认清自身发展的条件，从而将探寻合适发展策略的目标建立在理解现实背景的基础之上。

　　日本、新加坡，以及我国香港都是亚洲较为发达的国家和地区，它们虽然在城市人口和用地增长的过程中没有明确提出以"紧凑"命名的城市发展策略，但是与我国类似的人多地少的国情却在实践中促成了相对"紧凑"的城市的形成。尽管在全球范围内，这些城市的人口和建筑容量都是高密度城市中的极端代表，但是通过它们的建设成效至少可以说明：在高密度的现实背景下也完全有可能建设经济活跃、生活质量较高的"紧凑"城市，并帮助实现地区、国家乃至世界的可持续发展；而且相对"紧凑"的城市发展策略可以在较大程度上同时发挥出城市在容纳人类生产和生活，以及保护自然环境两方面的惊人潜力。此外，从这些"紧凑"城市的形成历程来看，与欧美发达国家在完全进入"城市社会"的阶段后讨论紧凑策略有着本质不同的是，这些国家和地区都是在逐渐进入"城市社会"的过程中实践"紧凑"策略的，这对我国"紧凑"策略研究有着很大的借鉴意义。

　　同时，在这些城市和地区采用的较为"紧凑"的城市发展策略中，可以看出对三个方面的关注是"紧凑"策略实现的关键：对城市结构优化和功能完善的不断追求；将城市交通策略和土地利用并置研究；重视城市设计的作用，创造人性化的高质量城市空间。尽管这三个方面互相作用，在研究内容的范围上有所交叠，但是对城市规划和管理涉及的宏观、中观和微观三个层次而言，却有着相对的侧重点：城市结构优化和功能完善是宏观层面上对城市未来扩展方式的判断；而城市交通是涉及区域、城市、社区等多个层次的复杂系统，由于它最终要与落实到土地利用的规划相结合，因此两者的协同机制也是影响"紧凑"策略是否能够实现的关键；此外，城市设计的方法论促使它更多地从人的视角、尺度和需求来安排城市建筑、空间及各类设施，因此它在城市特色塑造和市民生活质量提高等方面所起的作用是"紧凑"的城市策略在实践中不可或缺的重要保障。本研究认为，从实践经验中提取出的这三个关键点实际上凸显了贯穿"紧凑"策略复杂内容体系的三条重要线索，也为以实践为目的的"紧凑"策略探讨指明了较具可操作性的思路和研究路线。

# 本篇小结 "紧凑"策略的国际间比较与借鉴

自 CEC 在 1990 年发布《城市环境绿皮书》后，关于"紧凑"策略的讨论真正进入人们的视野，但实际上在此之前关于如何控制和引导城市发展的策略研究已经在西方发达国家普遍展开，例如荷兰在第二次和第三次国家空间规划中提出的"集中式的分散"发展，以及美国的城市增长管理策略等，但由于各个国家所面临的城市问题和发展的现实条件有着较大差异，因而在策略研究和实施过程中的侧重点也有很大不同。即便后来在可持续发展理念的感召下，各国提出相应的"紧凑"策略时也依然是以城市自身发展的情况为出发点的。因此，本篇的研究内容首先希望将各个国家实施"紧凑"策略的背景与相应的策略侧重点联系起来，以建立一个较为完整的参照系，从中得出可供我国城市借鉴的策略措施，以及成功与失败的经验。

同时，鉴于我国"地少人多"的现实发展条件，来自亚洲更高密度地区的城市案例也对我国城市的发展具有较好的启发意义，这些国家和地区的城市发展策略虽然不以"紧凑"命名，但是其中部分策略却综合体现了"紧凑"的两个目标，并获得了较好的建设成效，因而也被纳入本文"紧凑"策略国家间比较和借鉴的范畴。

"紧凑"策略的国际间比较与借鉴

| 国家（地区） | 策略背景 | 策略内容与侧重点 | 策略借鉴 |
|---|---|---|---|
| 英国 | • 城市蔓延和城市中心衰退现象逐渐显露；<br>• 可持续发展思想得到深入认识 | • 政策文件：PPS1，PPG2，PPS3，PPG4，PPS6，PPS9，PPG13，PPG15，PPG18，PPG23；<br>• 发展规划重视环境、经济和社会的可持续发展；<br>• 鼓励"棕地"开发和旧城更新，要求充分利用城市现有道路等基础设施； | • 以实现城市可持续发展为核心目标，要求在不同层次的规划编制过程中进行"可持续性评估"；<br>• 通过不断完善城市规划体系配合策略的实施，使其体现决策过程的"适应性"和"包容性"； |

| 国家（地区） | 策略背景 | 策略内容与侧重点 | 策略借鉴 |
|---|---|---|---|
| 英国 | | • 大力发展公共交通，创造高质量的步行网络，提高城市交通和服务设施的可达性；<br>• 鼓励城市设计带来更好的环境价值；<br>• 重视保护规划，将其视为恢复城市中心活力和繁荣地方经济的重要契机；<br>• 对保护森林和垃圾处理也提出相关策略 | • 将"紧凑"的目标渗透到住房、环境、交通规划和能源利用及垃圾和噪音管理等各个层面 |
| 荷兰 | • 人口整体密度较高；<br>• 全国主要的政治经济文化活动均集中在兰斯塔德地区；其围绕的"绿心"在城市发展过程中空间争夺激烈 | • 历次国家空间规划与新的国家空间战略<br>• 采取严格规划措施保护"绿心"，防止城市扩展侵袭，将新的城市开发引向城市建成区内部或VINEX地区，保持较高密度，并配置相应的就业点和服务设施；<br>• 强调对城市和乡村地区的日常生活质量的重新和进一步关注；<br>• 为城市今后的发展提供一个全面清晰的轮廓，采用基本质量标准控制规划的实施 | • 历次空间规划重点相对统一，主线明确。针对兰斯塔德地区，"紧凑"策略实施的效果明显；<br>• 根据不同发展需求，适时调整发展策略；<br>• 重视区域协同发展，较好地整合了区域甚至全国的资源，同时良好的区域基础设施网络也为城市的合理分布、城市规模的控制和城市结构的选择创造了较好的条件；<br>• 关注居民生活空间品质，强调保护自然和历史资源 |
| 美国 | • 城市蔓延现象显著；<br>• 城市中心衰退和财政糜费；<br>• 市民生活过分依赖小汽车，且贫富藩篱，社会问题突出 | • 城市增长管理和90年代以后提出的"精明增长"主要涉及"公共征用、规章制度和激励政策"三个方面；<br>• 设定限制农村土地开发的城市增长边界来提高城市的密度，通过规定最低密度的区划引导开发较高密度的住宅和功能混合的综合体；<br>• 以高速铁路为主的集中公共交通替代高速公路的建设；运用"交通镇静"措施减少小汽车出行对人们的吸引力，鼓励步行和公共交通；<br>• 建立区域性政府来确保当地各个政府遵守并执行以"紧凑"为目标的政策和措施 | • 从美国实行城市增长管理和"精明增长"的成效可以看出城市某些发展阶段是不可逆的，结构性失误造成的后果和人们已经形成的消费习惯及观念难以改变；<br>• 但从美国的案例可以看出"紧凑"策略在经济上的可行性，以及经济上的激励手段在策略实施过程中运用的必要性；<br>• 区域性政府在策略制定和实施中起到重要作用 |
| 日本 | • 地少人多，可建设用地集中在东京附近和东部沿海地带；<br>• 矿藏资源匮乏，大部分工业原料和燃料依赖进口，但森林、水力和渔业资源丰富 | • 政府运用土地利用规划、城市公共设施建设和城市开发计划等手段对城市建设进行监督和管理；<br>• 重视都市圈规划，东京都市圈选择多中心的城市发展模式，各级中心在职能上有所分工，互为补充； | • 在城市发展的各个阶段寻求城市的结构、形态与城市规模和城市功能的较好契合关系；<br>• 城市空间扩展与交通策略紧密结合，促进公共交通发展，并适当限制小汽车出行； |

| 国家（地区） | 策略背景 | 策略内容与侧重点 | 策略借鉴 |
|---|---|---|---|
| 日本 | | • 通过交通策略引导，大力发展公共交通，形成了优先考虑轨道交通，综合布置高速路和以其他交通方式为辅助手段的交通规划模式，增加了市民出行的可选择性；<br>• 在高密度和高容量的城市环境中提高环境品质，改善市民生活质量 | • 高密度环境下提高城市土地的利用效率，强调城市景观与城市文化，并积极为最广泛的市民群体创造良好的生活环境；<br>• 为老龄化社会的到来做好充分准备 |
| 我国香港 | • 地少人多，可开发用地不足总面积的25%；<br>• 世界上最自由的经济实体之一，是世界级的金融、贸易和商业中心 | • 城市规划的内容构架可以分为三个层次：全港性的发展策略、次区域的发展策略和导则、地区层面的详细土地利用图则；<br>• 为疏解城市中心人口和为发展寻求空间，进行结构性调整，建设大量以"自给自足"和"均衡发展"为目标的新市镇和卫星城；<br>• 重视郊野公园建设，作为限制城市蔓延式扩展的有效手段，并为市民提供自然的休闲娱乐场所；<br>• 推进大规模市区重建，发挥土地最大效益，提升经济价值，并改善旧城区生活质量；<br>• 关注城市交通与土地利用的关系，大力发展轨道交通，方便市民出行；<br>• 突出城市设计的重要作用，促进城市特色的形成和城市空间环境质量的提高 | • 在用地受到极大限制的现实条件下，选择高密度发展，在高密度环境中创造高质量的生活环境；<br>• 追求用地效率的最大化，规划决策审慎严谨；<br>• 城市结构与交通系统保持良好的契合度，重视各类生活和服务设施的可达性；并推行高效的"铁路＋物业"发展模式；<br>• 通过"香港城市设计指引"规范和引导城市建设，改善市民生活质量 |
| 新加坡 | • 地少人多，为城市型岛国，但建设成就突出；<br>• 较短时间内实现政治、经济和社会多方面的跨越，成为国际贸易、金融和运输中心之一 | • 二级规划体系，分为战略性的概念规划和实施性的开发指导规划；<br>• 追求结构模式与密度分配的高效结合，发展高密度的新市镇以疏解旧城区人口，其中体现三个主要目标：土地开发与交通规划协调、优化使用土地、促进环境改善和生活质量的提高；<br>• 重视区域基础设施建设，提高用地的承载量，城市环状结构中心的水源地等生态敏感地带受到严格保护；<br>• 规划强调市民出行的便捷度和就业、商业及其他服务设施的可达性；<br>• 重视城市公共空间设计，在规划控制指标中设定开发空间的数量与布局，突出城市特色和风貌 | • 利用概念性规划表达长远的发展目标；同时突出实施性规划的控制引导作用，并通过"白色地段"概念等制度创新加强对土地资源的高效管理，获得市场与资源利用的双赢；<br>• 城市结构扩展与交通策略紧密结合，为市民出行提供多种可能性，并提高各类设施的可达性；<br>• 政府以改善市民生活质量为己任，包括实现"居者有其屋"、社会资源共享和环境质量提高；<br>• 重视城市空间在高密度地区对改善城市居民生活质量的重要作用 |

# 7 "紧凑"的度量与评价

下篇：
我国城市
"紧凑"为
目标的规划
设计策略
体系

## 7.1 不同视角的紧凑度量与评价

作为一种城市发展理念，"紧凑"从理论探讨到实践运用面临的一个重要问题即是如何度量与评价特定城市在特定阶段的"紧凑"程度，从而为相关的规划设计等发展策略的制定提供依据。当前，国内外学者对于"紧凑度"或直接、或间接的探讨，总体来看内涵与方法各异，在此将其归纳为形式、规模、密度、结构与过程五种不同的视角简要叙述并进行深入探讨。

### 7.1.1 形式视角

形式视角是关于紧凑度的较早探讨，起源于西方关于城市空间形态的研究，主要的度量方法有以下几种：

（1）1961 年，Richardson 提出的公式如下：

紧凑度 $= 2\sqrt{\pi A}/P$，其中：$A$ 为面积，$P$ 为周长 [244]。

（2）1964 年，Cole 提出的公式如下：

紧凑度 $= A/A'$，其中，$A$ 为城市建成区面积，$A'$ 为该城市建成区最小外接圆面积 [1]。

（3）1961 年 Gibbs 提出的计算公式如下：

紧凑度 $= 1.273A/L$，其中：$L$ 为最长轴长度，$A$ 为城市建成区面积 [244]。

之所以将这三种度量方法归为形式视角，是因为三个公式中蕴含着同样的基于形式的价值判断：即城市平面形式越接近圆形则其空间形态越紧凑。从时间上看，这三种紧凑度量方法的提出早于现代关于"紧凑城市"理念的探讨，因而，这种将近圆程度与紧凑程度相等同的度量与评价方法不能揭示现代"紧凑城市"理念的基本内涵也就不足为奇，然而，当前研究中将运用此种方法（或类似方法）计算出的紧凑度与基于"紧凑城市"理念的紧凑度相混淆的情况仍然存在。

## 7.1.2 规模视角

这里的规模是指城市用地规模，将城市土地面积与紧凑程度相关联，主要是基于一种对立性的理解：即蔓延相对紧凑将消耗更多的土地[320]。毫无疑问，这种理解在特定条件下成立，但单独的土地面积指标实际并不能有效地衡量城市的紧凑程度，因为"紧凑"的基本内涵与绝对的用地规模无直接关系。

## 7.1.3 密度视角

密度是度量与评价紧凑的常用标准，一般常用的指标为人口密度如居住密度、就业密度，以及空间密度如容积率、覆盖率等。Galster 等（2001）将密度作为界定紧凑的对立面"蔓延"的指标之一，并认为用居住单元数替代常用的人口数、用可发展用地面积替代常用的总用地面积，能够更为有效地说明问题[247]。Burton（2001）将高密度作为紧凑城市的三个重要特征之一[1]，并从行政区人口密度、建设区人口密度、次中心人口密度、住宅密度四个方面提出了密度视角下度量紧凑的指标体系[249]（表7-1）。我国学者陈海燕（2006）、程开明等（2007）则以人口密度作为城市紧凑度的量化指标进行了紧凑与经济、社会、环境效益之间相关性的深入研究，并初步得出了正相关的结论。

Burton 的密度指标　　　　　　　　　　　　　　表 7-1

| 变量名 | 度量指标 | 变量名 | 度量指标 |
|---|---|---|---|
| | 行政区人口密度 | | 次中心人口密度 |
| densgr1 | 总人口 / 总用地（人 / 公顷） | densext | 最密集区人口密度（人 / 公顷） |
| densgr2 | 总户数 / 总用地（户 / 公顷） | densexs | 四个相对密集区的平均密度 |
| denspw | 加权人口密度：平均地块密度（人 / 公顷） | densvar | 城市整体密度变化：方差（用 SPSS 计算） |

---

1
另两个特征是功能混合与强化。

| 变量名 | 度量指标 | 变量名 | 度量指标 |
|---|---|---|---|
| | 建设区人口密度 | | 住宅密度 |
| densblt1 | 总人口/建设区用地（人/公顷） | htype1 | 高密度住宅百分比 |
| densblt2 | 总户数/建设区用地（户/公顷） | htype2 | 低密度住宅百分比 |
| densres1 | 总人口/居住用地（人/公顷） | htype3 | 小户型住宅百分比 |
| densres2 | 总户数/居住用地（户/公顷） | htype4 | 大户型住宅百分比 |

（资料来源：参考文献249，P230）

从密度指标的表现形式来看，两个绝对数值之比的相对性，使其能够有效地揭示城市土地利用的效率，这也是密度成为普遍承认的紧凑度量指标的主要原因。但需要指出的是，密度指标表现形式的简单性，也决定了其仅能初步、粗略地对城市土地利用的效率进行度量与评价，在高密度与高紧凑度之间并不存在完全的等价关系。或许可以说，较高的密度是较高紧凑度的必要条件，但决非充分条件，也不能在细微的密度差别间简单地进行紧凑程度判断。

在密度探讨中，密度的合理值与极值一直是令人关注的话题，然而随着研究的深入这一问题似乎越来越找不出一个确定的答案。英国政府部门（DETR）对城市规划中的密度运用问题进行研究的结论是，密度应该"与局部地区的特点相一致"[321]。部分学者认为应该将客观的密度与主观的拥挤感相区分[322]，而对于密度的感知也存在着文化上的差异[323]。追根溯源，对于密度合理值与极值的关注往往源于对密度与生活质量之间可能存在的负相关性的担忧。蒋竞（2004）通过实况调研发现，居住密度与居住质量之间并不存在直接对应关系，相似密度下居住质量可有较大差别，其关键在于居住环境的结构变量，如楼间距、楼进深，以及绿地和公共空间率等，并且这种结构变量对于居住质量的影响也并非是直线性的[324]。或许，从生活质量的角度出发，我们应该将对密度绝对值的关注转向对实现密度的结构与方式的关注；另一方面，从密度极值关注的环境容量视角来看，或许也应是实现密度的结构与规模更加重要。

### 7.1.4 结构视角

越来越多的学者开始从结构的视角探寻更有效的紧凑度量与评价方法：

#### 1. 连续度

南京大学傅文伟在探讨城市建成区问题时，提出了城市布局分散系数和城市布局紧凑度两项指标，计算公式为：

城市布局分散系数＝建成区范围面积/建成区用地面积（≥1）

城市布局紧凑度＝市区连片部分用地面积/建成区用地面积（%）[244]。

Galster 等（2001）将连续度作为判定蔓延的指标之一，将其界定为"可发展用地以不中断的方式在城市密度等级上被开发的程度"，计算公式为：

$$CONT(i)u = \sum_{s=1}^{S}[D(i)s > 9\, Re\, sidences\, \&\, 49\, Employees$$
$$= 1; 0 Otherwise]/S$$

式中：$D(i)s$ 是标准小地块 $s$（1/4 平方英里）中可发展用地上功能 $i$（居住或非居住）的利用密度，$u$ 指代地块整体，$S$ 是标准小地块 $s$ 的总数，$CONT(i)u$ 的值将在 [0, 1] 之间 [247]。

姑且不论两个公式之间哪一个更能有效地度量城市用地的连续性，单就连续度与紧凑度的相关性而言，显然必须建立在一定的条件之下方可成立，即同样的发展密度与发展量。因此，就连 Galster 自己也认为，单独的连续度指标"仅仅能够表征城市蛙跳式发展的程度"[247]。事实上，傅文伟的"城市布局紧凑度"也正是表达同样的内涵。

#### 2. 不均衡度

Yu-Hsin Tsai（2005）将不均衡度界定为："无论高密度的地块（标准小地块）是集中还是分散，发展集中于少量地块进行的程度"[248]。体现此种内涵的常见的度量方法有以下四种：

① 较高密度的地块数 / 可发展用地地块总数

式中："较高密度"是指单个地块密度高于平均地块密度两倍标准偏差以上，地块是指人为划分的标准小地块，密度指居住密度或就业密度[247]。

② 相对标准偏差（偏差系数）

$$COV(i)u = \left(\sum_{m=1}^{M}[D(i)m - D(i)u]^2/M\right)^{1/2} / \left[\sum_{m=1}^{M}D(i)m/M\right]$$

式中：$D(i)m$ 是指标准小地块 $m$（1 平方英里）中可发展用地上功能 $i$（居住或非居住）的利用密度，$D(i)u$ 是指大地块 $u$（包含所有 $m$）上功能 $i$ 的整体密度，其数值在正常情况下应该与分母的平均地块密度相一致，$M$ 是标准小地块 m 的总数[247]。

③ Gini 系数或 Delta 指数

$$Gini = 0.5\sum_{i=1}^{N}|Xi - Yi|$$

式中：$Xi$ 是标准小地块 $i$ 面积占整体地块的比例，$Yi$ 是标准小地块 $i$ 居住或就业人口占整体地块的比例，$N$ 是标准小地块 $i$ 的总数[325]。Delta 指数的表达式与内涵均与 $Gini$ 系数相似[247]，在此不再赘述。

④ 相对熵

$$Relative\ Entropy = \sum_{i=1}^{N}PDENi \times \log(1/PDENi)/\log(N)$$

式中：$PDENi$ 是指标准小地块 $i$ 密度标的物数量占总数量的百分比，$N$ 是标准小地块 $i$ 的个数[248]。正常情况下，上述几种度量方法的计算值都应在 [0，1] 区间中，前三种均是值越大不均衡度越强，而相对熵则是数值越小不均衡度越强。

无论上述何种算法，其本质都是力图揭示密度分配的数字结构特征，这种数字结构特征实际上部分地反映了城市土地利用的结构效率，因而不均衡度可以作为紧凑度量的有效指标之一，但由于其不能反映密度分配的数量效率与空间结构效率（即由不同密度的标准小地块之间的空间关系决定的结构效率），故必须与其他指标结合进行综合评价。

就这四种常用方法的相互比较而言，相对熵普遍被认为具有更佳的应用价值[326]，Gini 系数则由于其对于 0 密度的包容性而被部分学者采用[248]，但其无法准确度量城市发展的不均衡度。另外需要指出的是，相对熵实际上源于申农（Shannon）的信息熵，可以认为其是对城市发展某种有序性的度量，也就是说在"紧凑"与"有序"之间实际上存在某种相关性。

3. 簇群度

Galster 等（2001）将紧凑度作为界定蔓延的指标之一，并将其界定为"在每平方英里的可发展土地上，居住或非居住功能聚合发展减少土地占用的程度"。其计算公式为：

$$COMP(i)u = \left[\sum_{m=1}^{M}\left(\sum_{s=1}^{4}[D(i)s - D(i)m]^2/4\right)^{1/2}/M\right]\bigg/\left[\sum_{m=1}^{M}D(i)m/M\right]$$

式中：$D(i)s$ 是指标准小地块 $s$（1/4 平方英里）中可发展用地上功能 $i$（居住或非居住）的利用密度，$D(i)m$ 是指标准小地块 $m$（1 平方英里，4 个 $s$ 组成 1 个 $m$）中可发展用地上功能 $i$ 的利用密度，$M$ 为标准小地块 $m$ 的总数[247]。

显然，作者所说的紧凑度从其定义来看，应是微观层面上城市发展的聚合度，并暗含减少土地占用的目标，在宏观视野中可以形象地称之为"簇群度"。作者给出的公式实际是对微观层面不均衡度的度量，由于其不能体现减少土地占用的目标权重，故不能充分度量簇群度概念所阐释出的内涵，通过引入零值地块比率这一指标将有助于进一步度量与评价簇群度。

从指标的解释能力来看，随着标准小地块 $m$ 中包含的 $s$ 数目的增多，簇群度度量城市微观层面密度分配数字结构效率的有效应将增强，但不能反映数量效率与空间结构效率，故同样需要与其他指标结合使用，来综合评价城市微观层面发展的紧凑程度。

4. 集聚度

所谓集聚度，本文将其界定为"土地利用密度分配的空间结构效率"，并将与之相关的紧凑度量与评价方法纳入此类。

① 集中度

集中度一般可以理解为"城市发展与中心商务区（CBD）关系的紧密程度"[247]。通常的度量方法均与标的物距 CBD 的平均距离相关，Galster 等（2001）给出的算式为：

$$CBDDIST = \sum_{m=1}^{M} F(k.m)T(i)m/T(i)u(Au^{1/2})$$

式中：$F(k，m)$ 指标准小地块 $m$（1 平方英里）距重心小地块 $k$ 的距离，$T(i)m$ 指标准小地块 $m$ 上功能 $i$ 的标的物数量，$T(i)u$ 指整个地块上功能 $i$ 的标的物数量，$Au$ 是指整个地块的面积，$M$ 指标准小地块 $m$ 的总数[247]。

Bertaud 等（1999）提出了一个内涵类似的紧凑度量方法：

$$rho = \sum_{i} diwi/C$$

式中：$di$ 指地块 $i$ 距 CBD 的距离，$wi$ 指地块 $i$ 中人口占城市总人口的比例，分母 $C$ 与分子算法相似。首先，假想一个在底面与原城市面积相等的圆形上以原城市人口平均密度均衡分布人口的城市，$C$ 即是这个假想城市中的人距 CBD 的平均距离[245]。

两种算法虽形式不同，但内涵类似，其实质都是反映了城市发展与尺度无关的密度分配的结构效率，也就是说，将城市各部分沿 x、y 方向等比例扩大，其算值将保持不变。同时算法本身也不能反映密度分配的数量效率，即将城市各部分密度等比例扩大，其算值保持不变。因而，利用集中度指标进行紧凑度比较，以上两种算法的结果都必须结合其他指标进行综合评价。另外需要指出的是，虽然集中度的概念强调中心商务区的存在，但其算式本身只要统一重心点的选取标准，也可用于度量多中心或无中心城市与尺度无关的分散度。

② 空间自相关

空间自相关是指同一变量在不同空间位置上的相关性，是空间单元属性值聚集程度的一种度量[327]。常用的空间自相关全局指标有 Moran 系数和 Geary 系数。Yu-Hsin Tsai（2005）给出了用于度量城市土地利用的 Moran 系数和 Geary 系数算式，并进行了模型检验。

$$Moran = \frac{N\sum_{i=1}^{N}\sum_{j=1}^{N}W_{ij}(X_i - X)(X_j - X)}{\left(\sum_{i=1}^{N}\sum_{j=1}^{N}W_{ij}\right)\sum_{i=1}^{N}(X_i - X)^2}$$

$$Geary = \frac{(N-1)\left[\sum_{i=1}^{N}\sum_{j=1}^{N}W_{ij}(X_i - X_j)^2\right]}{2\left(\sum_{i=1}^{N}\sum_{j=1}^{N}W_{ij}\right)\sum_{i=1}^{N}(X_i - X)^2}$$

式中：$N$ 是标准小地块的总数，$X_i$ 是标准小地块 $i$ 中的居住或就业数，$X_j$ 是标准小地块 $j$ 中的居住或就业数，$X$ 是标准小地块中人口或就业的平均数，$W_{ij}$ 是 $i$ 与 $j$ 之间的权重系数，作者定义其为 $i$ 与 $j$ 之间距离的倒数[248]。

通过对作者模型检验结果的思考及笔者的验算，可以发现，Moran 系数和 Geary 系数能够在一定程度上反映城市土地利用密度分配的空间结构效率，但这种相关性的表现较为复杂：当模型中仅有两种密度等级时，算值与密度分配的数字结构无关，即 Moran 系数与 Geary 系数完全受平面结构（相对空间关系）影响；而当模型中有两种以上密度等级时，算值将受密度分配的数字结构影响，并且这种影响具有不确定性，但其波动幅度仍然受平面结构所牵制，即 Moran 系数与 Geary 系数主要受平面结构（相对空间关系）影响；同时，Moran 系数、Geary 系数与集中度一样不能反映尺度（绝对空间大小）变化所带来的密度分配空间结构效率的不同。

③平均作用力

Nguyen Xuan Thinh（2002）提出了一种度量紧凑的万有引力方法，认为紧凑度可以用建成区内任意两个有效的标准小地块之间引力的平均值来表征。其计算公式为：

$$A(i,j) = \frac{1}{c}\frac{Z_i Z_j}{d^2(i,j)}$$

$$T = \sum A(i,j)/[N(V-1)/2]$$

式中：$A(i, j)$ 为任意两个标准小地块 $i$ 与 $j$ 之间的引力（作者推

荐网格为 500 米 × 500 米 ), $Z_i$、$Z_j$ 为标准小地块中表面封闭的
土地面积（超过 5 平方米为有效地块），$d(i, j)$ 为 $i$ 与 $j$ 的中心距
离，$c$=100 平方米作为比例因子[246]。

从算法本身来看，若将 $Z_i$、$Z_j$ 定义为标准小地块中能够更好
地反映发展强度的密度标的物的数量，则实际上具备了有效度量
城市土地利用密度分配的数量效率与结构效率的数学基础，数量
大小、数字结构、相对空间关系与绝对空间大小等影响紧凑度量
与评价的诸多因素都将包含在相对简单的算法之中。而作者采用
"表面封闭的土地面积"作为密度标的物，不能充分反映地块的
发展强度，从而导致测算结果无法充分反映密度分配的数量效率
与不均衡度，并使尺度的影响力放大，因而在结果上表现出紧凑
度与城市规模的高度负相关性。

总体来看，集聚度即"土地利用密度分配的空间结构效率"
还未能找到针对性强、有效性高的度量方法。集中度指标无法反
映绝对空间大小的影响，且同时还反映密度分配的数字结构效
率；Moran 指标有较强的针对性，虽然其算值会受密度分配数字
结构的干扰，并且也不能反映尺度（绝对空间大小）的影响，但
其对平面结构（相对空间关系）所决定的空间结构效率的度量还
是具有较高的有效性，若与其他指标配合，应可有效抵消不确定
的数字结构影响的干扰；平均作用力方法虽无法仅针对密度分配
的空间结构效率进行度量，但可以将其作为一种综合度量方法加
以应用。

## 5. 混合度

前述四类指标都是针对单一功能，或更准确地说是单一标的
物进行度量，来评价城市土地利用在密度分配方面的结构效率。
功能混合是被广泛接受的紧凑城市理念的又一重要内涵，诸多学
者对其度量与评价方式展开探讨，其研究对象的实质是多种标的
物之间的结构关系。

Galster 等（2001）提出了用于界定蔓延的功能性指标"多
样度"。所谓多样度即"一个标准小地块中两种功能（居住和非

居住）同时存在的程度，以及这一模式在整个城市化地区的典型程度"。其计算公式为：

$$DIV(j\ to\ i) = \sum_{m=1}^{M}[D(i)m \times (D(j)m/T(j)u)]/D(i)u$$

本文将其写为更容易被理解的形式：

$$DIV(j\ to\ i) = Au/Am^2 \sum_{m=1}^{M}[T(i)mT(j)m]/[T(i)uT(j)u]$$

式中：$Au$ 是整个地块的面积，$Am$ 标准小地块的面积，$T(i)m$ 是任意标准小地块 $m$ 中功能 $i$ 的标的物数量，$T(j)m$ 是任意标准小地块 $m$ 中功能 $j$ 的标的物数量，$T(i)u$ 是整个地块中功能 $i$ 的标的物数量，$T(j)u$ 是整个地块中功能 $j$ 的标的物数量[247]。姑且不论作者所述的多样度在概念上是否合理，就其算法而言，$T(i)mxT(j)m$ 无法度量 $m$ 地块中功能 $i$ 与 $j$ 的混合程度，因而该算式实际上不具备针对原概念的有效性。相比之下，地块中两种功能标的物的数量之比（$T(i)m/T(j)m$）应该是度量两种功能混合程度的更有效指标。

Burton（2001）从设施供应、功能水平混合与功能竖向混合三个方面提出了功能视角下度量紧凑的指标体系[249]（表 7-2）。可以看出，由于城市功能的多样性，对于多种标的物之间的复杂结构关系，很难通过简单的方程有效度量，Burton 的功能指标相比 Galster 的多样度有更强的解释力。

Burton 的功能指标　　　　　　　　　　　　表 7-2

| 变量名 | 度量指标 | 变量名 | 度量指标 |
|---|---|---|---|
|  | 设施供应<br>（居住与非居住功能的平衡） |  | 功能水平混合<br>（重要设施的地理分布） |
| supfacs1 | 每 1 千人的重要设施数量（报刊亭、饭店、外卖餐馆、食品仓库、银行、药店、医院等） | sprfacs1 | 包含少于两种重要设施的邮政片区的比例 |
|  |  | sprfacs2 | 包含四种或更多重要设施的邮政片区的比例 |
| supfacs2 | 居住用地 / 非居住用地 | sprfacs3 | 包含六种或更多重要设施的邮政片区的比例 |
| newsags | 每 1 万人的报刊经销商数 |  |  |

| 变量名 | 度量指标 | 变量名 | 度量指标 |
|---|---|---|---|
| | 功能竖向混合 | sprfacs4 | 包含所有七种重要设施的邮政片区的比例 |
| livoshop | 居住在商店之上：包含住宿的零售空间面积 / 总零售空间面积 | mixstdev | 每个邮政片区设施数量的变化——设施数量的标准偏差 |
| commres | 混合的商业与居住功能：商业建筑中的公寓 / 公寓总数 | mixdevno | 重要设施的整体供应和分布：设施数量的标准偏差 / 设施数量的平均数 |

（资料来源：参考文献 249，P232）

整体而言，从连续度到混合度，结构视角的紧凑度量与评价，逐渐使对紧凑的理解摆脱了仅仅围绕形式、规模、密度等方面的传统性思维，并在结构概念提出与数学模型量化的互动中将紧凑的度量与评价推向深入。

## 7.1.5 过程视角

前述四个视角都是对城市的静态度量与评价，Burton（2001）将"强化"作为过程性特征引入紧凑城市的探讨。她认为强化型城市是"经历紧凑过程的城市"。强化过程强调在现有城市区域中人口、发展以及功能混合的增长，使城市变得更加紧凑[249]（表7-3）。

过程视角提示了我们现有城市区域的发展潜力，就紧凑的度量与评价而言，强化过程的意义正在于城市土地利用密度分配与功能组织的完善。

Burton 的过程指标      表 7-3

| 变量名 | 度量指标 | 变量名 | 度量指标 |
|---|---|---|---|
| | 人口增长（再城市化） | | 增加发展 |
| migrate1 | 1981 ~ 1991，移民以及其他途径引起的居住人口变化比例 | newhous1 | 1980 ~ 1991，每 1 千户建成的住宅数 |
| migrate2 | 1991 年，迁入家庭比例（人口普查前有孩子的家庭数 / 目前该地区所有家庭数） | newhous2 | 1980 ~ 1991，每公顷建成的住宅数（区域毛面积） |

| 变量名 | 度量指标 | 变量名 | 度量指标 |
|---|---|---|---|
| | | newhous3 | 1980~1991，每公顷建成的住宅数（区域居住建成区面积） |
| | 新发展的密度增长 | htype5 | 1981~1991，小户型住宅变化比例（1–3个房间） |
| denscha1 | 1981–1991，常规区密度变化比例（区域毛密度，人/公顷） | htype6 | 1981~1991，大户型住宅变化比例（7个或更多房间） |
| denscha2 | 1971–1991，常规区密度变化比例（区域毛密度，人/公顷） | derelic1 | 1982~1993，废弃土地面积/居住建成区面积的数量变化 |
| denscha3 | 1981–1991，加强区密度变化比例（平均密度，人/公顷） | derelic2 | 1982~1993，再利用废弃土地/居住建成区面积的数量变化 |
| denscha4 | 1971~1991，加强区密度变化比例（平均密度，人/公顷） | devtcon1 | 1981~1991，每年每1千人规划审批数量的平均数 |
| | | devtcon2 | 1990/1991，已获得规划许可的私人住宅发展土地（每1千人的住宅数） |

（资料来源：参考文献 249，p235）

# 7.2 客体"紧凑度"与主体"紧凑度"

## 7.2.1 "紧凑度"的概念内涵

Burton（2001）认为阻碍紧凑研究的两个重要问题是"内涵认知的不一致以及识别性指标的缺乏"[249]。实际上提出了推进紧凑研究的两个关键点：即紧凑概念内涵的准确、深入理解，以及紧凑度量与评价体系的构建。从前文的探讨来看，当前紧凑度量与评价研究的问题已不再是指标的缺乏，而是指标的混乱，这种混乱表现在两个方面：一是指标的建立缺乏正确概念的引导，导致一些在片面或错误概念下建立的指标混淆了视野；二是指标的建立缺乏宏观思路的指导，导致研究方向与方法的混乱。由此本文认为，紧凑度量与评价体系的构建实际上应包含两部分内容：首先是紧凑度的"概念体系"，然后是在概念体系指导下建立的"指标体系"。显然，当前研究中所出现的问题其实正是源于概念体系探讨的不足，而这一"紧凑度"概念体系的建立，首先要建立在对"紧凑"概念准确、深入理解的基础之上。

本书第1章即对"紧凑"的概念进行了探讨，并在深入论证的基础上，创造性地在"高效"之外将"承载更多高质量生活内容"即"高质"的内涵纳入到紧凑的概念诠释之中。进一步来理解，如果将城市的本质看作是人（主体）与土地（客体）相互作用的产物，那么城市空间[1]就是这种相互作用的媒介，"紧凑"概念内涵的两个基本点即可更准确地阐释为城市空间相对土地利用的高效率，以及城市空间相对市民行为的高质量。

基于此种认识，所谓"紧凑度"，即是"对城市空间相对土地利用的效率以及相对市民行为的质量的衡量"。对于前者，可以称之为"客体紧凑度"，提高土地利用的密度分配效率实际正是为了提高城市的客体紧凑度；对于后者，可以称之为"主体紧凑度"，增强土地利用的功能混合度，其意义正在于主体紧凑度的提高。然而，当我们沿着客体紧凑度与主体紧凑度的思路自上而下展开思考，会发现其内涵还远不止于此。

## 7.2.2 客体"紧凑度"

### 1. 内部与外部

从紧凑度的定义可以看出，紧凑的对象是"城市空间"，这个"城市空间"既要源于并高质量地满足市民行为活动的基本需求，又要在土地利用中被高效率的建筑组织起来。显然，紧凑度量的最佳标志物应是"城市空间"，并将城市空间与土地和人的关系结合进行综合评价。对于经常被用来度量与评价紧凑的人口密度，本文认为，由于数据的易得性该指标可以初步并且是粗略地通过比较来对城市的紧凑度进行判断，但其有效性的基础在

[1]
这里的城市空间是指城市中与市民活动相关的各类功能性空间的总称。

于，比较的对象在建设标准与建设背景即实现人口密度的空间发展方式上相似并且合理。

所谓客体紧凑度，即"对城市空间相对于土地利用的效率的衡量"。这里所说的"空间效率"实际上表现在两个层次。首先是类型产出效率，其思想基础是：多类型城市空间的平衡共生，能够最大限度地激发城市土地利用的潜力与活力，其中不同的空间类型源于空间的自身属性而非空间的使用属性。从这个角度来看，最基本的两类城市空间即内部空间与外部空间[1]，因而其空间效率也就首先体现在两类空间之间的平衡与共生。也就是说，一个紧凑的城市，决不应该是内部与外部空间严重失衡的城市。从这种认识出发，可以发现当前的紧凑度探讨，实际都是对内部空间的度量与评价，而无法反映外部空间以及外部空间和内部空间的关系，因而也就无法反映城市空间的类型产出效率。

## 2. 数量与结构

"空间效率"表现的第二层次，即内部与外部空间的密度分配效率。首先对两类城市空间的密度分配效率进行分别度量与评价，然后进行综合评价。在前文对当前紧凑度量与评价研究的讨论中，已逐渐给出了本文对城市空间密度分配效率的深入思考。密度分配效率实际包含了数量效率与结构效率两个方面。数量效率反映城市空间对城市土地利用的充分性，可以采用平均密度指标来度量；结构效率反映城市空间在城市土地上组织的合理性[2]，需要结合数字结构、空间结构两方面的指标来综合评价；其中数字结构是对密度分配数字不均衡度的度量[3]，可以采用相对熵指标来度量，空间结构是对密度分配空间组织的度量，又包含相对空间关系与绝对空间大小两个方面，相对空间关系（平面结构）可以采用 Moran 系数（全局空间自相关指标）来度量，绝对空间大小（尺度）则可以面积大小为依据[4]。平均密度、相对熵、Moran 指标在密度分配效率的度量与评价方面均具有较强的独立性与解释力，因而可以结合为一组并辅以尺度指标进行综合评价，也可用先用平均作用力方法对密度分配的

1
这里所说的内部空间和外部空间，都是指城市中与市民活动相关的空间。

2
合理性的标准为是否可以最大限度的激发城市空间的潜力与活力。

3
密度分配的数字不均衡度在表明空间向少数地块聚集的同时，也暗示了多类型内部空间存在的可能。

4
与其他几项指标不同的是，绝对空间大小（尺度）本身并不具备量度紧凑的实际意义，它只在与 Moran 指标相结合来评价密度分配的空间结构效率时有意义。

数量与结构效率进行整体度量与评价，再用分项指标展开深入认知。

### 3. 宏观与微观

运用上述思路与方法，可以对城市的"客体紧凑度"进行多层次的度量与评价。与城市发展特征相结合，抓住整体、分区、街区三个特征层次，即可以较为深入的把握城市空间的类型产出效率与密度分配效率。对于单中心城市而言，整体与街区两个层次更为重要；对于因地形限制或规模需求而多中心发展的城市而言，则应更加注重分区与街区两个层次。本文认为，一个紧凑的城市，在宏观与微观层面的客体紧凑度上同样不能严重失衡。

## 7.2.3 主体"紧凑度"

所谓主体紧凑度，即"对城市空间相对市民行为的质量的衡量"。宏观与微观也是全面把握城市主体紧凑度的两个重要层面，由于质量感受表现的不一致性，在此分别予以探讨。

### 1. 宏观层面
①数量质量

"空间质量"在宏观层面首先表现在数量上，即人均拥有功能空间的数量，反映了不同类型功能空间对数量需求的满足情况。与城市宏观生活质量感受密切相关的功能空间包括居住、办公、商娱、医疗、中小学、影剧院、文化馆、博物馆、图书馆、体育场、公园等，需要指出的是，这些指标相对生活质量的关系并非直线性。蒋竞（2004）在对居住区生活质量的调研中发现，一些基本影响因子如绿地率的数量达到基本需要后，该方面的生活满意度将不再大幅提高。虽然是微观层面的结论，其道理在宏观层面应具有相通性。同时，过大的人均指标也将导致功能空间活力的下降而影响其质量感受。

②结构质量

"空间质量"在宏观层面同样表现在结构上，这种结构即各类功能空间之间的空间结构，包括两个方面：空间关系以及空间密度 [1]。功能混合即是对空间关系结构的调整，以满足市民行为对各类功能的空间选择性需求，即在不同地域范围里均能满足多种行为需求，可选取特征尺度（如邮政片区）对其中所含有的重要功能空间种类与数量度量后进行统计评价。而较高的空间密度，即各类功能空间的地均指标，往往意味着功能空间通过聚集产生规模分异，从而满足市民行为对各类功能的规模选择性需求。

③过程质量

"空间质量"在宏观层面还表现在过程上，即到达所需功能空间的便利度，通常称之为可达性。可达性质量可以通过两个方面来度量并进行综合评价：交通设施与通行时间。对于交通设施而言，其影响因素包括以下几种：一是设施类型，即总体上是否存在多种出行方式可供选择，主要包括公共交通和私人交通两大类型；二是设施数量，即道路、巴士线路、地铁线路、公交站点等交通设施的总体数量；三是设施效率，即交通设施是否能够高效地服务于功能空间，可以构建反映交通设施与功能空间之间组织关系的指标来度量。如果说以上交通设施因素实际是对可达性质量的硬件基础进行考察，通行时间则是对可达性质量的直接考察。正常情况下，交通设施质量（包括类型、数量与效率）与通行时间之间应和谐一致，若失去一致性，则应考虑交通结构的合理引导。

## 2. 微观层面

①多样性质量

所谓多样性质量，即街区所需功能在类型、数量、规模、档次上的丰富度。街区所需功能类型与街区的主导功能关系密切，如居住街区所需的功能类型主要有银行、餐厅、菜场、超市、药店、医疗、健身、小学、报亭、街区公园等；而商业街区所需的

---

[1]
相对土地利用来说，空间密度作为效率的衡量指标表达的是数量；而相对市民行为来说，空间密度作为质量的衡量指标表达的是结构。

功能类型主要有商场、餐厅、办公、酒店、银行、健身、培训、超市、酒吧、咖啡厅、影剧院等。本文认为，就微观主体紧凑度来说，其功能空间的相互关系应是建立在主导功能需求基础上的功能混合，而不是毫无章法的功能混杂。

②活动性质量

所谓活动性质量，是基于当前我国城市外部空间发展中市民活动所面临的问题而提出的，可以理解为外部空间中市民行为的自由度。这些问题主要包括：一、外部空间中人可活动空间（外部活动空间）的产出率不高，多数被简单地建设为地面停车场以及人无法进入的大型花坛、草地，同时道路建设铺张也占用了较多的城市外部空间；二、外部活动空间中公共化情况并不理想，很多被各类机构、单位划为私有领地；三、外部活动空间本身设计粗放，不能承载多样化的户外活动需求；四、外部活动空间常被人为施以栏杆等阻隔设施，大大降低其参与性。本文认为，城市外部空间若不能充分释放为满足市民多样化户外行为需求的公共性活动空间，将导致微观层面主体紧凑度降低，并可能由此产生微观空间感受的拥挤感。

③可达性质量

微观层面同样存在可达性质量，包括抵达该街区的方便度以及从该街区出发能够方便到达的功能空间的多样性，两者在实质上是一样的。微观层面可达性的度量与评价方法与宏观层面相似。

## 7.2.4 综合

综合客体紧凑度与主体紧凑度，便得到完整的紧凑度"概念体系"框架（图7-1）。以紧凑为目标，就是要在城市发展进程中，通过宏观与微观层面的系统化构建，不断追求与实现城市空间相对土地利用高效率与相对市民行为高质量的统一。在紧凑度概念体系的基础上，本文继续构建紧凑度指标体系。

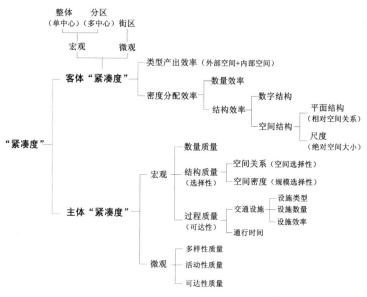

图 7-1 紧凑度 "概念体系" 框架（资料来源：自绘）

# 7.3 "紧凑度" 指标体系构建

## 7.3.1 客体紧凑度指标体系（表 7-4）

客体紧凑度指标

表 7-4

| 指标类型 | | | 指标名 | 度量方法 | 注解 |
|---|---|---|---|---|---|
| 类型产出效率 | | | 内外空间比 | 建筑密度 / 外部空间密度 | 内外部空间的平衡共生 |
| 密度分配效率 | 内部空间 | 数量效率 | 平均容积率 | 总建筑面积 / 建成区面积 | 内部空间总体数量效率 |
| | | | 功能空间平均容积率 | 居住容积率、工业容积率、办公容积率、商娱容积率 | 分功能数量效率 |
| | | | 中心区容积率 | 中心区建筑面积 / 中心区用地面积 | 中心区数量效率 |
| 密度分配效率 | 内部空间 | 数字结构 | 内部空间不均衡度 | $\sum_{i=1}^{N} PDENi \times \log(1/PDENi)/\log(N)$ | 相对熵低则不均衡度高，空间发展相对有序 |
| | | | 功能空间不均衡度 | 居住相对熵、办公相对熵、商娱相对熵 | 不同功能空间发展的不均衡度 |
| | | 平面结构 | 内部空间自相关度 | $Moran = \dfrac{N\sum_{i=1}^{N}\sum_{j=1}^{N} Wij(Xi-X)(Xj-X)}{\left(\sum_{i=1}^{N}\sum_{j=1}^{N} Wij\right)\sum_{i=1}^{N}(Xi-X)^2}$ | Moran 系数值越高空间自相关性越强 |
| | | | 功能空间自相关度 | 居住、办公、商娱功能的 Moran 系数 | 不同功能空间密度分布的自相关性 |

| 指标类型 | | | 指标名 | 度量方法 | 注解 |
|---|---|---|---|---|---|
| 密度分配效率 | 内部空间 | 尺度 | 建成区规模 | 建成区面积 | 辅助 Moran 系数评价密度分配的空间结构效率 |
| | | 数量+结构 | 内部空间平均作用力 | $T = \sum A(i,j)/[N(N-1)/2]$ | 平均作用力越大，意味着密度分配效率越高 |
| | | | 功能空间平均作用力 | 居住作用力、办公作用力、商娱作用力 | 不同功能空间的密度分配效率 |
| | 外部空间 | 数量效率 | 外部空间率 | 外部空间面积 / 建成区面积 | 外部空间总体数量效率 |
| | | | 道路空间比 | 道路面积 / 外部空间面积 | 道路过多导致效率下降 |
| | | 数字结构 | 外部空间不均衡度 | $\sum_{i=1}^{N} PDENi \times \log(1/PDENi)/\log(N)$ | 相对熵低则不均衡度高，空间发展相对有序 |
| | | 平面结构 | 外部空间自相关度 | $Moran = \dfrac{N\sum_{i=1}^{N}\sum_{j=1}^{N} Wij(Xi-X)(Xj-X)}{\left(\sum_{i=1}^{N}\sum_{j=1}^{N} Wij\right)\sum_{i=1}^{N}(Xi-X)^2}$ | Moran 系数值越高空间自相关性越强 |
| | | 尺度 | 建成区规模 | 建成区面积 | 辅助 Moran 系数评价密度分配的空间结构效率 |
| | | 数量+结构 | 平均作用力 | $T = \sum A(i,j)/[N(N-1)/2]$ | 平均作用力越大，意味着密度分配效率越高 |

（资料来源：自绘）

注释：

1. 此表针对宏观层面客体紧凑度，微观层面内涵一致、方法相似；
2. 混合用地按比例计算容积率；
3. 各公式说明详见文中，度量标的物均为相应的内部空间和外部空间；
4. 对于功能空间结构效率的度量，仅作为内部空间结构的深化分析；
5. 外部空间结构效率度量标的物为潜在外部活动空间，即外部空间面积—道路面积。

## 7.3.2 主体紧凑度指标体系（表 7-5）

主体紧凑度指标　　　　　　　　　　　表 7-5

| 指标类型 | | | 指标名 | 度量方法 | 注解 |
|---|---|---|---|---|---|
| 宏观层面 | 数量质量 | | 人均功能空间数量 | 人均建筑、居住、办公、商娱、医疗、中小学、影剧院、文化馆、博物馆、图书馆、体育场、公园等面积 | 数量需求满足情况，数值适中较好，过大过小都是紧凑度低的表现 |
| | 结构质量 | 空间关系 | 分区功能数 | 每一邮政片区功能数、数量分布百分比、平均功能数 | 分区基本情况、功能混合基本情况 |
| | | | 功能混合均衡度 | $\dfrac{\left(\sum_{m=1}^{M}\left[F(i)m - \sum_{m=1}^{M}F(i)m/M\right]^2/M\right)^{1/2}}{\sum_{m=1}^{M}F(i)m/M}$ | 相对标准偏差，与平均功能数结合评价，$F(i)m$ 为标准地块功能数 |
| | | | 重要设施均衡度 | 除居住、办公之外的功能分布均衡度（空间选择性） | 相对标准偏差，与平均设施数结合评价 |

| 指标类型 | | | 指标名 | 度量方法 | 注解 |
|---|---|---|---|---|---|
| 宏观层面 | 结构质量 | 空间密度 | 地均功能空间数量 | 地均商娱、医疗、中小学、影剧院、文化馆、博物馆、图书馆、体育场、公园等面积 | 规模选择性，值高说明功能空间可能通过聚集产生规模分异 |
| | | | 分区地均功能空间 | 分区地均功能空间数量 | 总体值的深入分析，分区规模选择性 |
| | 过程质量 | 设施数量 | 道路数量 | 道路密度（道路长度/建成区）（只统计市政道路） | 道路长度比面积更能反映其可达性质量 |
| | | | 巴士数量 | 巴士密度（线路长度/建成区） | 巴士可达性初步评价 |
| | | | 地铁数量 | 地铁密度（地铁长度/建成区） | 地铁可达性初步评价 |
| | | | 公交站点数量 | 巴士站点平均间距 地铁站点平均间距 | 站点可达性宏观评价（轻轨计入地铁统计） |
| | | 设施效率 | 公交覆盖度 | 巴士线路扩展面积/建成区 地铁线路扩展面积/建成区 | 巴士扩展300米（步行5分钟），地铁扩展600米，不重复计算面积 |
| | | | 地铁站空间聚集度 | 地铁站扩展区建筑面积/总建筑面积 | 地铁站扩展1000米（步行15分钟） |
| | | | 建筑公交匹配度 | $\sum_{i=1}^{N}\left\|\dfrac{Xi}{Yi}-1\right\|/N$ $Xi$ 为建筑面积占总体比例，$Yi$ 为公交线路长度占总体比例 | 地铁线路按一定倍数换算为公交长度，大型公共空间按人流情况换算为建筑面积 |
| | | | 重要设施公交可达性 | 到达重要功能设施公交线路数/重要功能设施总数（也可分类度量，地铁线路按一定倍数换算为公交线路） | 重要设施包括医疗、中小学、影剧院、文化馆、博物馆、图书馆、体育场、公园等 |
| | | | 道路效率 | 道路长度/道路面积 | 同样面积获得更大长度效率更高 |
| | | 通行时间 | 中心区可达性 | $\sum_{i=n}^{N}\dfrac{P(i)}{P}\times D(i)$ $P(i)$ 为地块人口，$P$ 为总人口，$D(i)$ 为地块到最近中心距离（时间可借助社会调查） | 中心应为市级中心，地块内若有地铁站点抵达该中心可将距离按一定比例缩短 |
| | | | 公共空间可达性 | $\sum_{i=n}^{N}\dfrac{P(i)}{P}\times D(i)$ $P(i)$ 为地块人口，$P$ 为总人口，$D(i)$ 为地块到最近公园距离 | 公园应为市级公园，地块内若有地铁站点抵达该公园可将距离按一定比例缩短 |
| | | | 就业时间 | 需借助社会调查 | 平均就业时间 |
| 微观层面 | 多样性质量 | | 功能类型 | 街区所含功能数/所需功能数 | 街区所需功能（细化功能）与其主导功能相关，多样性是建立在主导功能需求基础上的功能混合，而不是毫无章法的功能混杂 |
| | | | 功能数量 | 各功能总体面积与数量 | |
| | | | 功能规模 | 各功能不同规模所占百分比 | |
| | | | 功能档次 | 各功能不同档次所占百分比 | |

| 指标类型 | | 指标名 | 度量方法 | 注解 |
|---|---|---|---|---|
| 微观层面 | 活动性质量 | 外部空间活动效率 | 外部活动空间 / 外部空间 | 可进入绿地或较小花坛可计入外部活动空间 |
| | | 活动空间公共率 | 公共活动空间 / 外部活动空间 | 居住小区内活动空间根据不同情况确定性质 |
| | | 活动内容多样性 | 座椅、健身器械、亭、儿童游乐设施等活动设施的数量与效率 | 效率即数量 / 面积 |
| | | 活动空间开放性 | 活动空间可进入宽度 / 活动空间面积 | 大型活动空间若只提供少量进入点，使用效率将很低，紧凑度亦降低 |
| | 可达性质量 | 设施数量 / 公交线路数量 | 区内公交线路数量 | 地铁线路按一定倍数换算为公交线路 |
| | | 设施效率 / 巴士线路重复率 | 任意两条线路重复长度之和 / 总长度 | 重复率越高效率越低 |
| | | 通行时间 / 相关功能可达性 | 该区抵达市级中心、公园、最近医院、中小学、体育场馆、区级公园等所需时间 | 街区主导功能不同，其关注功能空间也不同 |

# 7.4 小结

本章着力探讨了"紧凑"的度量与评价。首先分五个不同视角简要介绍当前国际关于紧凑度的相关研究，并就其概念与方法进行深入探讨，指出当前研究的主要问题在于缺乏正确概念的引导与宏观思路的指导，从而导致紧凑度指标构建的混乱。基于此种认识，研究从"紧凑"概念的全面认知与深入解析出发创造性地界定出"紧凑度"的概念内涵，即"对城市空间相对土地利用的效率以及相对市民行为的质量的衡量"，进而将其分解为客体"紧凑度"与主体"紧凑度"。在这一分析思路的指导下，文中构建了较为完整和系统的"紧凑度"概念体系与指标体系。

在深入认识"紧凑"以及"紧凑度"的概念之后，可以发现，任何想要通过一个指标的度量即进行城市紧凑程度判断的想法与努力往往是徒劳的。事实上，构建完整的指标体系的意义在于，一方面我们能够对各个指标进行统计标准化后相加得出总值，在此基础上通过比较对城市的现状紧凑程度有个综合地了解和认识；另一方面其真正意义在于，通过具有明确意义的指标来反映城市在相应方面的建设情况，找出不足并加以改进。因而，"紧凑"的度量与评价正像是一座桥梁，连结着以全面、准确的紧凑概念理解为核心的"紧凑"理论，和面对具体城市建设的"紧凑"实践。当然，这座桥梁不只包含指标体系，还包含概念体系。"紧凑度"概念体系的意义不仅在于对指标体系构建的指导力，还在于它对城市建设实践的宏观思路与策略的指导力。本书后面三章，将立足我国城市发展的现实背景与城市建设的复杂问题，一方面以紧凑策略的国际经验为借鉴，一方面以"紧凑度"的概念体系和指标体系为指导，全面构建我国城市以"紧凑"为目标的规划设计策略体系。

# 8 "紧凑"的规划设计策略一：结构优化与形态完善

"紧凑"策略是有关城市发展的综合策略，涉及规划决策和制度建设等各个方面，然而从城市规划专业的学科特点看，被赋予了各种属性的城市空间研究仍是其中的核心思考。由于在有关"紧凑度"的量化研究中，城市的宏观结构和形态特征在其中起着最为重要的控制作用，因而本章将首先从这一角度探讨城市空间"紧凑"的扩展途径。基本思路为城市空间结构和形态的生成必须全面考虑三个方面的要素，并根据城市的具体情况来进行综合判断。这三个方面的要素分别为：基于城市自身发展需求的规模生长、功能布局和密度分配——由内而外的扩展需求；基于生态可持续要求的区域景观格局形成——由外而内的整体可持续扩展；基于城市居民行为需求的城市结构与形态生成——城市内部结构与形态的整合。

## 8.1 基于城市自身发展需求的空间结构与形态生成要素

### 8.1.1 适应规模增长的城市空间结构

由于城市空间扩展在很大程度上是城市人口和产业等规模增长的具体反映，因此规模增长，尤其是城市人口的增加往往积极促进了城市空间结构和形态的演变。在世界范围内的城市化浪潮中，几乎所有的城市都曾经或正在探寻能够适应城市人口不断激增的城市空间结构模式。从对独立城市的理想模型到城市群体结构的组织研究，以及国内外学者对城市最优规模的探讨，无不说明城市空间结构与城市规模的紧密关系；同时从实践意义上来看，在相对开放的市场经济体制下，城市规模的增长更多受到各级市场资源配置的影响，为了充分发挥出各级城市在集聚人口和体现经济、社会和环境效益等方面的作用，规划决策的引导必须有利于产生一个适应力较强的城市空间结构，这一点对正处于加速城市化进程阶段的我国城市而言尤其重要。

### 1. 城市规模与城市空间结构和形态的相关性研究

城市规模与城市空间结构和形态的相关性几乎可以从任何一个城市的发展历程中体现。在最初城市形成与到不断发展的整个过程中，伴随着空间增长的形态扩展和结构演变一直都在发生。首先反映在规划理论对于城市结构和形态的研究范围在不断拓展，尽管并非所有的相关模型都加入对城市规模的设定，但是从大的历史时期看，在城市规模增长的各个阶段都有以之为背景的规划理论出现，从单个城市到城市区域，再到更大范围的城市群体研究，城市规模和数量的增长给规划研究者带来一次又一次挑战（图8-1）。即使后来研究者对城市内部空间集中或分散的主观价值判断产生了分

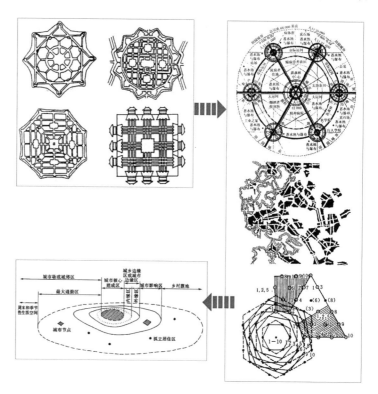

图 8-1　各个历史时期应对不同规模关系的城市空间结构研究
（资料来源：参考书目 255，p107,177,183,187；参考书目257，p49，由笔者改绘）

歧，但是人口向城市不断集聚已是无法改变的历史潮流。

其次，我们也可以从实证的角度列举单个城市的规模增长促进城市结构和形态发生改变的案例。尽管科技的进步，尤其是交通技术的改进对城市空间的扩展也起到极大的推动作用，但是从芝加哥和东京这两个城市在小汽车普及之前城市形态的变化，仍可以看出人口和产业规模的激增对城市空间的巨大需求（图 8-2）。1850 年芝加哥人口不到 10 万，半个世纪增长近 20 倍，1910 年人口规模为 200 万；东京明治维新以后人口约为 180 万，而到 1932 年，人口已增至 513 万。中华人民共和国成立后广州的城市空间结构变化示意也再现了广州在城市化和工业化过程中城市空间的扩展途径。顾朝林将广州 1950 年至 20 世纪末的城市空间扩展历程划分为四个时期，分别为触角期、分散组团期、轴向发展期和带形发展。中华人民共和国成立初期广州市人口为 115.7 万，1960 年代总人口便达到 300 万，到 1976 年人口总数突破 500 万，1990 年为 594.3 万（图 8-3）。

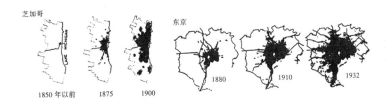

图 8-2 芝加哥和东京 19 世纪中后期至 20 世纪初的城市形态变化
（资料来源：参考书目 66，p124）

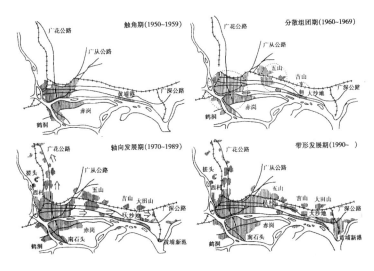

图 8-3 新中国成立后广州城市空间结构与形态变化示意
（资料来源：参考书目 257，p189）

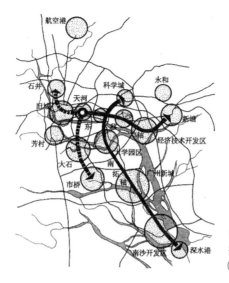

图 8-4 广州城市空间结构新的
扩展方向
（资料来源：广州规划局（2001））

而目前广州常住人口加流动人口已近 1200 万，在 2000 年广州概念规划中确定了建立沿珠江水系发展的多中心组团式网络型城市结构（图 8-4）。

## 2. 关于城市最优规模的讨论

由于城市规模的增加不断给城市空间的承载力提出新的要求，并且国内外不少学者将 20 世纪 50 年代以后普遍出现的大城市病归罪于城市规模不受控制的增长，因此关于最优城市规模的讨论逐渐展开，到目前为止已经建立了一系列可供分析和实际应用的数理和计量模型。传统的研究最佳城市规模方法为基于成本收益理论的经济模型，其研究思路为：随着城市规模的变化，成本和收益会相应发生变化。如果能够找出成本和收益变化的规律，就能根据边际收益等于边际成本的原则，确定城市的最佳规模（图 8-5）。

成本—收益分析能够在理论上说明的确存在最佳城市规模的数值，但是这一方法在实际操作中很难获得较为令人信服

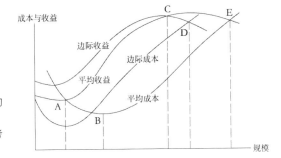

图 8-5 城市规模的
成本收益曲线
（资料来源：根据参考
书目263，p16改绘）

A：最小城市规模——为平均收益上升和平均成本下降时两条曲线的交点，代
表最小的城市规模。在该规模以下，城市的集聚效应无法发挥
B：最低成本的城市规模——为平均成本的最低点。当城市规模超过 B 点后，
净收益（平均收益与平均成本的差额）增加，B 点不是城市的最佳规模
C：平均收益最大的城市规模——为平均收益与边际收益的交点，但由于没有
考虑到成本因素，该点对应的城市规模也不是最佳的城市规模
D：最佳城市规模——为边际收益曲线与边际成本曲线的交点，可以代表城市
的最佳规模，在该点上，城市的总收益最大
E：城市的最大规模——由于潜在移民所感知的是平均收益与平均成本，并不
是边际量，只要平均收益大于平均成本，移民仍然会被吸引到城市。如果城市
土地市场是完全竞争的，市场均衡的实现条件是平均收益等于平均成本，也即
在点E对应的城市规模上，城市人口不再增加，从而达到城市的最大规模

的结论，其原因在于：为了使这一研究框架更加规范，Harvey
（1981）认为计算平均成本时应该包括：私人成本（土地和劳动
力）、公共成本（地方政府服务支出）以及社会成本（交通拥挤、
环境污染）等，而其中许多指标都因难以进行定量计算而失去了
实证分析的可能。同时，传统的研究都在新古典的框架下进行，
城市内部市场被假定是完全竞争的，如果用同一城市生产函数来
估计所有城市的最佳规模，不可避免会产生近似的最优解。而事
实上，"根据不同城市的功能与结构，它们规模的有效范围可能
变化极大"[265]。此后许多学者开始尝试建立超越新古典理论限
制的新框架，并逐渐从最初静态、单一分析框架下的线性研究模
式发展到动态、综合分析框架下的多维研究模式。但是无论是定

性还是定量研究，由于不同学者的分析角度和计量模型以及选用的变量都存在差异，所以结论也相差较大。大多数研究集中在对城市经济活动系统中空间均衡及其特性的分析上，很少考虑城市对周围地区影响的空间差异性以及城市在经济、社会和环境等方面的综合动态效应。

部分国外学者及机构对城市最优人口规模的估算　　表 8-1

| 作者或研究机构 | 文献出版时间 | 最优人口规模（千人） | |
|---|---|---|---|
| | | 下限 | 上限 |
| 贝克（Baker） | 1910 | | 90 |
| 巴尼特住房调查委员会（BHSC） | 1938 | 100 | 250 |
| 洛马克斯（Lomax） | 1943 | 100 | 150 |
| 克拉克（Clark） | 1945 | 100 | 200 |
| 邓肯（Duncan） | 1956 | 500 | 1000 |
| 赫希（Hirsch） | 1959 | 50 | 100 |
| 大伦敦地方政府皇家委员会（CHGL） | 1960 | 100 | 250 |
| 斯韦美兹（Svimez） | 1967 | 30 | 250 |
| 英国地方政府皇家委员会（MHLG） | 1969 | 250 | 1000 |
| 克瑞斯（Krihs） | 1980 | 550 | 1000 |

（资料来源：参考书目 261，p89；转引自参考书目 262，p133）

1
1978 年中央提出"控制大城市，多搞小城镇"；1980 年国务院转批"控制大城市规模，合理发展中等城市，积极发展小城市"的方针；1990 年《城市规划法》确定："国家实行严格控制大城市规模、合理发展中等城市和小城市的方针，促进生产力和人口的合理布局"；2001 年 3 月，《我国国民经济和社会发展第十个五年计划纲要》明确提出："推进城镇化要遵循客观规律，与经济发展水平和市场发育程度相适应，循序渐进，走符合我国国情、大中小城市和小城镇协调发展的多样化城镇道路，逐步形成合理的城镇体系。"

2
详见李培. 最优城市规模研究述评 [J]. 经济评论. 2007/01：131-135.

在我国，城市的规模问题也一直受到重视，从最初严格限制大城市的发展，到目前认为大城市和中小城市应该协同发展，政策层面十分关注城市规模的效应，并以此作为引导城市发展的指导方针[1]。而国内学术界也对我国最优城市规模进行了理论研究和实证考察，但是由于大多借用西方社会的理论模型，一方面无法解决分析模型的自身弊端，另一方面也因为国情背景的不同，往往还会给研究进程和研究结果带来新的问题。因此至今关于城市的合理规模，学术界从基本概念到具体指标都无定论。[2]可见，关于城市最优规模尚没有一个"最优"的研究和计量方法。事实上它绝不是一个机械和孤立的数值。在一个特定的区域和时期，城市整体系统可能存在一个最佳运行的状态，但是由于单个城市建设的独特性和不可逆性、及成果累积等特征，最优城市规模难以经由实例论证。且城市始终处于动态发展之中，整体的区域条件和城市发展背景的改变都将对城市的规模提出新的要求，随着外部条件的变化，城市规划将遵循规模门槛律，产生新的合理规模。

认识这一点对目前作为我国城市规划重要依据的规模预测工作十分重要。我国城市规划决策始终把确定规划期内城市人口规模作为一项根本任务，以其为依据进行各类用地、基础设施建设和服务设施配套等规划设计。目的是要采取强制性手段，调节城市人口容量和基础建设容量的关系，以求达到最优的规模效应。[255]但尽管预测的方法很多，结果却不甚理想，在经济建设初期，由于缺少应对快速发展时期城市增长的先验理论指导，规划师对城市发展中各类不确定因素的预期和控制力相对较弱，因而规划被轻易突破，而只能"墙上挂挂"的事件普遍发生。现阶段，随着实践经验的增强和对人口流动一般规律的逐步了解，以及规划理论和技术手段的不断发展，目前规划师的工作条件较之以前已经有了很大的改善。但在针对单个城市，尤其是大城市，或特大城市展开规划工作时，对城市规模的判断仍是横亘在规划决策者面前的一道难题。其原因在于我们一方面希望城市能够发挥出其集聚产业，消化城市化人口的规模效应，但又不得不担心因城市人口激增而给各类城市设施带来沉重负荷，并遭遇资源的瓶颈，因而总是在权衡各方面因素之后，根据一系列公式和经验判断得出所谓"理想值"。这一规划思路在现实中遇到的问题有三：第一，自上而下的规划只能预测，但无法在实际操作中限制人口的流动，即使现在仍有户籍制度作为保障，但是城市实际容纳的人口远非通过各类增长率的计算可以预见；第二，从城市自身角度限制或推动规模增长的行为在很多情况下不仅事与愿违，往往还会因为违背市场规律而造成无法估量的损失；第三，以预测的规模来进行用地的安排，促成相应的城市空间结构形成在一定程度上使结构的扩展陷入被动，将有可能损失其在遭遇城市未来发展不确定性时可以表现的弹性特征。因此，我们有必要转换角度来看待城市规模与城市空间扩展的关系，在以预测规模为参考，并通过制度引导城市人口规模分布的同时，探讨如何生成较具适应性和生长性的城市空间来发挥各个阶段城市增长的最优规模效应。

### 3. 促进生成适应规模增长的城市空间结构与形态

由于我国城市化浪潮下城市数量和规模的迅速增长已经是现阶段国内城市规划决策和研究者必须接受的客观事实和宏观背景，因此随着城市开放性的不断增强，各级城市之间的区域联系和整体范围内的规模增长分配将是空间结构研究的重要依据。为了摆脱过去孤立看待城市规模增长的规划思路，较为客观地对人口流动做出基本判断，必须首先建立以区域为背景的综合发展观。弗里德曼（Friedmann）在1966年曾经建立中心—外围模型来说明城市与区域的关系（图8-6）。

同时，一般我们认为城市的层级地位往往与城市吸引力存在正相关关系，具有近似无尺度网络的基本特征，即复杂系统中大部分节点只有少数几个连结，而某些节点却有着与其他节点的大量连结，当新节点出现时，往往更倾向于连结到已经有较多连结的"集散节点"（图8-7）。这一原理可被用于解释在城市体系中作为"集散节点"的区域核心城市不仅不会因为连结体的增加而失去核心地位，反而其地位会随之加强，吸引力也会增加。由此可以判断，在加速发展的历史时期，由农村人口转化而来的城市人口，及人口在城市之间的流动仍然会选择吸引力较大的全国或

第一阶段，地方中心比较独立，没有都市层系可言，为工业发展之前的典型结构，每一个城市都独占一个小区域的中心，形成平衡静止状态，故无移动的箭头表示

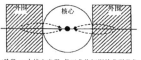

第二阶段，一大核心出现，是工业化初期的典型现象，外围环绕(这里只画其一角)，有潜力的企业家和劳工移来核心，全国经济已成为一个单独都市区，极化作用盛行

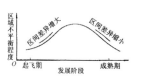

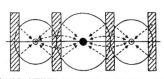

第三阶段，全国性核心仍旧，但强有力的外围副核心出现，在这工业成熟时期，由于次级核心形成，原来全国性的大外围，已减小为都市与都市之间的小外围。不过极化作用仍大于扩散作用

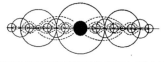

第四阶段，联系密切的城市系统完成，组织复杂，特色是全国融为一体，区位效能充分发挥，最具成长潜力。这时全国性的和地方性的极化与扩散作用一般都已均衡

图8-6 弗里德曼的中心—外围发展模型
（资料来源：参考书目255，p169）

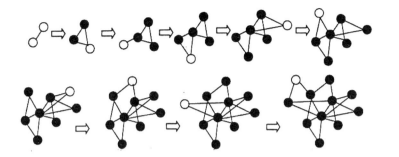

图 8-7 无尺度网络中当节点从 2 个增长到 11 个时，集散节点拥有较多的连结
（资料来源：参考书目 254，p63）

区域核心城市，其规模在市场力作用下仍然会以超常规的速度增长。这一结论较好地契合了在经济发展计划和市场的引导下，我国城市人口的流动和分布呈现出的整体规律，如大、中城市数量增长较快；特大、超大城市人口规模增长较快；以及人口向全国或区域的核心城市集聚的速度更快等。因此从区域层面的外部市场环境看，城市空间结构的生长性和规模适应性尤其对位于"集散节点"的城市而言至关重要，这也是发挥区域内整体规模效应的关键。

促进生成规模适应性的城市空间结构有两个关键问题需要解决：首先便是上述从区域角度对研究城市有可能需要承担的人口承载量进行动态分析，这一点可以根据城市在区域层级体系中的地位及城市发展情况进行判断。其次，从城市空间结构自身的生长性和适应性进行研究，因为除了相对可以预见的城市化进程外，城市还面临各种不同的发展机遇，给城市规划决策带来很多不确定因素，这就要求根据城市各自的现状特点，找到合适的扩展路径，并以结构的扩展高效引导和适应规模的即时增长。

深圳的案例能够被用以说明较具生长性的城市空间结构对城市规模超预期增长的适应能力。由于大胆采取了在当时较为罕见，但富有弹性的空间扩展模式——带状组团结构[1]，使得尽管深圳市 2000 年的实际人口（700 万）远远超过 1986 年规划预测时的规模（110 万），但从其良好的运行状态和建设效果看，不仅城市空间结构几乎完全按照规划实现，而且城市的经济活力和各方面的效应都得到了较好的发挥。[266] 同时在既定的规划结构下，采取适应规模增长的开发时序也较为精确地满足了经济同步

[1]
深圳以罗湖和蛇口为起点，深南大道为主干，展开不连续的组团式建设。

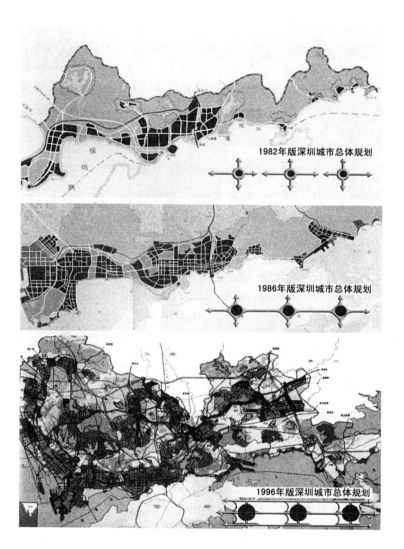

发展的需要，形成带状城市在高速发展时期空间扩展的内在逻辑
（图 8-8）。

## 8.1.2　满足功能需求的城市空间结构

　　城市空间结构一方面由城市的规模促成，另一方面城市功
能空间的合理组织也是城市空间系统有序变化的基础，城市的
整体功能定位和不同地域功能优化组织的程度在很大程度上决
定了城市内外空间结构的联结关系。用系统论的观点解释结构

与功能的关系可以得出以下结论：结构与功能相互联系，并相互制约。功能依赖于结构，系统功能的优化必须通过结构的优化实现，同时结构的优化也有赖于功能的完善。同时，与结构和规模的关系一样，结构对功能的决定也不是单值决定，一种结构可以表现出多种功能，而一种功能也可以映射出多种结构。由此满足功能需求的城市空间结构研究关注城市在国家和区域社会经济发展中的功能定位和城市各组成要素在空间方面的有机联系和相互作用，侧重探讨城市功能不断拓展过程中城市空间结构生成的相应策略。

### 1. 城市功能的转变趋势及其定位

城市定位是城市主要职能的反映，也是确定城市发展方向和规划布局的依据，它关系到是否能够合理选定城市建设项目，突出规划结构的特点，并为规划方案提供可靠的技术数据。当然城市功能的定位具有参考系，表现在其功能作用空间的地域层次有不同的范围，如全球、国家、区域和城镇。具有综合性功能的全球性城市和全国性城市数量较少，但功能辐射范围大，随之伴生的城市空间结构也较为复杂；大多数城市主要承担区域中心的社会经济功能；当然也有仅服务于自身和当地居民的小城镇。菲布瑞克（Philbrick）于 1975 年提出了"中心职能学说"，将城镇职能分为七个等级。并由此指出：在众多城市中，真正吸引人的只有少数百万人口以上的特大城市，它们处于世界城市体系的最高等级——全球经济的控制和管理中心，资本密集、跨国公司高度集中；第二等级是区域性金融、管理和服务中心；第三级是具体进行生产和装配的城市。从以上描述可以看出，城市功能的层级定位与城市规模之间也存在相互促进的正相关关系。一般说来，城市规模越大，越具有高层次的管理和领导职能（图 8-9）。

21 世纪以后，一些社会经济发展的新趋向已日趋明显，过去由资本和劳动密集型产业为主体的经济增长方式逐渐向技术和知识投入转变，知识产业和高技术产业不断创造新的产业集群；

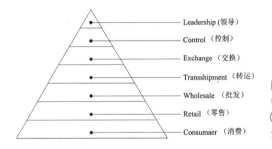

图 8-9 Philbrick 的中心职能学说（资料来源：根据相关资料改绘）

同时区域一体化发展的需求日益强化；城市越来越注重其文化和环境品质，这些转变共同促使城市的功能作用逐渐向纵深发展，城市的功能定位再次得到明确及增强。20 世纪 90 年代初国务院批复北京城市规划定位为：政治中心、文化中心、教育中心和科技中心。而 2004 年公布的《北京城市总体规划（2004—2020年）》明确了北京发展目标为"国家首都、国际城市、文化名城、宜居城市"。城市功能的层次和结构也日趋复杂化。2010 年南京城市发展目标和功能定位为：具有古都特色现代化的长江下游中心城市。其中也涵盖了两方面内容：强调了在特定区域内南京的中心城市地位，及其带动区域一体发展化的功能；突出南京在保护古都风貌和建设现代化城市的双重目标。

### 2. 城市内部功能的演化与分布

城市整体功能定位的明确对城市内部功能的演化和分布起到重要的引导作用，这是城市作为在全国或区域城市体系中的单个节点被赋予的发展机遇和要求。而另一方面为实现经济流通为主的集散功能和满足城市居民生活环境改善的要求，城市的内生功能也为空间结构的形成加入实质性内容。

20 世纪 30 年代《雅典宪章》将城市基本功能归结为居住、工作、游憩和交通，由于它过于强调功能分区的概念，并在规划中要求截然割裂各功能要素之间的联系，因此后来逐渐受到批评。但其对城市基本功能的概括依然适用于现代城市，在目前城市众多用地类型中，满足居住要求的居住功能，满足生产和工作需求的工业、办公服务和高新技术产业等功能，满足游憩要求的

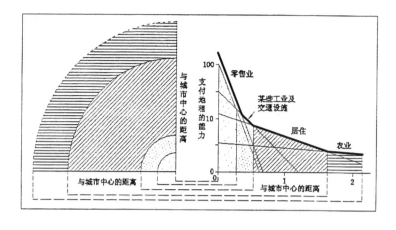

图 8-10　城市功能竞租曲线与城市空间结构的形成（资料来源：转引自参考书目 252，p15）

商业、绿地和城市广场等功能，以及在各功能之间进行联系的交通功能仍然主导着城市的内部空间结构的布局和演替。在国内外众多经典的城市结构模型中大多以各城市功能的竞租曲线来验证和推断相关的结论（图 8-10），这一曲线表明在完全市场化的条件下，不同城市功能对所使用土地的支付能力存在差异，通过功能之间的竞价，将获得最有利于发挥土地价值的空间结构。其中金融、商业和服务业具有较高的竞租能力，因而多位于中心地段，依次向外分别是工业、居住和郊区农业用地。在城市发展过程中，地价对空间结构的调节作用有其独特的重要性，它通过调控土地利用性质和利用强度，实现城市不同功能在空间上的合理布置。此外，在这一经济规律的基础上，人们不断发现其他影响城市功能区位分布的因素，如城市现状功能分布、制度的引导、社会结构影响、城市功能迁移方向及时序，以及城市多核心空间结构的出现等。国内外对加入了功能要素的城市空间结构模型研究都经历了不断发展和重新认识的过程，我们分别可以用图 8-11 和图 8-12 所示的图谱进行描述。

图 8-11 并置了国外学者建立的经典城市空间结构模型，它们对国内学者从 20 世纪 80 年代开始的空间结构研究产生了重要的启发作用。从图 8-12 中国内研究的进展看，学者们已经对 20 世纪我国城市的基本结构和功能布局展开了广泛的研究。将这些研究成果结合新世纪城市对现代功能的布局要求，我们可以分别

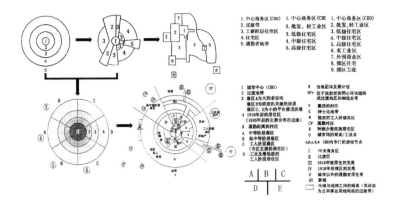

图 8-11　国外部分城市内部空间结构模型图谱及其中功能分布（其中 A: 1925 年 Burgess 的同心圆模型；B: 1939 年 Hoyt 的扇形模型；C: 1945 年 Harris 和 Ullman 的多核心结构模型，以上均是根据美国土地利用情况创立的。D: 1965 年 Mann 综合了 A、B 模型的要素，提出了英国中等规模城市的结构模型；E: 1983 年 Kearsley 同样针对英国城市对 Burgess 同心圆模型进行了修正。）
（资料来源：根据相关资料改绘）

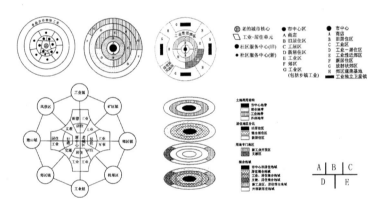

图 8-12　国内部分城市内部空间结构模型图谱及其中功能分布（其中 A: 1979 年罗楚鹏的城市结构模型；B: 1987 年朱锡金的结构模型；C: 1990 年武进的城市结构示意图；D: 1994 年胡俊的中国城市结构模式；E: 1999 年柴彦威的结构模型。）
（资料来源：根据相关资料改绘）

得出居住、商业服务、办公、工业及其他新型城市功能和城市空间结构的相互影响趋势。

居住功能与城市空间结构

"居住活动是维持城市规模和城市机能运转的基本城市活动内

容"[267]。伴随我国城市人口和用地规模的迅速增长，城市居住功能在城市范围内分布也日益扩展。表现为城市中心的住房出现分化，老城区内未改造住区和城市更新后的新建商品房共存，用地功能趋于综合；紧邻中心区的近郊居住功能得到强化；城市边缘因安居工程启动而开始成片开发居住区，同时伴有高收入住区；在工业区附近出现低收入住区；并且在城郊接合部出现"外来人口"居住点。

### 商业服务功能与城市空间结构

我国大多数城市目前的商业服务功能仍然遵循竞租原理，多集中于城市中心，并沿着交通轴线扩展，商业中心区基本与城市中心区在地域上重叠。但近年来在城市郊区化趋势的带动下，区域性购物中心、大型超市及家电卖场在城市边缘地区的发展，使居民消费行为向郊区化、离心化和多中心化转变的趋势越来越明显，这一现象在大城市尤其突出。但与发达国家的郊区化进程不同，我国城市中心商业区非但没有显现衰退的迹象，其中心地位和服务功能还得到一定的加强。

### 办公功能于城市空间结构

受计划经济时期单位制就业模式的影响，我国城市的办公功能相对发达国家而言较为分散，多数城市没有集中的办公职能中心。但在少数全国或区域核心城市，相对成熟的 CBD 已经逐渐形成，同时在城市若干重要区位（通常位于行政区的中心或围绕知识产业形成的科技园区），也会形成相对集中的办公场所。

### 工业及高新技术产业功能与城市空间结构

20 世纪 80 年中期以后，随着城市产业结构的调整和升级，城市工业地域分布状况发生了明显变化，突出表现为工业从中心城区向城市外围地区转移，使得城市外围各种新型工业区、高科技产业区发展迅速，成为城市发展重心外移的先导和基础。按照工业区与现状中心城区的关系，大致可分为边缘生长式、子城扩展式和独立式三种类型[66]。

新型城市功能与城市空间结构

所谓新型城市功能是指随着城市社会经济的发展，在全球化、信息化和社会分工日益细化的大背景下，要求城市分担的新型职能，其中也包括对原有职能的强化，这些新型职能空间包括20世纪90年代以后在各大城市普遍出现的会展中心、大学城、物流园、保税区等。这些功能空间大多位于城市外围，但对城市内外交通要求较高。

21世纪城市功能多元化和分散化的布局特征促使我国城市的空间结构将向着高度综合和外向型扩张的方向发展。上述功能虽然单独作用于城市用地，但它们之间的联系正日益复杂，有些功能相互依存，有些又相互排斥，因此在结构上满足各类城市功能之间的组织和联系是直接关系到城市空间结构的运转机能和效率的又一重要研究内容。

## 8.1.3 完善密度分配的城市空间结构与形态

前面两节分别讨论了规模和功能对城市空间结构的作用关系，它们是当下规划决策的主要依据，也是在实践中生成城市空间结构的重要手段。相对而言，我们对城市密度的认识和研究要少得多，仍有许多概念需要澄清，如果停留在目前仅由人口与用地规模测算出大致的平均密度，并加以经验值为单个地块设定建设强度的方法来完成结构到形态的转化，那么我们将失去以数量关系主动配合空间形态生成，并激发城市高效承载力的重要契机。本研究已经在第3章客观描述了我国城市现实的相对高密度环境，也探讨了密度与拥挤之间的潜在相关性及区别，本节将从认识城市密度的形成机制开始，研究如何在城市空间结构生成的过程中实现密度的合理分配。

### 1. 城市密度的形成机制

城市密度在空间上的分配是市场力和政府力双重作用的结

果，是为了城市空间结构和形态的生成更好地结合市场规律，并充分利用城市的有限资源（劳动力资源、土地资源、环境资源、资本资源和政府的财政资源）。我们不仅需要了解城市密度是如何在市场机制与政府共同作用下形成的，也需要掌握城市密度如何随着时间的推移，在市场机制的作用下发生调整。

在经过严格设定的经济模型中，单中心城市土地价格随着距市中心的距离增加而递减的规律常被用于解释市场经济中土地和资本在生产投入时的相互替代关系（图8-13）。为追求利润最大化，土地开发者根据土地与资本的相对价格来选择最优的土地和资本投入比。在其他因子一致的假设下，越靠近市中心的土地价格越高，开发者多用资本替代土地投入，因而较高的资本密度获得相应的建筑密度，城市中心的人口密度也是较高的；反之，距离市中心越远，土地价格越低，用土地替代资本投入更易获得较高收益，因而资本密度、建筑密度和人口密度都随之降低。因此这一静态经济模型也适用于描述城市密度与离市中心距离的一般规律。

在静态模型的基础上，我们可以进一步了解在城市动态发展过程中城市密度的调节机制，这与城市发展阶段密切相关。新的城市建设一般在城市用地的现状基础上展开，要么对现状用地进行更新，要么利用城市新增用地。而离城市中心距离越近的区位往往是现状最多、最密集的地区（在此暂不考虑历史街区），受原有用地性质和使用情况的限制，城市资本密度无法随着土地价格的上升而时时调整。经济学理论指出，只有当土地再开发后的

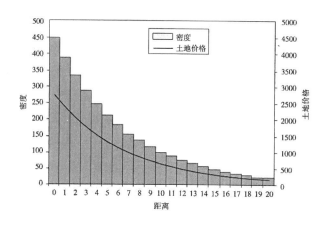

图 8-13 城市密度与土地价格及离市中心距离的分布关系
（资料来源：参考书目137，p175）

收益大于或等于土地再开发前的土地收益加上土地再开发成本（包括拆迁安置、建设成本等）时，已开发土地的再开发才有可能实现。因而城市会选择在第一个阶段已发展地区的外围扩展，在这一时期，更靠近原有城市边界的地区具有区位优势，地价上升较快，土地开发强度也较高，相比之下，距离稍远的用地开发强度较小。当发展到第三阶段时，因地价不断上涨及部分建筑使用时限的临近，原有城市中心再开发的时机逐渐到来，一些区位的建筑已经可以被拆除重建，因而部分用地价值得到回归，城市中心的密度随之增加，同时为满足用地需求，这一时期的城市仍要求在外围继续扩张，也遵循离原有边界越近，密度越高的原则（图 8-14）。

当然，上述密度变化的动态机制仍是建立在完全市场化的基础之上的，基本不涉及规划的控制和引导。如果加入我国目前针对密度进行限制的思路和方法，则必须对在其影响下的密度变化机制重新进行模拟。如图 8-15 所示，图中加入了规划控制中常用的容积率限制线[1]，在实际操作中它直接对城市的密度起到控制作用。城市发展的第一阶段的建成区多为现状，因而不受

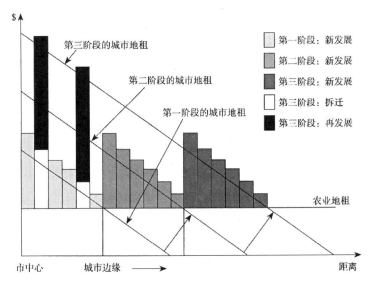

图 8-14　城市密度的动态变化机制
（资料来源：参考书目 137，p178）

[1] 原图为高度限制曲线，但笔者认为在实际操作中容积率对城市密度的控制作用更为直接，故对图 8-15 作了修改。

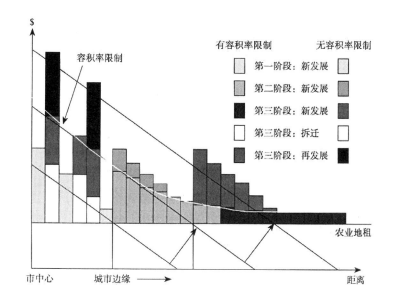

图 8-15 容积率限制下
的城市密度动态变化机制
（资料来源：参考书目
137，p180）

影响，且大部分用地强度远低于限制要求；但第二阶段，受限制线的影响，靠近市中心的土地不得根据市场需要进行较高密度开发，因此用地效益没有得到充分利用。同时为了满足供给需求，城市必然外延式扩张，本应在第三阶段发展的土地被提前开发；同理到第三阶段，容积率限制曲线继续下降，只能走低密度开发的道路，因而土地和资本资源发挥的效益更低，容纳相同的人口需要增加更多的城市用地，与此同时，城市中心的用地容积率设定也并非根据市场价值来进行判断，致使用地区位优势的潜力无法得到充分发挥，这双方面因素共同迫使城市继续向外围扩张，造成对土地资源的浪费。

　　尽管上述模型是以单中心圈层扩展的空间结构为原型进行的研究，在用于目前许多城市多中心的空间结构研究时仍需要进一步修正，但它却清晰地再现了城市密度动态演化的机制，说明在目前的规划控制思路下，忽视市场需求可能将对城市用地潜能的发挥造成较大的抑制作用，同时在一定程度上助长了城市蔓延扩展态势，减少了优势区位的建筑容量和各类设施的供给，反而因基础设施和生活设施配给的不到位而加剧市民过度拥挤的感觉。

## 2. 城市密度分配与城市空间结构形成

在第3章对城市密度进行全面比较后，除了得出我国城市整体密度的提升仍有一定空间之外，通过目前的研究手段确实难以得出城市密度到底多少才是合理的答案，加上城市昼夜密度变化和就业密度与居住密度的差异，更使这一问题的解答趋于无解，因而我们进行规划决策的时候必须考量特定城市更为详细的资料，针对其具体情况求较优解。但是，在进行城市密度形成的动态机制分析后，笔者发现要澄清国内部分学者对我国城市密度过高的担心还必须从城市空间结构如何进行合理的密度分配这一研究入手。

反对城市高密度增长的学者多以人口规模较大的特大城市为案例，在这些城市环境污染、交通拥堵等城市问题突出和城市人口密度较大这两个特征之间找到联系，并认为有限的现有城市基础设施难以承受更高的城市密度，加上昂贵的基础设施投入，要求将城市规模和密度限定在一定范围内，以保证正常的供水、供电、消防和治安等社会需求。既然通过国际上的案例比较已经说明城市问题的出现与城市密度并不能直接画上等号，且这些城市创造的丰富的社会和经济价值恰又是建立在较高密度的基础之上，因而我们从反对的声音里听出的是专家学者对城市过度拥挤的担忧；同时针对基础设施承载力提出的意见，我们还需进一步从城市整体的发展需求来考虑。由于在我国所处的城市化阶段，控制城市规模的做法可能难以达到理想的效果，因而对城市密度进行控制必然推动对城市土地的加速消耗，在这一过程中基础设施的投资需求只可能同比增加，而无法减少，加之城市外围用地分散，如果密度过低，实际上反而降低了基础设施的承载率，造成巨大的浪费。

因而笔者认为，对我国目前大多数城市而言，为促进城市空间结构和形态的高效运转，对城市密度进行合理分配是有可能缓解人地矛盾，并减少城市过度拥挤的感觉的。在进行城市密度感知的过程中，我们将大部分矛头对准了城市中心，认为有些区域的建筑密度已经很高，尤其在许多历史文化名城新旧建筑的矛盾与冲突过大，似乎已经没有密度的上升空间。实际上随着城市规模的扩展，大部分城市的老城区所占城市面积的比重已经越来越小，在规划控制下大量城市外围用地及新增用地的密度过低才是很大程度上加速城市蔓延的症结，同时由于这些用地不能有效分担城市的密度需求，因而也加剧了城市中心的拥挤和矛盾冲突。这里重提在第5章中曾经讨论的东京、我国香港和新加坡等亚洲高密度城市的"紧凑"策略，为了能够在较少的城市空间内尽可能容纳更多的人，以最大限度发挥城市的集聚效应，城市的整体高密度是其中采用的重要手段之一，似乎没有任何证据表明如此高的密度使这些城市的环境品质、生活质量和经济活力有所降低，或者在基础设施方面难以进行有效的供给和管理。可见密度与规模及城市空间结构如果能够较好地进行配合，专家所担心的过度拥挤问题也可以找到真正的解决之道。

笔者尝试建立了说明城市密度与城市空间结构相互配合关系的比较模型。仍然假设城市密度中心与城市的几何中心重合，中心城区的城市密度最高（由用地的建设容积率表征），按照图8-13得出变化趋势：离市中心的距离增大，建设容积率依次递减（此处数值仅近似模拟城市各圈层之间容积率设定的相对关系），城市密度随之减小。此外，城市用地的承载量可以用以下公式表示：

*城市用地承载量 = 圈层面积 \* 容积率*

在城市最初形成和逐渐发展的过程中单中心同心圆圈层扩展的城市空间结构最为常见，在这种结构中按照密度递减效应必然形成城市中心建设容积率最高，外围圈层容积率依次递减的密度分配方式。在城市规模不大的情况下，这种结构与密度的配合方式基本能够满足承载量的需要。而当城市规模进一步增大时，按照密度的动态变化机制，靠近市中心的地区密度不断增加，同时城市向外围更大的圈层扩展，受市场机制和规划控制的影响，越到城市的边缘，容积率和密度越低，用地的不经济性也逐渐显露，如图8-16，当城市扩展到圈层E时，尽管该圈层面积较圈层D有大量增加，但由于设定的容积率较小，这部分用地的承

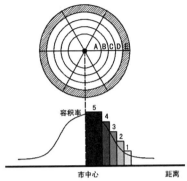

图 8-16 单中心圈层扩展结构的密度分配
（资料来源：自绘）

载量与圈层 D 相比已经开始减少，此时城市用地的扩展方式与密度分配就可能出现了问题。显然，同心圆式的城市扩展随着城市规模的增大而日益低效是一种结构性必然，而跨越式的结构调整（图 8-17）将有助于情况的改观。为了便于比较，绘图时确保新增加副中心或新城的面积（包括 a、b、c 三个圈层）刚好等于图 8-16 中圈层 E 的面积，由于新增加的副中心或新城也遵循自其中心开始的密度递减原理，中心容积率姑且从第 2 个等级（即容积率为 4）算起，那么通过计算，它的用地总承载量可相当于单中心城市中 E 圈层承载量的 2 ~ 3 倍。这是结构调整为密度重新分配以提高城市承载量提供的机遇，也是较为符合城市经济发展规律的。但同时我们还必须注意到，合理的密度设定也是能否提高承载量的关键。如图 8-18 所示，如果仅在结构上实

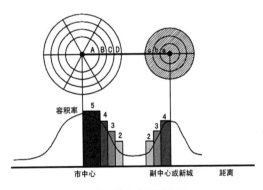

图 8-17 结构调整后的密度重新分配
（资料来源：自绘）

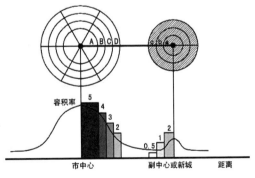

图 8-18 结构调整后受规划控制的新分配
（资料来源：自绘）

现跨越式的增长，但对密度的设定依然延续中心城市的密度曲线（只在新建的中心地区略微抬高），即形成低密度的城市形态，那么增加城市用地承载量的目标非但无法实现，还有可能达不到原单中心城市圈层 E 的承载量。通过观察我国目前许多城市的新城、卫星城和各类开发区建设，将其容积率控制在较低范围的规划思路普遍存在，这一方面在不同程度上遏制了用地效能的发挥，另一方面也由于新建中心无论在密度和规模上都只能较少地分担整个城市的承载需求，因而难以帮助阻止城市原有中心的蔓延。

由此，总结本节关于城市密度与城市空间结构和形态的相关性研究，可以得出以下几点认识：①规模、功能和密度都是从城市自身发展角度共同促进城市空间结构和形态形成的重要因素，而其中完善密度分配这一环节对于最大程度发挥土地效用，满足规模和功能需求起到关键作用。显然在现实操作中，对于密度问题的认识还存在一定的误区。②完善密度分配并非一味强调高密度，而是在形成城市有序结构的基础上，最大化发挥市场作用下的密度分配机制。在可能的地区应适当提高密度，甚至转换思路，在设定其他限制条件（如日照、环境质量要求、基础设施和各类其他生活设施的配比）后规定容积率下限；在不适宜高密度发展地区，如历史保护街区或环境敏感地带严格控制容积率；以及在规划管理中有效引导和推动城市结构与密度高效契合关系的形成。而笔者认为充分发挥现状和新增用地的承载效能是能否有效缓解用地矛盾和控制城市无序蔓延的前提和关键。③此外，对于解决城市过度拥挤的问题，控制城市密度只能针对局部地区有效，但从城市整体发展要求看，将需求一步步挤推至城市外围的做法显然容易造成更大范围的结构失效，反而有可能加剧城市拥挤。因而，缓解目前城市环境和交通问题的目标不能简单通过控制城市密度来实现，寻求具有规模和功能适应性的城市空间结构，并完善在此基础上的密度分配才真正有可能促进城市的高效运转，并帮助实现其可持续发展。

## 8.2 基于生态可持续的城市空间结构与形态生成要素

总体来讲，城市规划自诞生起便基于城市自身发展的角度展开，并以最大限度满足市民的物质和社会生活需求，及提高城市在区域、全国甚至全球的竞争力为主要目标。然而这一思路随着20世纪下半叶以后人们对"有限地球"的深入认识而开始转变。城市作为开放的巨大系统，与赖以生存的自然环境之间关系的好坏已经严重影响到两者的共同生存与发展（这一点在本书第2章已有所阐述），因而对资源的利用做出决策也成为目前城市规划的主要任务之一。各类资源，如土地、水体、动植物以及能源的日益稀缺使得土地利用和环境规划显得更加必要和重要。我们一方面必须认真考虑如何将人类的活动限定在尽可能小的范围，为自然环境预留适宜的生存空间；另一方面也需要将人类活动空间扩展与环境的运作纳入整体的生态格局研究，以期实现日臻和谐的动态平衡。随着对环境自身运行规律的深入了解，人类逐渐掌握了越来越多有关景观形成和维护的生态途径。这些都为从环境可持续角度出发的城市发展策略从限制性（限制什么不应该做）向建设性（建议该如何做）转变提供了依据和方法，从而有助于改变目前环境影响评价在参与城市规划决策时的被动局面。

### 8.2.1 城市空间结构形成的区域生态观

#### 1. 城市空间结构的区域生态研究尺度

早在20世纪初，一些先驱的规划思想家便提出，为适应城市发展的需要和改变旧有城市封闭式布局的城市结构形式，必须把城市与其影响的区域联系起来进行规划。到20世纪末，城市的区域概念又被重新认识，人们意识到在所处区域的地理范围内，不仅包括城市的经济区域、社会区域，还有十分关键的生态区域概念，即城市区域是由城市及乡村与它们周围自然环境共同组成的生态整体。之所以将城市空间结构的生态研究尺度放置区域的背景中进行，是因为随着城市规模的增大和城市群体内外联系的日益密切，被人为因素影响的地域范围已经远超出城市本身，并且大部分自然的环境系统也不只是在地方层次上运行，包括水系流域、动植物分布和迁移，以及气候环境等生态要素都将空间尺度放置到区域甚至更大的范围中。而这一相当规模的尺度无论对小城市，还是对大城市而言都是存在的，在其覆盖地域内独特的生态特征恰是各个城市形成和发展的基础条件，也是在城市空间扩展过程中必须予以重视和保护的关键要素。

因而，相比地方和特定场地这两个次之的尺度等级，在区域层面上城市和环境生态格局的形成与演变对关于人类和自然共生关系的研究意义更大。我们在为城市扩展寻求合适的用地和生长结构时，也必须顾及在区域尺度上生态环境和土地利用特性的差异。如果在规划决策中忽视强大的地方性和不同环境系统在运转原理与过程上的区别，我们将仍旧无法避免"继续建造与环境不匹配的、不可持续的基础设施和土地利用系统"[268]。在现实操作中，大量将统一的规划设计标准和决策思路进行无差别复制的规划行为已经导致了许多实效与目标背离的现象和局面。威廉·M.马什曾在《景观规划的环境学途径》中列举了美国修建巨型大坝和河流渠道，以及不同区域照搬其他地区环境法令的后果。同样的问题在发展中国家显露出更大的矛盾和冲突，我国也不例外。区域生态环境的恶化不仅是城市扩展过程忽视生态要素、无节制索取资源和排放有害物质的必然结果，也将使人类自身生存的城市环境因生态循环系统破碎化而面临更严重的灾害威胁和环境污染问题。

## 2. 区域生态要素与城市空间结构

在区域生态景观形成和变化的基本过程中尽可能维持自然生态要素之间的平衡状态，或者因城市扩展迫使自然状态发生变化时，能够维持生态循环的过程，并引导一种可持续的景观变化是城市和景观规划共同作用的目标。因而充分认识区域中的重要生态要素，避免破坏平衡中枢而触发连锁性破坏是对城市空间扩展提出的生态要求。在这一点上，城市规划师必须寻求和景观规划师、环境工程师之间的合作，使各方都能够互相了解包括了自然与文化两方面的需求。尽管关于生态景观的规划可以交由景观规划师来完成，但是作为对城市空间的扩展具有决策作用的规划师来讲，对区域生态要素及其生存机制的了解不仅有助于减少城市发展对区域生态环境的影响，也能够帮助形成促进城市可持续发展的规划思路。因为"区域应被理解为在自然法则和时间作用下的一个生物物理和社会的综合过程，我们可以从中清晰地看到给予任何人类活动的机遇和制约。仔细的勘测调查将帮助我们找到最合适的地点和利用方式。"[264]

区域的生态要素包括：气候条件、地形地质与土壤、水系流域、动植物分布及主要栖息地等。其中气候是一个地区在一段时期内各种气象要素特征的总和。区域气候受山脉、洋流、盛行风向以及纬度等自然条件的影响，又通过对岩层的风化和降水量大小来影响本地区自然地理环境的形成和变化。同时人类活动和土地利用改变也有可能导致全球和区域气候，或局部气候的变化。在理解气候条件的前提下进行城市规划，将减少因飓风、龙卷风和洪水等气候变化对公众健康和人身安全造成的损失和伤害，也有助于经济发展和资源的保护（图 8-19）。

而区域的地形地质与土壤调查对选择合适的城市用地关系较

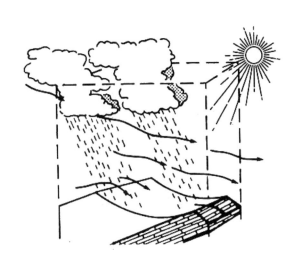

图 8-19 气候条件的生态影响
（资料来源：参考书目268，p58）

大，往往涉及自然地理的海拔、坡度、区域地质、基岩深度和类型、表面沉积物、土壤组合及土链[1]、土壤排水及侵蚀潜力等。对这些基本信息的认识有助于回答规划区的基本地理特征是什么；哪些用地适宜城市建设或动植物生存；哪些地质作用具有矿产和资源价值，或能够进行灾害预警；哪些地区土壤排水较快；哪些土壤是维持特定植物生长所必须的等问题。在由麦克哈格完善和发展的生态叠图法和以后景观生态规划实践中，有关区域的地形地质和土壤调查都是其中的重要内容（图 8-20）。

区域的水文和湿地条件现在正受到越来越多的关注，水系流域规划也已经成为比较普遍的专项规划。由于这一特殊地带常伴有较为敏感的生态过程，是区域内气候调节和地形地貌形成的必要促成因素，因而发挥着较大的生态效应。同时一般的水系流域也是人类聚居地比较密集的地区，与城市和乡村活动联系密切，

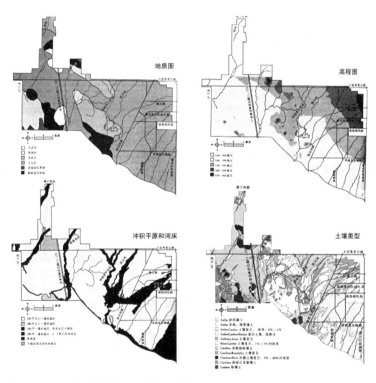

图 8-20　区域地形地质与土壤的空间反映
（资料来源：参考书目 269，p66，70，80，89）

1
一个地区具有特征显著的一组土壤，这组土壤叫做土壤组合，它通常由一种或多种主要的土壤和至少一种次要土壤所组成，并以其中主要的土壤来命名。另一组与此相关但却不同的土壤类群叫土链，它是有关相同的年龄、相同母质并在相似气候条件下发育的一个土壤系列，该系列的各种土壤由于地形和排水条件的影响，具有不同的特征。[美] F·斯坦纳著. 生命的景观——景观规划的生态学途径（第二版）[M]. 周年兴等译. 北京：中国建筑工业出版社，2004：88-94.

它们不仅为城市提供水源和运输通道，也在被动吸纳城市污染物，并有可能被改造为人工化景观。由于大部分河流的自然过程都超出河道和两侧人为划定的绿化带，所以城市化过程对水系流域的生态破坏具有更广泛的影响（图8-21）。在自然河流水位、水量的变化和河道冲淤变形、蠕动演化的动态变化过程中，河流的空间格局也在不断变化，在其所涉及的生态范围内进行的人类活动和建设，都应该充分考虑整个流域的自然过程，否则容易对原有环境造成难以修复的破坏，并且可能因局部地段的生态环境失衡，而对该流域影响下的更大范围带来灾害。

此外，动植物的栖息地也是与人类关系密切的重要生态要素。它们也生活在各自的"区域城市"中，其生物格局包括植物自然过程、野生动物数量及分布、物种丰富度以及水生群落，这是一个包括广泛多样性的自然社区，也覆盖着巨大的地理区域。与人类社会一样，这些动物和植物也依赖在区域尺度上运行的复杂系统而生存，因此仅仅划定一块保护区域作为它们的临时避难

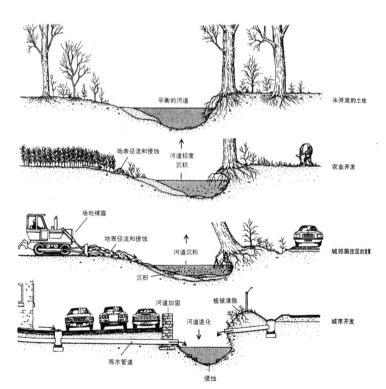

图8-21 与土地利用方式相关联的河道变化
（资料来源：参考书目268，p266）

图 8-22 城市蔓延过程中对动植物栖息地的侵蚀（资料来源：参考书目 272，p196）

所便显得过于简单和草率，我们需要维持一个较为完整的生态系统以便多样性的动、植物可以生存下来。目前导致动植物栖息地减少、质量降低的根源正是人类在定居和土地利用过程中造成的景观破碎化，在水系流域、湿地和森林被农场、公路、建成区等人工景观取而代之后，整个地球的生物多样性受到了日益严重的威胁，其中有许多是由于城市规划和建设无视其生态影响造成的。因而如果能更多地认识到人类活动将对动植物栖息地造成的影响，那么在选择城市空间的扩展方式时，将尽可能减少景观的破碎化，并帮助将已经破碎化的景观重新连接成更具生态弹性和可持续性的功能结构（图 8-22）。

在区域的研究框架中，上述生态要素通常都是共同作用，并相互影响的。只有在范围更小的地方或单独地块的层面，才会有特定要素占主导作用的情况发生。因而在确定城市适用土地及空间扩展结构和形态时，对这些生态要素运作途径的综合判断是基于生态理念的重要规划原则。其中收集各种环境资源信息，应用最新的地理信息系统技术进行处理和叠加，已经能将这一过程更好地融入城市规划设计的工作框架。

## 8.2.2 基于景观生态原则的城市空间结构与形态

在了解能够影响城市空间结构和形态生成的生态要素后，如何在人类需求与自然生存之间建立起更为和谐的相互关系，仍需要具有建设性的意见作为规划设计的指导，其中景观生态学的研究为我们提供了较为广阔的思路。它的研究基础可以一直追溯

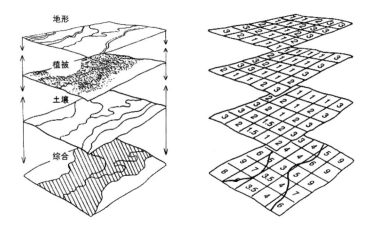

图 8-23 "生态叠图法"
的基本工作方法
(资料来源：参考书目
268，p198)

到 20 世纪 50 年代，当时的学者致力于阐述大尺度地区的自然历史和环境格局，在此后地理学家、植物地理学家、土壤科学家、气候学家，以及自然历史学家工作的基础上，到 80 年代一个整体的景观和区域生态的规划设计概念应运而生。因其提出的生态原则适用于任何的土地镶嵌体，即从城市到郊区，从乡镇到农村，从荒漠到丛林，它们既可以作用于具有特质的自然地区，也可以作用于有剧烈人类活动的区域，或者两者的结合，所以在探讨如何建立人类与环境共生的生命系统时具有实际的指导价值，并极具可操作性。同时它也开始回答如何在城市适宜区内进行规划，并有效组织区域内生态过程等问题，适当地补充了原来建立在生态叠图法基础上的规划设计手段，[1]

### 1. 景观生态学的基本设计语言

要解释生态景观的生成和变化方式，首先必须了解以景观生态学的语言如何解释结构的基本模式。在其概念中，斑块（patch）、廊道（corridor）和基质（matrix）是三个构成景观整体的基本要素，也是比较不同景观并建立总体原则的切入点。可解释为不管是环境生存的自然景观，还是人类生活的文化景观，景观中的任意一点总是或落在某一斑块内，或是廊道中，要么就存在于背景的基质中。这一模式语言为比较和判别空间结构、分析结构与功能的关系，以及提出可操作的改变途径提供了一

[1]
"生态叠图法"即是由麦克哈格完善并推广的"千层饼"模式，用于将有关场地的各类生态信息进行综合和筛选的过程。这一方法有助于在研究范围内找到人类运用资源的合理途径，并在实践操作中表现出可操作性。但是该方法没有解决如何在适宜区内进行规划，并组织区域内生态过程的问题。

个既简明、又清晰的研究平台。由于其形式的表达与传统规划的语言有共通之处，因而对于规划研究和决策者掌握其基本原理，并参与讨论提供了方便。

根据《景观建筑和土地利用规划中的景观生态原则》（Landscape Ecology Principles in Landscape Architecture and land-Use Planning）一书中对景观生态学研究方法的总结，我们认识到其工作原理可以概括为：由于生命系统都具有结构、功能和转变这三大特征，因而通过斑块—廊道—基质解释并促成空间结构的形成，通过边界、水塘、农田、森林、住宅、道路或其他元素来改变一个镶嵌体，从而转变功能，将有可能使区域内的整体生命系统向着更有利于维持或增加生物多样性的格局发展。而这些空间元素及它们之间的组合就成为城市规划师和景观规划师的有力工具。书中的景观生态原则分别围绕斑块、边缘与边界、廊道和镶嵌体展开，共 55 条，条理清晰，内容丰富。但受篇幅所限，在此仅能列举一二。[270]

斑块

在人类活动较多的区域中，动植物的栖息地被日益分散在各个大小不同的斑块中。相对于其存在的基质，斑块显示了一定程度的隔离性，可以通过尺寸、数量、位置这三个基本内容来表征。它既可以像国家森林一样大，也可以如一棵树一般小；既可以在一个景观中为数众多，也可以如沙漠中的绿洲一样稀少。斑块的位置对于景观的功能而言可以是有益的，也可能是有害的。比如，小的、残余森林斑块在大片的农业基质之间将是有益的；相反，在一片敏感的湿地旁建设垃圾掩埋地将对景观的生态健康产生负面影响。

图 8-24 表达了大小斑块分别对边缘和内部物种、对物种灭绝可能性和多样性的影响；斑块数量对栖息地、复合种群动态分布的作用；以如何选择斑块位置可以减少物种消亡和帮助重新移植等。书中还对在城市空间扩展过程中如何有选择性的保护斑块作了解答：选择保护对整体系统做出贡献，或具有不寻常的或独

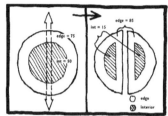 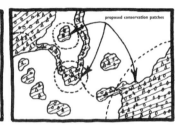

（左）将大板块分成两部分后，其
边缘地带面积增加，而中心地带面
积减少；

（中）斑块数量对复合种群动态
迁移的影响：一个斑块的消逝将减
少复合种群的规模，降低其稳定
性，也增加局部灭绝的可能性；

（右）保护斑块的选择依据：选择
保护对整体系统做出贡献，或具有
不寻常的或独特要素的斑块

图 8-24　大小斑块对边缘和内部物种、对物种灭绝可能性和多样性的影响
（资料来源：参考书目 270，p22-24）

特要素的斑块，分别取决于在区域中与其他斑块联系的密切程度
以及是否有珍稀的、易受威胁的地方物种。

边缘与边界

边缘是最靠近斑块或基质外面的一部分环境，无论在竖向和
横向的结构、宽度、物种构成和丰富度几个方面与相对内部的环
境比较，都有很大的差别，也就是我们常说的"边缘效应"。而
边界通常限定了斑块或基质的外部轮廓，政治上的行政管理界限
也是一种边界。我们在城市规划中设定的这些人为边界，可能与
自然生态的边界相符合，也可能不符，因而书中提出将人工边界
与自然边界相关联是十分重要的。由于人类聚居点将持续扩展进
入自然环境中，因而边界的创造将日益成为人造环境与自然栖息
地之间相互作用的关键点。在这一认识上，充分运用边界的生态
价值、限定斑块的形状，将有助于规划过程实现人类和自然两种
栖息地之间的有效生态转换（图 8-25）。

廊道

在整个人类城市化和现代化的进程中，自然栖息地的消逝和
被孤立看起来是一个不会终止的动态过程。在这一难以避免的趋势
中，如何使生物多样性减少的速度变缓或者暂停是我们努力的目
标。我们首先要了解有五个关键的空间过程对自然栖息地产生较大

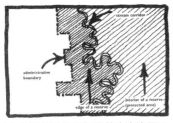 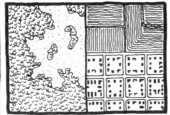 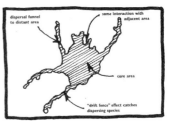

（左）当行政边界与自然生态边界不统一时，两个边界之间的区域就成为缓冲区，将减少人为环境对保护区北部环境的干扰；

（中）大部分自然边界都是曲线的，而人工边界多为直线；

（右）生态的"最优"斑块形状是中心为保护资源的圆核，加上曲线的边界和有利于物种传播的指状空间

图 8-25　边缘与边界对保护生物多样性的影响
（资料来源：参考书目 270，p28-32）

的影响，其中包括①破碎：将一个较大的、完整的栖息地打散成若干较小的、分散的斑块；②剖分：通过廊道将完整的栖息地分解成两个分离的斑块；③穿孔：在栖息地内制造"孔洞"；④缩减：一个或更多栖息地规模的减小；⑤吞噬：一个或多个栖息地斑块的消逝。

　　其次在这些破碎化了的斑块之间建立起联系的通道或有效的跳板，以确保野生动植物的迁移被许多景观生态学家认为是在自然栖息地接连消逝和被孤立的过程中必须采取的补救措施。尽管关于廊道的宽度，不同学者的研究结果表现出较大的差异，但是对几个关键问题的看法却较具一致性，如生态廊道应该足够宽以适应小尺度的自然干扰和减少边缘效应的影响；以最敏感的物种的需求来设置廊道宽度；除非廊道足够宽（比如超过 1 千米），否则廊道不应该延伸很长的距离而没有一个节点性的生境斑块出现等。[274] 同时河流或溪流廊道被认为是在景观中具有特别意义和生态效用的廊道，在人类高强度的作用下保持其生态的完整性成为一个巨大的挑战（图 8-26）。

　　镶嵌体

　　土地镶嵌体是 Forman 教授的重要理论之一，特指由不同类型生态系统所组成的具有重复性格局的异质性地理单位。他认为景观结构和功能的完整性可以由格局和尺度两个方面来感知，而判断一个生态系统是否健康的重要方面就是观察自然系统现状的

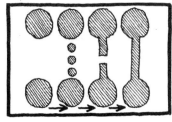 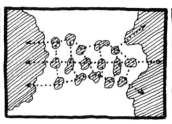 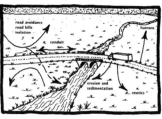

（左）生态跳板或廊道对连接两个斑　（中）在两个大斑块之间安排跳板　（右）道路、铁路、电网和其他人工
块的重要作用；　　　　　　　　　的理想方式是能够为野生动物提供　廊道基本上是连通的、直线型，并伴
　　　　　　　　　　　　　　　　可选择性的路径，并保证一条较为　着有规律的人类干扰。因此，这些廊
　　　　　　　　　　　　　　　　直接的联系途径；　　　　　　　　道将原来的生物种群分隔，主要引导
　　　　　　　　　　　　　　　　　　　　　　　　　　　　　　　　抗干扰能力强的物种，并为该区域带
　　　　　　　　　　　　　　　　　　　　　　　　　　　　　　　　来更多外来物种和人类影响

图 8-26　廊道示意
（资料来源：参考书目 270，p36-40）

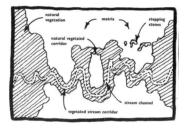  

（左）在网络中提供可供选择的路线　（中）在持续的郊区化和外来物种　（右）在粗粒度的景观中如果包含
或循环路径将减少廊道内其他干扰带　的入侵过程中，建立严格控制外　了细粒度的景观，对于大斑块的
来的负面效应，增加了迁移的效率；　来物种的缓冲区有利于更好的保　生态效应，包括人在内的复合栖
　　　　　　　　　　　　　　　　护原有生态系统；　　　　　　　息地物种，以及环境资源和条件
　　　　　　　　　　　　　　　　　　　　　　　　　　　　　　　的宽度和幅度，都是最适宜的

图 8-27　镶嵌体示意
（资料来源：参考书目 270，p42-46）

连通性。由廊道联系着的景观网络能够加强区域的生态功能，因
而规划师可以通过维持生态网络的连通性来推动或抑制穿过一个
土地镶嵌体的流动和迁移。

　　同时由于自然栖息地处于不断消逝和被孤立的困境之中，在
人类确认对其保护或影响的策略中，破碎发生的空间尺度是很重
要的。比如小尺度上破碎了的栖息地在较大尺度上被感知仍可能
是完整的。只有承认并强调不同尺度上的景观变化，规划师和设
计者才能最大化地保护生物多样性和自然过程（图 8-27）。

## 2．城市空间结构和形态生成的生态途径

按照景观生态学的理论，城市景观本身也是土地镶嵌体的一种，或是更大镶嵌体的一部分内容。我们可以理解为在城市内部，基质是城市的建设用地，城市中相对较大的绿地景观可以被识别为斑块，廊道可以区分为供人流、物流移动的交通走廊和通常与河流或绿地联系的生态走廊两种类型。而在更大的区域尺度上，城市本身成为一个大的斑块，与农田、水系、森林等其他生态要素共同构成更大范围内的镶嵌体。因而城市宏观结构与形态的生成不仅在城市内部的生态效应上有所反映，也促进了包含城市在内的整个区域生态系统形成和转变的过程。而显然，仅以"人类"为本的规划设计思路至今仍然较少地顾及到城市内外的生态过程，一方面对城市外围自然环境的破坏日益严重，同时也因为更大范围内生态环境的恶化使人类自身也尝到苦果。为了使城市扩展中人类的生产和生活尽可能较少地影响原有生物种群的生存和繁衍，并维持整体生态系统的较好运转，我们在进行规划决策时必须由外而内地注意城市空间结构和形态生成的生态途径。它是一整套建立在对现状生态系统调查和分析，以及在规划设计中充分考虑景观生态格局的复杂过程。

首先建立在对区域重要生态要素认知和调查的基础上，城市及其周边生态环境的现状得以确立，并可以据此判断出对整体生态过程影响较小的城市适宜用地范围。由于自然环境的生态要素都与其他任何一个要素相关联，其联系虽非显而易见，但却具有较大的相关性。因而在这一过程中摆脱传统规划的单一思维方式尤其重要。如在规划工作中，当洪水侵袭造成人们生命财产损失时，我们将其视为对人类安全的一种威胁，因而通常的做法是修建防洪堤坝，或按照洪水风险淹没线确定建设限制等。但是事实上防洪堤坝的逐年加高、受灾地区受灾程度的加剧都说明在洪水面前人类防守无力。若从生态的角度认识，洪水的发生是许多复杂因子，如降雨、河床、温度、植被等共同作用的结果，将河床和河岸人工化将进一步导致或加剧流域的整体生态失衡，引发更大的洪水灾害。同时洪水也有有益的一面（如形成肥沃的冲积土壤），已经得到生态学观点的肯定。因而更广泛的资料和信息收

集显得十分重要，其中因地制宜对各种生物物理过程的运作可能性进行分析也要求纳入规划的前期研究。

经过前期研究后确定的区域生态环境条件和适宜用地范围为城市空间的扩展既提出了限制条件，也创造了健康的良性发展基础。在生成城市空间结构和形态的研究过程中，景观生态的理想空间格局也可以为以城市可持续发展为目标的规划决策提供思路。在"基质—斑块—廊道"的基础模式上，"兼有分离的集聚"（Aggregiate-with-outliers）和生态不可替代格局（Indispensable pattern）是景观生态空间格局生成的理论依据（图 8-28）。它强调高效利用土地，尽量保持大型自然植被斑块的完整性，以充分发挥其生态功能，同时引导和设计自然环境以廊道或小型斑块的形式分散渗入人为活动控制的城市建成区和农耕地段，在城市环境与自然环境有机渗透的过程中实现生态保护，并通过确立景观的异质性来达到生物多样性和扩展视觉多样性的目的。当然，在大型自然斑块之间建立足够宽度和一定数目的廊道，特别重视具有关键生态作用和价值的景观地段，尽可能修复城市与自然环境之间的缓冲带等等也都是生态不可替代格局的重要内容（图 8-29）。

最后有必要再次讨论城市空间结构与形态和景观生态格局之间的关系。从学术上讨论，两者分属不同的领域，无论在研究目标、价值观，还是在实际操作中的优先考虑因素等方面都常常表现出各

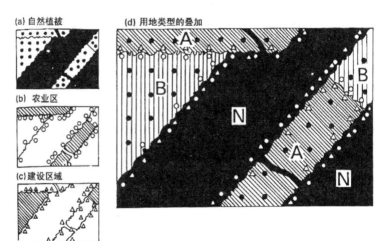

图 8-28 土地利用"兼有分离的集聚"的生态格局。建设区域和农业区中黑色圆点代表自然植被斑块（资料来源：根据参考书目 271，p437 改绘）

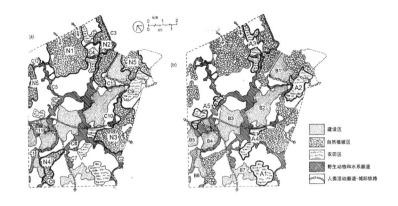

图 8-29 城市边缘地区
建设用地与其他斑块共同
构成的生态格局（以美国
康科德市为例）
（资料来源：参考书目
271，p465）

自不同立场和出发点，前者在"城市世界"中更多的以"人类"为本，而景观生态格局强调"自然世界"中环境要素和生态过程的保护，两者看似矛盾，并相互限制。在过去的研究思路和成果支持下，城市并未被纳入环境生态的整体系统中考虑，也没有建立真正基于相互间联系的生态概念，因而在过去很长一段时期内，生态规划难以给城市决策带来有效的引导。同时作为人类聚居地的城市一直在城市规划固有的思维模式下不断发展，其中虽然也包括以保护环境和满足游憩功能为目标的绿地规划，或防止城市进一步蔓延所进行的绿带建设，但是其出发点和研究方法与考虑环境效应的生态要求仍有显著的差异。这一局面在 20 世纪后半叶逐渐有所改善，这一方面缘于人类对自身生存环境认识的不断深入，城市扩展已经不能不考虑环境的承载力和反作用力；另一方面也基于景观生态学自身的发展，由于城市空间不断扩展的趋势使得自然环境无法排斥人类活动的各种影响，大量生态景观被破碎化，或进入人类活动的范围，因而城市和乡村也被纳入景观生态学的研究范畴，与其他自然环境一起成为土地镶嵌体。随着城市规划和景观生态规划研究对象的逐渐交叠，统一在可持续发展综合目标下的研究成果和操作方法将有益于促进城市和自然双方面的共同发展。表现在景观生态格局使城市空间结构的生成更具生态依据，帮助促进城市系统向良性健康方向发展（图 8-30）。而选择合理高效的城市空间扩展模式对区域整体生态系统而言也十分关键，通过城市空间结构的形成也可以帮助实现可持续的景观生态格局。

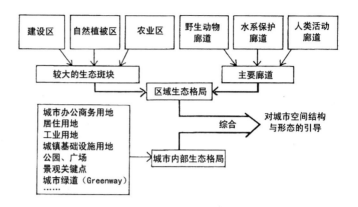

图 8-30　景观生态格局
对城市空间结构与形态的
引导
（资料来源：自绘）

## 8.3 基于城市居民行为需求的城市空间结构与形态生成要素

　　前面两节分别探讨了在城市自身发展需求和景观生态格局共同引导下如何促进可持续的城市空间结构和形态生成，包含由内而外，以及由外而内的双向思考过程，在这一过程中规划决策涉及的复杂问题被分解为单个的行动目标，其目的是能够把握影响城市空间结构和形态生成的关键要素，增强将这些要素纳入决策的现实可操作性。对城市居民行为需求的考量也是城市结构和形态由内部生成或演化的重要因素，与第一节主要将城市人作为群体来研究结构模式的出发点不同，本节主要从城市人个体角度出发探讨城市空间结构的形成如何促进城市居民生活质量，也即主体"紧凑度"的提高，与其他结构和形态生成要素一样，城市居民的行为需求与城市空间结构也有着相互作用的复杂关系。我国城市从计划经济的封闭结构向市场经济的开放结构转型时，给城市居民的社会生活行为带来很大的影响，原基本生活和生产能在同一地域范围内实现的单位大院模式已经逐渐瓦解，大部分城市居民必须在市场的作用下，寻求居住和就业点之间距离和成本的平衡。而城市居民的基本行为特征对城市空间结构的形成也起到显著的推动作用，在科学技术发达、出行模式多样的现代化城市里，45 分钟至 1 小时的时间距离仍然控制着大多数城市的形态，也可以被认为是城市自组织演化的基本规律 [1]。同时规划决策中对于城市功能的安排也在一定程度上考虑城市居民的行为需求。因而尽管我们已经习惯于从城市政治、经济等角度确定城市定位和发展方向，以城市规模等总体指标判定城市可能的空间结构与形态，但是城市承载居民生活及生产行为的基本职能仍然可以作为判断城市空间结构优劣的主要标准之一。而这一准则虽立足于以微观的视角看待城市的宏观结构，与其他关于功能、密度、生态等方面的观察角度有所不同，但由于研究的目标一致，即在可持续的结构基础上提高城市居民的生活质量，因而恰为传统自上而下规划思路的又一有益补充。

## 8.3.1 时间地理学中的城市居民基本行为需求

正如景观生态学的研究成果为区域及城市生态格局的形成提供依据一样，来自地理学界的时间地理学 [2] 方法为认识和解释城市居民的行为需求特征与提高城市居民生活质量的研究之间构架了一座桥梁。由于在研究中加入了时间与空间的相关性概念，并把对城市人的研究回归到对人本体的研究，因而在探讨如何在时空间结构上引导和满足人们行为需求，如何合理、公平配置公共设施等问题上发挥了积极的作用。

由哈格斯特朗提出的时间地理学重视人的基本属性（即存在人本身的制约和围绕人的外部客观条件）和时间及空间的关系，认为时间和空间都是实际存在的一种资源，人在一定时间和空间内的存在就意味着对这些资源的消耗。这一研究方法对"人"、"空间"和"时间"的基本设定是：①人是不可分割的；[3] ②人的一生是有限的；③一个人同时从事多种活动的能力是有限的；④所有活动都需要一定的时间；⑤空间内的移动要消耗时间；⑥空间的容纳能力有限；⑦地表空间是有限的；⑧现状必然受到过去状况的制约。

此外，从两个主要概念也可以体现出时间地理学研究的特点。其一是路径（Path）：研究认为每个人、每个家庭都是由某

1

美国学者屈菲尔有一个著名的"45 分钟定律"：城市的规模取决于人们在其中移动的难易程度，即多数人不愿花超过 45 分钟时间在一次出行交通上。该定律说明，城市规模和最快交通工具的速度成正比。

2

时间地理学是 20 世纪 60 年代后期由瑞典著名地理学家哈格斯特朗倡导，并由以他为核心的隆德学派（Lund School）发展而成的。哈格斯特朗因研究人口迁移和空间扩散等理论地理学问题而蜚声国际地理学界的，他把人口统计学中的生命线概念加上空间体系后，创造性地提出了生命路径的概念，成为后来时间地理学方法论的基础。详见柴彦威等. 中国城市的时空间结构 [M]. 北京：北京大学出版社，2002：9–11.

3

在传统的研究中，人的属性是可以被分离的，有时作为交通人口，有时作为迁居人口，或消费人口，多数情况是将这些人文现象进行汇总分析而很少以个人为单位研究他的整体行为。

一环境结构，或者说是由某一资源和活动的选择类型围绕的。由于这种在时空上的分布并不均匀的环境结构对于满足个人需求是必不可少的，因而与个人的生活质量密切相关。个人为谋生或满足获得信息、社会交往及娱乐等方面的需求，通常在个人路径中移动，该路径始于出发点，结束于终止点，由于个人不能在同一时间存在于两个空间中，所以路径往往是不间断的轨迹。它可以根据分析需要，通过改变时空间坐标，在空间尺度（国家、区域、城市等）、时间尺度（一生、年、周、日等）和对象尺度（个人、家庭、组织）上自由设定。其意义在于可以借此分析居民行为需求在时间和空间上的分配关系（图8-31）。

另一个重要概念是制约（Constraints）：时间地理学认为一个人为满足行为需要从一个驻所移动到另一驻所的过程将受到许多制约。其中部分是生理或自然形成的制约，另一些是由个人决策、公共政策及集体行为准则造成的。这些制约可以分为三类：能力制约、组合制约和权威制约。对于个人来说，通常只能部分地克服这些制约。能力制约指个人通过自身能力或使用工具能够进行的活动是有限制的，在特定时刻、特定地点存在的个人在一定时间内可能移动的空间范围称为可达范围，给这一范围加上时

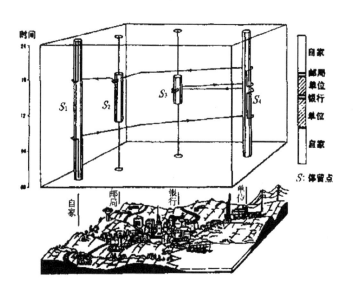

图 8-31 时空间坐标中的个人行为路径
（资料来源：参考书目 276，p12）

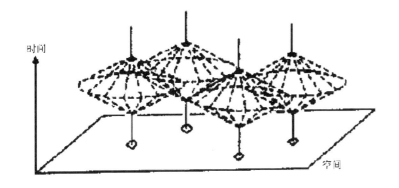

时间

空间

图 8-32　时空棱柱示意图
（资料来源：参考书目
276，p13）

间轴后，则移动的可能空间范围可以用时空棱柱（prism）来表
示（图 8-32）。组合制约是指个人或集体为了从事某项活动而必
须同其他的人或物的路径同时存在于同一场所的制约。它在很大
程度上决定了每天时空棱柱中的路径，决定了个人在何时、何地
必须要与其他个人、工具、设施相结合以便进行生产、消费及社
会交往。其中值得注意的是，许多组合都遵从确定的时间表，并
且各种组合之间都在相互作用，因此一旦个人选定了职业、居
住地点或工作地点后，其活动时间和活动范围就要受到一定的
限制。权威制约是指法律、习惯、社会规范等把人或物从特定
时间或特定空间中排除的制约。它来源于哈格斯特朗的"领地
（domain）"概念，即为了保护自然资源或分配社会资源，或使活
动组织更有效率而限制过多的人进入。领地小到房屋、大到国
家，呈现一定的等级。上述三种类型的制约常通过各种直接或间
接的方式相互作用。可以解释的现象是，高收入人群往往比低收
入人群占用的社会资源和可进入的领地多；许多人较少参加文化
休闲活动，并不是由于缺乏兴趣，而是受到居住、工作和文化活
动在时空间配置上的限制等。因此通过分析需求与制约的关系可
以在一定程度上了解城市居民行为需求的可实现度，并在制度建
设和规划决策中优先考虑有限的资源的公平配给（图 8-33）。

　　目前时间地理学已经在城市及区域规划、交通行为分析、福
利政策运用等方面取得了理论和实践上的诸多进展，其他学科也
对其研究和运用表示出极大的关注。在由柴彦威等编著的《中国
城市的时空结构》一书中对目前国际和国内的相关研究成果进

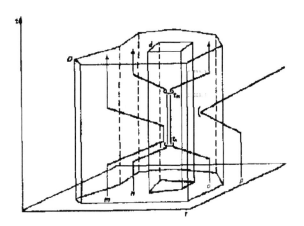

图 8-33 m，n，o，p
分别代表不同人的路径，
D 为较大的领地，d 为 D
领地范围之内较小的领地
（资料来源：参考书目
276，p15）

行了综述，同时作者也运用这一研究方法对我国深圳、大连、天津三个城市进行了时空间结构的实证研究，较为系统地勾画了我国城市居民的行为现状及其需求表现的特征，对本书基于居民行为需求的城市空间结构研究具有较大的启发作用。

## 8.3.2 我国城市居民行为需求的特征认知与分析

从时间地理学中对城市居民行为特征的研究成果来看，年龄、性别、收入、职业、家庭构成等个性因素，以及所在城市的自然、社会及政策状况都对居民的行为需求产生不同程度的影响和制约，但由于城市居民行为路径中的一些主要内容（如居住、就业、购物、休闲娱乐，以及居住点与就业点之间的通勤）大致相同，尤其在我国社会文化及制度政策的整合影响下，城市居民的一般行为特征和需求仍然可以被认知和分析，从而帮助我们找到如何通过城市空间结构的优化来提高居民生活质量的基本线索，并获得与促进城市内部空间结构生成的规模、功能和密度要素的良好契合关系。

在关于我国城市居民行为研究的时空间结构中，存在与城市空间结构运作效率相关联的几个关键特征，这些特征可以被概括为：

（1）居住地在城市居民的生活路径中处于核心地位，通常是日路径的起点和终点，而居住地也多以家庭为单位，家庭成员每日由同一个起点出发，经过不同的时空路径最终仍在居住地汇合，与城市居民生活相关的其他行为需求大多都是围绕居住地展开的，因而居住地与实现其他行为需求的驻点之间的可达性是判断城市居民生活质量的重要标准之一。

（2）在大多数家庭中，工作日比较有规律的出行需求包括就业、日常购物、孩子就学等。而与城市居民择居关系较大的便是居住地和就业点之间的距离和可达性，就业点是居民行为路径中的又一个主要驻点，在时间轴上"工作人"围绕就业点展开的生产行为通常占据较大比例，而居住地和就业点之间的通勤时间和通勤距离在行为路径上也表现地越来越显著，这表明一方面对城市居民而言，实现就业出行的需求时必须承担更多的时间和货币成本，另一方面长距离的通勤和高峰期内交通量的密集也给城市交通系统造成巨大压力，也产生大量交通和环境问题。这些现象与城市规模和空间结构不断演化的关系密切，在城市空间结构研究中加入对就业可达性的深入探讨将有助于改善居住和就业两个驻点之间连接的效率问题。

（3）除了与就业点的关系之外，与购物点、中小学校、休闲娱乐设施及其他社会服务设施之间的关系也影响着城市居民对生活质量的感知。其中购物可以被划分为满足日常生活需要为主和满足休闲消费需要为主的两种购物行为，而居民对前者与居住地的距离要求更高。此外，休闲娱乐设施的可达性将在未来成为影响市民生活的重要因素之一。得益于医学技术发展而导致人类寿命提高，以及工作时间的逐渐减少[1]，人们非工作的自由时间和退休时间也在慢慢增加。统计表明，工作如今只占一个成人工作寿命的 1/3，而一个人工作寿命又仅仅平均占一个人生命周期的 1/2。这样，人们现在大约可以拥有 20 年的退休生活，使得个人的时间更多地成为只须部分受雇的时间或退休时间，这一倾向在老龄化社会里更应该引起适当的关注。加上市民在非工作日的休闲娱乐需要，如何帮助市民合理安排非假期的自由时间和活动将成为城市决策者又一议题，如果仅仅借助电视来填补这一客观需求，将在很大程度上体现出城市空间在规划和设计上的缺陷（图 8-34）。

---

1
现今每周的工作时间已经降至100 年前（80 小时）的一半。

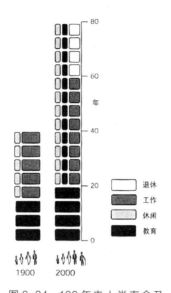

图 8-34　100 年来人类寿命及
时间分配的变化
（资料来源：参考书目 185，
p149）

在总结我国城市居民行为需求特征的过程中，笔者发现日路径中的时间分配关系对居民生活质量主观感知具有的较大影响力，尤其是在一天 24 小时内除去基本一定的吃饭、睡眠和休息时间后，其他时间分配的过程和质量被制约。在工作日中，工作时间成为支配性因素，这不仅表现在它占据了大部分时间资源，而且也对其他活动形成制约，其中日常通勤便与之直接相关，它所占用的时间和精力在"工作人"除去固定工作时间后的剩余时间和精力中占较大比例，这一现象尤其在大城市更为普遍，因而只有满足了工作日由工作和通勤造成的制约，其他的行为需求如日常购物及较短时间的休闲活动等才能在一定程度上得到实现。而在非工作日中，需要实现的行为需求包括家务、购物、休闲娱乐或加班工作中的某项或几项，根据柴彦威等学者对我国几个城市的调研结果显示，非工作日中人们的休闲娱乐时间占主要地位，证实了"闲暇是满足个人精神需要的活动"。[276] 并且对"非工作人"而言，较多闲暇时间中的休闲娱乐活动也是居民的基本行为需求。

### 8.3.3 基于城市居民行为需求的城市空间结构生成要素

既然剩余时间的行为分配和实现质量对城市居民感知生活质量较为重要，那么在工作日路径中尽量缩短剩余时间中通勤所占的比例，提高日常购物等其他行为需求的可达性将能够提高居民实现这些需求的满意度，同时增加各类型的休闲娱乐设施以满足最大范围，及最广泛年龄层次的需求也是在城市空间规划中必须予以考虑的重要内容，虽然在城市规划中，文化娱乐、绿地公园、文物古迹、广场等用地功能对这一内容都有所体现，但是如何在城市空间结构中将这些用地加以整合，形成可达性良好，适合不同时间和层次需求的场所体系尚待研究。为获得基于城市居民行为需求考虑的城市空间结构与形态，我们以居住驻点为中心，围绕居住驻点和就业驻点的关系，与购物驻点的关系和与休闲娱乐驻点的关系来进行讨论，而"可达性"是其中的关键概念。与只注重两点之间存在必要联系的理解不同，可达性关注两点之间的时空距离和交通易达程度。物理可达性通常为理论上关于距离的计算数值，而实际可达性还必须由交通方式和交通时间共同表征。

居住驻点与就业驻点

这两者的关系一直是规划决策思量的重点。自单位制被市场经济打破后，随着城市交通机动性的显著增强和城市规模的扩展，过去占很大比例的零距离或较短距离的通勤已经较难实现。尤其对在大城市及特大城市中生活的居民来说，工作日的较长通勤时间成为生活必须接受的一部分内容，而对城市的运作而言，因通勤数量和通勤距离增加造成的交通和环境问题已经成为困扰这些城市的主要难题之一。针对这些问题，城市规划也提出了许多相关的解决措施，包括提倡居住与就业功能混合、提高城市机动性和公共交通可达性等。

在此笔者希望能够转换一下思考的角度，尝试从居民就业出行的需求特征入手探讨城市空间结构中居住驻点与就业驻点之间的关系。问题的切入点有二：①以家庭为单位选择居住点时，通常考虑一个家庭有两个"工作人"。这一认识在目前实践居住与就业混合这一规划举措时必须得到重视，因为希望居住与就业能够就地平衡的设想建立在一个家庭中两个"工作人"都能够实现就近工作，并且迁居与变换工作岗位的过程同时进行的基础之上，而事实上这两个前提都很难满足，因而就业点过于分散的结果往往不能减少城市的整体通勤量，反而可能导致通勤需求在空

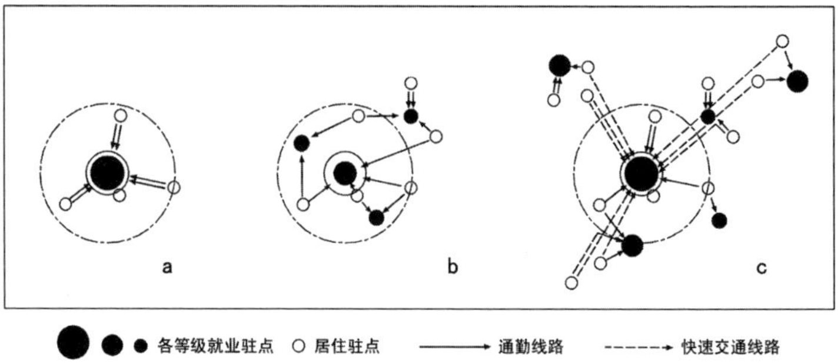

图 8-35  各类型城市中居住驻点与就业驻点之间的关系模式图，其中每个家庭有两个"工作人"（资料来源：自绘）

● ● ● 各等级就业驻点　　○ 居住驻点　　——→ 通勤线路　　-----→ 快速交通线路

间分布上的无序。②通勤问题一般在大城市比较突出，而在中小城市矛盾较少，这是由城市规模对通勤距离的影响决定的。因而下文将针对大城市中城市居民的就业出行需求，就如何选择合适的空间扩展模式和就业驻点的配置关系来缓解通勤压力，或者有效引导通勤需求进行探讨。

图 8-35 基本示意了不同规模的城市中就业与居住驻点之间的相应关系[1]，（a）和（b）是在城市规模较小的情况下可能采取的两种就业点配置模式。（a）就业点集中，通勤线路明确；（b）中就业点相对分散，在"退二进三"的政策引导下城市开始向这一模式转变，通勤方向由此增加，对于中小城市而言，由于总的通勤距离不长，也能部分实现就近就业，因而不会造成较为严重的交通困扰。而如果将这一模式用于大城市或特大城市，情况可能不容乐观，因为长距离的无序交通首先会使城市的交通难以组织和管理，其次影响城市居民的迁居选择。因而笔者认为在大城市，尤其是特大城市交通可达性最好的区域培育集中的、较大的就业市场是很有必要的，同时在快速交通的沿线安排次一级的就业驻点，并分别围绕各级就业驻点建设居住区的做法存在一定的优势，即如果城市中最大的就业驻点可以满足大部分家庭中至少一员的就业需求，那么根据另一位家庭成员的就业驻点进行择居就基本能保证双方的就业可达性。当然，实现这一理想模型有几个基本前提，即城市中心形成与规模相适应的、集中的就业驻点；通过居民的择居行为能够部分实现就业和居住平衡；必须有大运量的快速公共交通为支撑。尽管这一把交通向城市中心引导

1
示意图中模拟大多数城市围绕单中心核发展的情况，如果城市本身具有双核，或当城市发展到更大规模形成反磁力中心后，情况将有所不同。

的做法容易让人产生对交通和环境问题的进一步担忧，但是通过有效引导通勤的方向和方式，使之趋于有序，反而将有利于大城市快速公共交通的规划和管理，相信对减少小汽车出行、缓解在无序状态下的交通混乱将有所裨益，同时它也是从提高城市居民就业可达性的角度探讨城市空间结构的一次尝试。

居住驻点与商业驻点

购物行为被分为日常购物与休闲购物，因而对时空间的要求有所不同。日常购物需要在居住点附近解决，而休闲购物的地点通常可以与城市各级中心重合。因而居住与零售业的适当混合是必要的，有利于提高市民生活的便捷度。在这一点上不同区位的居住驻点面临不同的情况，相比而言，位于城市中心的居住点可以利用周围的各种设施，便捷度较高；而位于城市郊区、边缘区或新城的居住区在日常购物的便捷度上有所降低，必须根据需要配置一定数量的商业设施。尽管大型商业设施目前有向郊区化发展的趋势，但由于我国郊区化与发达国家富裕阶层郊区化的对象不同，照搬国外边缘城市中汽车导向型的商业模式并不能解决城市中大多数郊区居民的日常购物需要。因而如果在居住—就业关系模式中加入商业设施，则需考虑将其设置在快速公共交通的节点上，因为在工作日的日常购物中，在就业和居住驻点的行为路径之间实现这一需求将是最为省时省力的。而发生在非工作日的休闲购物则有可能将范围扩大到城市中心和各个城市节点上。图 8-36 大致表示了城市

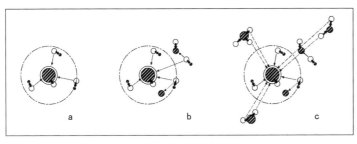

图 8-36　各类型城市中居住驻点与商业驻点之间的关系模式图（图中箭头粗细表示不同使用频率）（资料来源：自绘）

各等级商业驻点　○居住驻点　距离远，频率低的到达线路　------快速交通线路

距离近，频率高的到达线路

居民日常购物和休闲购物的出行频率，其中日常购物的方便程度对城市居民生活质量的感知影响较大。

### 居住驻点与休闲驻点

由于城市居民对城市空间休闲娱乐的功能提出了越来越高的要求，因而根据不同人群的客观需要，安排休闲娱乐设施在现阶段的城市建设中显得十分迫切。首先我们通过总结发现，休闲娱乐的行为需求对"工作人"而言多发生在非工作日或工作日的剩余时间内；对退休老人而言，则需求的时间段更多，包括晨练、散步、外出聚会等，但就地域范围而言，老人的行为路径一般在居住点附近展开，而工作人在工作日的休闲娱乐活动较少，如果有，基本上围绕居住地或就业点，或停留在两者之间的某个驻点。而在非工作日，以家庭为单位休闲娱乐的活动范围可以比较大，其中对于女性来讲，购物也是休闲娱乐的一种方式。

因此根据这些需求特征，笔者绘制了城市中居住驻点与休闲驻点的关系模式图，从（a）到（c）分别表示城市空间不断扩展过程中对城市文化休闲驻点和自然休闲驻点的使用情况。其中居住区周围的休闲娱乐设施通常是方便老年人和工作人日常休闲活动的，包括社区广场、活动中心及小型游园等；而在生态规划的帮助下充分发挥自然生态景观的游憩功能，加强城市各级休闲娱乐设施的吸纳力将有助于满足城市居民在非工作日的休闲出行需求。

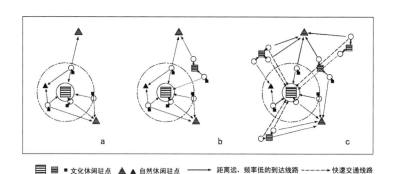

图 8-37 各类型城市中居住驻点与休闲驻点之间的关系模式图（图中箭头粗细表示不同使用频率）（资料来源：自绘）

# 8.4 城市空间结构与形态生成的"紧凑"途径

综上，在城市空间扩展中追求结构优化和形态完善的"紧凑"宏观策略关注三个方面的生成要素，即城市自身发展需求、区域生态可持续以及城市居民时空间的行为需求，前面两方面内容帮助实现城市空间扩展的可持续目标，而后者的研究视角为如何通过结构的优化来提高城市居民生活质量。在实践操作中，这三个方面的生成要素也恰是进行城市空间结构和形态决策时须全面考虑的几个重要内容。对针对同一城市地域的研究而言，来自两个相互促进目标的研究内容也应该是相互交叠并共同促进的。在上文的研究过程中，尽管笔者并没有刻意提起本文的关键词，但是无论从城市空间结构与形态生成要素的哪一个方面认识，在我国目前城市发展的现实背景下，"紧凑"都是实现可持续目标的一种内在需求。

在本书第 1 章对"紧凑"进行释义的过程中，我们已经能从其概念的基本点——以较少的土地提供更多城市空间，并承载更多高质量的生活内容中认识到"紧凑"是一个相对的概念，必须将其视为一个过程而非终极状态来看待。因而在探讨如何生成较为"紧凑"的城市空间结构与形态时，我们的研究目标并非指向一个适用于任何城市的具体的空间结构与形态，也没有将重点放在各种结构类型，如单中心圈层结构、带状结构、指状发展、卫星城模式或多核网络结构等不同模式之间的比较，其原因在于真正落实到实践中去的结构模式探讨必须考虑到城市目前已经存在的现状结构、扩展条件及对未来发展的不同预期，国内外为人们广泛引荐的经典案例事实上也是以不同结构模式应对不同城市发展条件的结果；同时由于城市的发展是一个不断演化的动态过程，对特定城市的某一特定发展阶段而言，可能存在一个或几个较为合理的结构与形态模式，但是随着城市规模的增长或发展速度的变化，城市的结构与形态也必须进行适应性的调整，因而宏观"紧凑"策略的研究并非有关结构模式优劣的讨论，而是将实现"紧凑"的城市空间结构与形态的要求，及其实现途径分解为可操作原则和行为步骤的过程。

其中，为获得"紧凑"的城市空间结构与形态，以城市可持续发展和提高居民生活质量为目标的可操作原则可以被分解为适应性原则、生态性原则、可达性原则和密度的合理分配原则，这些原则体现了在决策过程中对结构和形态各方面生成要素的综合考量：

（1）适应性原则："紧凑"策略不主张限制城市的扩展，但强调对城市的必要增长进行有效引导，体现在城市空间扩展过程中的结构选择需充分考虑对城市规模生长与功能需求的适应性。这种适应性可以促使决策者关注城市系统的复杂性以及发展条件和机遇的特异性，从而持续对城市不断演化的过程做出回应。

（2）生态性原则："紧凑"策略强调城市空间的扩展必须将对自然环境生存状态的干扰减少到最低限度，要求在决策过程中将"环境生命体"纳入城市空间扩展的相关利益主体研究，以城市空间结构形成或调整的过程为契机重塑区域以及城市内部的景观生态格局。

（3）可达性原则："紧凑"策略希望通过城市结构研究中对功能布局和交通组织合理关系的追求提高城市各类生产和生活设施之间的可达性，这一原则一方面考虑到了城市居民行为需求的特征，将对居民生活质量的提高有所帮助，另一方面也对城市整体运作效率的改善提出了要求。

（4）密度的合理配置原则："紧凑"策略中关于城市密度配置的思考是研究的重点。在我国目前的城市发展背景下，限制城市密度的做法无益于城市整体承载力和运转效率的提高是研究的基本认识，因此紧凑策略建议在可能的地区适当提高城市密度，在生态敏感地带和城市其他特殊风貌地段严格限制城市密度，通过规划和市场的双重作用完善城市中心、郊区、新城区的密度分配机制。

基于促进城市可持续发展和提高城市居民生活质量的双重目标，上述四个原则对城市空间结构和形态的生成提出了较高的要求，使规划决策的过程本身成为涵盖了多重内容的复杂体系，然而在明确了这些原则于实践操作中的行为步骤后，笔者认为对空间结构和形态的生成进行多方面引导反而有利于思路的澄清，因为决策者在决策过程中考虑的相关条件越多、越全面，城市今后向共同目标良性发展的可能性和机会也就越大。

在实践操作中，对更为"紧凑"的城市宏观结构与形态进行决策的行为步骤可以被描述为"调查与梳理—分析与整合—模拟与决策—反馈与调整"。首先调查城市现状特征（人口、产业规模，结构模式，密度分布等）、发展背景及条件（城市定位、规模增长预期、重大特殊事件等）、区域及城市的自然生存环境（景观破碎化状况，大的自然斑块和廊道位置及现状，当地动植物生存链等），以及城市居民的行为需求特征（日行为路径、平均通勤时间与距离、工作日和非工作日的行为特征、老年人的出行需求等），并对收集到的数据和信息进行细致的梳理，其中有可能产生矛盾和冲突的发展条件须尽早得到关注；在此基础上的"分析和整合"步骤便是基于四个基本操作原则，将来自城市内外的双重要求叠加在城市现状结构基础上，进而获得若干可能的结构模式以应对城市发展不确定性的过程。在这一过程中，"紧凑"策略强调对区域景观生态格局的优先考虑，因其不仅关系到城市扩展适宜用地的选择，还将对城市发展和区域环境共同的可持续性产生深远影响。同时，由于在规划决策中难以精确预测若干年后的城市规模和发展前景，常使据此确定的增长模式在实践操作中缺少弹性，因而第三步的多场景模拟就显得十分必要，其场景可以通过在一定的时间段内设定不同的城市发展速度来模拟（在同一发展速度前提下也可能产生多种结构模式），也可以为城市空间结构的生长设定不同的发展阶段，前者适合于目前的城市规划体系，而后者较具灵活性，其思路是基本保证城市空间扩展的每个阶段发展都有利于最终目标的实现。当然，规划的决策便基于对场景模拟方案的综合评价，在场景模拟加入密度要素之后，评价的原则依然是对于城市空间结构适应性、生态型和可达性的判断。最后，"紧凑"策略经由时间验证的过程也是对城市空间扩展时时监控，并不断"反馈和调整"的过程，这是"降

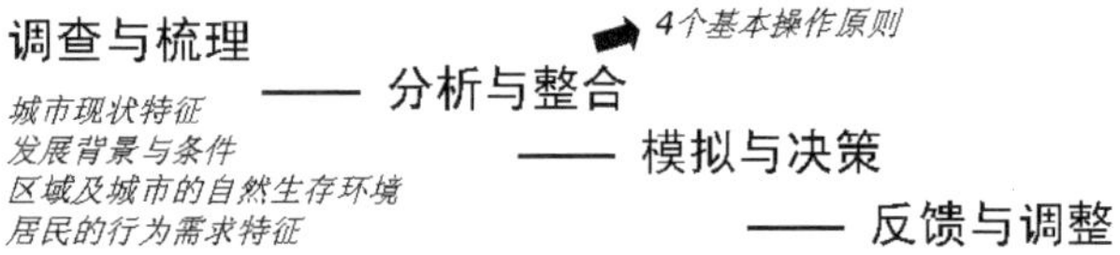

图 8-38 对城市宏观结构与形态进行决策的行为步骤

（资料来源：自绘）

调查与梳理 ── 分析与整合 ── 模拟与决策 ── 反馈与调整

*4个基本操作原则*

*城市现状特征*
*发展背景与条件*
*区域及城市的自然生存环境*
*居民的行为需求特征*

低城市规划制约城市发展所带来的社会经济成本的有效手段之一"[137]，同时，为使反馈与调整的过程能够切实有效地作用于当时的发展现状，在上一个"决策"步骤中对各种发展可能性的认识和在多种可能性之间转换的预先设想，将有助于规划工作者较为从容地应对城市发展的实际情况，实现规划过程与城市空间扩展进程的良性互动（图 8-38）。

## 8.5 小结

本章探讨"紧凑"的宏观策略，其背景是城市化和现代化对我国城市承载力提出新的要求，区域和城市的生态环境受到较为严重的破坏，以及城市居民对生活质量提高的迫切愿望，文中以城市自身发展需求、生态可持续和城市居民的行为需求特征为切入点，对促进城市可持续发展和提高居民生活质量的城市空间结构与形态进行了广泛讨论，由于这一研究内容直指"紧凑"策略实施的两个目标，是城市能够高效可持续运转的前提，因而也是"紧凑"策略的关键内容。

为使规划决策符合具有特异性的城市发展背景和条件，帮助应对城市发展过程中的不确定因素，"紧凑"的宏观策略将其对城市空间结构与形态的要求，及其实现途径分解为可操作原则和行为步骤，强调其适应性和操作中的弹性。由此可见，"紧凑"策略的研究和实施将伴随城市发展，始终处于动态演化过程中，在经由时间和成效不断验证与反馈后，这些构建于可持续的目标价值体系下的研究成果，将对城市空间高效、生态和高质量地扩展有所促进。

# 9 "紧凑"的规划设计策略二：城市交通协同土地利用

"紧凑"策略关注的第二个问题是城市交通与城市土地利用的关系，这一环节的处理有助于城市主体和客体两方面"紧凑度"的提高。由于城市交通系统与在一定程度上表征社会经济状况的城市土地利用之间存在正反馈机制，因而建立在城市交通供需关系认识上的城市发展策略研究，将有助于从城市交通与土地利用协同作用的角度重识解决城市交通和环境问题的症结，并再次明确规划策略对促进城市可持续发展的意义。同时，对城市交通与土地利用关系的研究贯穿大至区域与城市的宏观结构，小至社区微观环境等各个规划设计阶段的始终，在紧凑的宏观和微观策略中起到承上启下的重要作用。

此外，对我国城市交通运作系统的研究与西方发达国家的研究背景存在几个方面的显著差异：其一，我国规划策略的研究必须建立在城市较高密度的环境背景之中，这一前提对城市主导交通方式的选择至关重要；其二，城市发展的社会文化条件也是求解交通供需系统与土地利用协同发展模式的必要考虑因素；最后，在我国目前城市高速发展阶段中对交通供需矛盾将长期存在的认识也有助于研究者以更长远的目标看待我国的交通和环境问题，谋求契合城市空间可持续扩展方式的交通策略。

## 9.1 与我国城市空间可持续扩展相适应的交通模式选择

通常含义的交通是指"人员和物资按照一定的方式，在一定的设施条件下完成的空间移动。"[280] 城市交通则将这些移动限定于城市内部或城市之间，涉及了在这一地域范围内"人"、

"车"、"路"三大要素的连接关系和连接方式。有关城市交通系统的研究已经引起了交通工程、城市规划和社会地理等诸多领域专家学者的广泛关注，并获得了大量的理论与实践成果。特别是近些年来，随着城市交通及与之相伴的环境和社会问题的不断显现，如何突破城市空间扩展中的交通瓶颈成为我国许多城市，尤其是大城市面临的首要难题。本节以探寻与我国城市空间扩展特征相适应的交通模式为线索，尝试在城市宏观结构及形态的落实与我国城市机动化背景下的交通系统建设之间建立起研究的桥梁。

## 9.1.1 不同交通模式的特征概述

交通方面的技术创新是科技应用的一个重要领域，其中最突出的是对于速度和运载量的追求。不同城市在特定发展时期所选择的交通模式在很大程度上是交通技术进步程度的反映，也直接说明了不同交通工具在城市居民生产和生活过程中的使用组合。在经历了几个阶段的演进之后，现代城市的交通模式逐渐形成，并仍在不断的创新与演化过程中。

### 1. 交通模式演进的几个阶段

世界范围内的交通模式演进大致经历了步行－马车时代（1825年之前）、轨道交通时代（1825～1930年）和小汽车及综合交通时代（1930年之后）这几个阶段，伴随着交通技术的突破，城市的交通模式在各个时期不断更迭，也直接导致了城市形态的演变。

步行－马车时代

这一时期城市内部的交通模式基本上由步行、驴马、轮车这些交通工具实现，而城市之间的人员和货物运输大多依靠水路联系。在马车的行使需要下，道路交通构成了城市交通系统得主要方面。但总的说来，当时交通工具的速度和运量都不高，道路建设的数量和质量也处于一种较低的水平，受交通工具运输特性的限制，城市被限定在步行 45 分钟的范围内（4~6 公里），呈现出高密度聚集的形态。[1]

### 轨道交通时代

从工业革命开始，一些先进的交通工具，例如火车、地铁、电车等，逐渐代替了人力和骡马，成为城市交通模式中的主要交通工具。其中铁路交通对于近代城市形态的影响最为明显，在 1825 年英国建设了世界上第一条铁路之后，其他国家也陆续开展了轨道交通建设，铁路站点也成为早期工业城市发展的中心。20 世纪 60 年代以后，人们逐渐认识到火车在解决郊区通勤方面的可能性。过去只有上流社会才能享受的郊区生活，逐渐变得平民化，城市向郊区发展的趋势也开始显现。同时，公共交通在这一时期也有了飞速的发展，西方一些城市在当时所奠定的公共交通网，至今仍然发挥着重要的作用，城市沿着电车线路也呈现出星形的布局形态。

### 小汽车和综合交通时代

早在 1769 年，法国人便发明了第一辆近代汽车，最初推广缓慢，直到 20 世纪才在发达国家得到广泛接受，但在二战以前，小汽车对城市形态的影响远小于火车和电车这些公共交通工具。在真正的小汽车时代到来以后，一方面，以轨道交通、公共汽车等公共交通工具所组成的城市公共交通系统，使得城市的集聚更加容易，中心区所覆盖的面积越来越大；另一方面，小汽车为代表的私人交通工具进一步增强了城市扩散的能力，使得城市从单中心同心圆结构向着分散结构发展。[2]

在这一阶段，北美和欧洲城市在交通模式的选择上出现分异，北美城市大力提倡小汽车的使用，拆除了城市原有的有轨电车系统，而欧洲城市中的公共交通系统得以保存并作为城市交通的重要方式。但随着小汽车普及带来的个人机动化水平的提高，战后许多发达国家的城市形态发生了激烈的变化。城市内外与城市之间的联系需求也不断增加，发达国家战后开展了大规模的高

1
特别指出的是，公共交通服务最早出现于 1819 年，当时巴黎街头第一次出现了多人同乘的公共马车（omnibus），成为了近代公共交通的开端。但是公共马车对于城市形态的影响比较有限，它并没有改变城市的结构，只是略微的扩大了城市建成区的范围。Southworth, Michael & Ben-Joseph, Eran. Streets and the Shaping of Towns and Cities. McGraw-Hill, 1997:11.

2
城市规划师阿瑟·加林（Arthur B. Gallion）和西蒙·艾斯勒（Simon Eisner）认为，马车时代城市半径仅 2~2.5 英里（3.2~4 公里）；轨道交通时代这一半径扩大到 5 英里（9 公里）；而小汽车的使用，则使得城市半径扩大到了 15 英里（27 公里）。

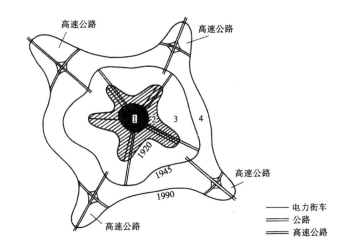

图 9-1　城市交通模式演变与城市形态
（资料来源：参考书目 124, p102）

速公路建设。居民和就业岗位的"郊区化"趋势继续加强，卫星城、新城不断出现。

我国城市交通模式的演进也经历了由非机动车时代逐渐向机动车时代转变的过程，但在时间上与发达国家相比有所滞后。中华人民共和国成立以后，我国城市交通系统长期建立在以公共交通、非机动车交通（主要为自行车）和步行交通为主要交通方式的模式基础之上，直到 20 世纪末小汽车的保有量才呈现大幅增长的趋势。但这一趋势一旦形成，对城市原有结构与形态已经产生深远的影响。

## 2. 现代城市交通工具的运输特性比较

要了解交通模式的整体运行效能，首先必须对除步行之外的现代城市交通工具的运输特性进行认知。表 9-1 中进行城市客运交通工具的运输特性与运输效率的比较：

城市客运交通工具运输特性比较　　　　　　表 9-1

|  | 运量（人 / 小时） | 运输速度（公里 / 小时） | 占用道路面积（平方米 / 人） | 适用范围 | 特点 |
|---|---|---|---|---|---|
| 自行车 | 2000 | 10～15 | 6～10 | 短途 | 成本低、无污染、灵活 |
| 小汽车 | 3000 | 20～50 | 10～20 | 较广泛 | 投入大、消耗多、污染重 |

| | 运量<br>（人/小时） | 运输速度<br>（公里/小时） | 占用道路面积<br>（平方米/人） | 适用<br>范围 | 特点 |
|---|---|---|---|---|---|
| 常规<br>公交 | 6000—9000 | 20~50 | 1~2 | 中距离 | 成本低、人均消<br>耗和污染小、 |
| 轻轨 | 1万~3万 | 25~40 | 高架轨道：0.25<br>专用道：0.5 | 中长<br>距离 | 建设、运营成本<br>高，能耗和污染<br>小，运输效率高 |
| 地铁 | >3万 | 30~40 | 不占用地面积 | 长距离 | 建设、运营成本<br>高，能耗和污染<br>小，运输效率高 |

（资料来源：参考书目294，p33）

其中自行车、小汽车可以被归为私人交通工具，而常规公交系统和城市轨道交通系统可归作公共交通工具，我们可以分别从出行线路与时间效率、运输成本和外部成本的角度进一步比较这两类交通工具的异同，它们之间的差异决定了对所服务地区物质形态特征的不同需求。

### 出行线路与时间效率

在出行线路组织上，公共交通工具采用的是固定路线运输方式，而私人交通工具则为门到门运输，这是造成两者在时间效率和舒适性上出现差异的主要原因。固定线路运输方式的优点是对交通工具、道路和停车设施的利用率较高，但同时大量的乘客可能需要接受排队等待、坐少立多、站站都停、线路中转等等不便之处，所以常规公共交通普遍存在时间效率较低、舒适性较差的缺点。即使是快速轨道交通，尽管时间效率较高，但依然存在固定线路运输方式的一些弱点。再加上线路选择的局限性，可能会导致人们选择更为灵活的私人交通工具。相比之下，小汽车出行具有灵活、快速、高效和舒适的优势，如果不考虑道路拥挤的因素，这种交通方式比固定线路的交通工具的时间效率要高。而自行车交通也属于门对门运输，在短途出行中具有较大优势，但也受到出行距离、道路交通状况和气候条件的限制。

运输成本与外部成本

交通工具的运输成本主要是指能源耗费、人工成本、车辆购置、车辆运营，以及交通固定设施成本分担等内容构成。其中交通固定设施建设和维护的成本所占比重较大，由于大部分属于政府工程，因而在个人交通工具的选择上往往被人们所忽视，但是基础设施建设费用作为城市财政支出的重要组成部分，如何在投入成本和经济社会收益之间取得较好的平衡也是规划决策必须认真关注的内容之一。相比之下，由于公共交通的运输承载量大，其人均的运输成本显然低于必须为其提供大量道路和停车设施的小汽车交通。此外，对交通工具的运输特性进行分析的时候，还必须考虑到交通工具保有和运营过程中，对环境和社会造成的影响，即交通工具的外部成本。一般来说外部成本的类型可以分为交通事故、噪声污染、空气污染、气候影响等。从理论上来说，仍能够得出公共交通人均分担的外部成本远低于私人交通工具的结论。

在进行成本比较的过程中，我们似乎也能找到城市交通问题难以解决的经济学根源。我们一般认为交通供需矛盾直接导致城市交通环境日益恶化，但是以经济学的语言来解释，则是因为价值规律在城市交通领域淡化，供需之间无法严格按照价值理论运行造成的。对于每一个道路使用者而言，选择交通工具出行时考虑较多的个人边际费用，较少考虑由于加剧了道路拥挤、使用能源和排放污染而强加于他人的额外成本，同时城市道路和其他辅助设施的建设基本上由政府实现，属于公共产品，其成本也在个人计算交通工具时的投入成本之外，因而，只要个人收益大于个人成本，交通需求就会日益增长，机动车持续增加的现实便难以改变。

## 9.1.2 从"机动性"到"可达性"

因而对刚刚进入机动化进程的我国城市而言，在建立城市整体交通系统和进行交通管理时首先必须树立基本的价值理念：即平等满足城市居民生产和生活的出行需求，使之公平享有使用城市公共资源的权力，并要求将外部成本纳入交通系统建设与维护过程之中。

这也带来了对城市交通系统追求目标从增加"机动性（mobility）"至提高"可达性（accessibility）"的转变。在交通技术日益发达的现代社会，城市机动化的进程正在不断加快，"机动性"已经成为现代城市交通的基本特性。作为衡量交通运输系统总产出水平的一个宏观概念，它总是伴随城市交通技术发展而不断提高，而在过去很长一段时间里促进交通技术不断革新的根本目的也是增加城市交通的"机动性"。与这一过程相伴随的是人们出行和商品流通范围的不断扩展，城市得以突破原有边界延伸至更广阔的地域，也使城市的吸引力和服务能力大大增强。但是尽管城市"机动性"的提高为城市空间扩展和城市集聚人口的能力创造了必不可少的飞跃条件，城市交通问题却也因为对"机动性"的单一追求而陷入经济、社会、环境的多重困境。其中较为直接的原因是为满足代表最先进交通技术，并能为城市带来更大"机动性"的交通工具的应用，城市道路基础设施的布局和建设一般总向着最有利于这一目标实现的方向发展。由于缺乏对交通设施成本和外部成本的综合考虑，许多城市的交通状况陷入了投入增加、拥堵更甚、污染加剧的怪圈，城市居民在享受城市机动化成果的同时，也不得不成为城市交通出行距离增长、通勤时间加长、生活便捷度降低等不堪后果的承担者。

交通问题在内容上的不断累积和在程度上的加剧促使专家学者们逐渐开始反思什么才是交通最重要的特性，于是有了"可达性"的概念。许多西方国家认识到只有在观念上实现从追求城市的"机动性"向提高城市"可达性"转变，才能更好地处理城市交通问题。芒福德早在《公路与城市》一书中便富有创见地性地指出："交通系统的意义，不在于满足更多的小汽车的需求，使驾车者出行距离更远、能去的地方更多，出行速度更快……而在于将人与物带到他（它）们最该去的地方。"[284] 因而相比"机动性"的宏观描述，可达性概念更多从城市居民日常出行距离和时间、交通工具的可选择性和交通设施完善度等几个方面对城市交通系统进行全面评测。这两个交通性能指标之间存在显著的相关性，但却代表两种不同的设计出发点，也极有可能促成不同的城市结构与形态。对城市空间可持续扩展和提高城市居民生活质量这两大目标而言，追求城市交通系统的高"可达性"才是保障城市高效、公平运作的前提，也为实现可持续的城市交通系统引领着理论研究与实践操作的方向。

其中可以明确的是，首先，城市机动性的提高将在很大程度上提高区域范围及部分群体的可达性，这体现在因交通速度提升而使人们在相同出行距离上所花费的时间减少。1951年，美国规划官员协会（ASPO）提出了"等时间线"的概念，认为城市居民最为关心的不是居住点与就业点之间的距离，而是他们实现这段距离所花的时间。同样如果以时间为单位，可以得到时间—距离关系图，它比普通的空间地图更能确切表达出人们对于距离的感知和旅程的感受。图9-2便是欧洲的时间—距离地图，它表达的是随着欧洲高速轨道交通的发展，人们能够以较少的交通时间完成原来相同的出行距离，从而产生空间距离缩短的感受。

其次"机动性"对于"可达性"的实现而言，可谓是双刃剑。它一方面可以使人们到达相同距离的时间缩短，但另一方面却也直接导致满足居民日常生产和生活的功能趋于分散，速度加快和距离增加之间潜在的影响关系往往使城市居民实现某项城市功能

图9-2　欧洲的时间—距离地图（左图是一张欧洲的普通地图；中间为现在欧洲的高速列车开始投入运行后的时间 - 空间地图；右图是未来欧洲高速列车完成所有线路建设后的时间 - 空间地图。这三张地图反映了速度能够改变了人们对于空间距离的感受）
（资料来源：参考书目294，p27）

的时间不减反增，这一现象在以小汽车为主的机动化进程中尤其明显，因而必须慎重对待因城市机动性提高致使城市空间加速扩展后对城市交通"可达性"的影响。

同时，"可达性"也是在市场经济条件下与城市空间结构和由此决定的土地价值比较契合的交通概念。根据经济学原理，各个地区可达性的差异在城市运作过程中很有可能会转换为土地价值的差异，从而使城市中的用地布局呈现出一定的规律。其原因为在城市自组织发展过程中，城市人口及产业一般有向"可达性"较高的地区集聚的趋势，这是影响城市空间结构和不同地区开发强度的重要因素。

## 9.1.3 公共交通优先是我国城市机动化进程的必然选择

我国大部分城市人多地少、资源紧张的现实条件一直是影响城市发展策略的重要因素之一，而在城市结构与形态中起到骨架作用的城市交通系统建设也必须以城市的整体发展条件为背景，按照对现代城市交通工具运输特性及人均综合成本的比较，公共交通优先发展是我国城市机动化进程的必然选择已经不难理解。

同时，提高交通可达性的目标也直指公共交通优先的城市发展策略。我国城市的机动化进程有两点与发达国家城市的机动化背景存在明显差异：首先我们大部分城市人口基数大，如果沿着通过普及小汽车来实现城市居民的可达性需求的道路发展，那么无论是对城市的道路基础设施、城市财政，还是对城市及区域的空气质量而言，都难堪重负，优先发展能够惠及大多数城市居民的大运量机动交通工具是我国城市交通系统的现实选择。

其次，我国城市的机动化进程比发达国家基本实现机动化的时间晚几十年，各个国家选择不同交通策略后的发展现状完整地展现在我们面前，其中大量的成功案例和经验教训都真实地为我们探寻适合我国国情的交通策略提供了思路。美国和欧洲国家在 21 世纪中叶对待公共交通的态度很大程度上决定了城市的发展模式，在现阶段已经能够就城市的可持续性进行较为明确的比较，尽管美国目前推行的"精明增长"和欧盟国家的"紧凑城市"策略都十分推崇对公共交通工具的回归，但是从实践成效来看，由于美国城市在实现机动化的过程中已经形成过于依赖小汽车的结构和形态模式，重建的公共交通系统难以满足大部分居民出行的可达性要求，因而目前试图扭转城市居民出行方式的许多努力收效并不明显。而欧洲国家的情况则要好很多，在发达的公共交通体系支持下，通过各方面的交通管理手段倡导城市居民公交出行便具有较大的可行性。

由此可以看出，在我国城市机动化的初级阶段，将对公共交通的优先发展作为城市交通策略影响城市发展策略的契合点必须成为公平提高我国城市居民出行"可达性"，并促进城市可持续发展的基本思路。其中针对各个城市的发展情况，对城市机动交通工具（常规公交、轻轨、地铁、出租汽车、小汽车等）构成比例展开研究将是对城市未来发展大有裨益的重要工作。

在明确公共交通优先的交通发展策略后，我们仍需要对我国目前小汽车普及率迅速提高这一客观现象进行解读。自 1992 年以来，我国汽车业以年均超过 17% 的速度发展，2007 年汽车产销量已突破 850 万辆关口，按这种速度发展下去，预计最迟在2015 年，中国汽车年产销量将达到 1500 万辆，从而超过美国成为全球第一的汽车产销大国。[297] 这一现象不仅说明我国小汽车需求旺盛，汽车工业正进入高速发展的阶段；也体现出城市发展策略与国家经济发展策略就小汽车问题上存在一定的分歧，在我国目前仍然以经济建设为中心的发展思路下，可以预见小汽车交通必然将对我国城市交通系统建设的深刻影响。但笔者认为正是在这一严峻的现实背景下，只有大力发展公共交通才有可能避免重蹈美国郊区蔓延的覆辙。原因有三：其一，我国城市人口基数大，贫富差距也在日益增长，拥有小汽车的城市居民毕竟还是少数，如果城市交通设施的建设较多地向小汽车使用者倾斜，将牺牲其他大多数城市居民公平享有城市资源的权力；其二，在我国土地资源严重受限的条件下大力发展小汽车交通，不仅将使许多城市已经出现的道路拥堵问题难以改善，还极有可能愈演愈烈，当小汽车使用者由此选择放弃小汽车出行时，城市必须为所有城市居民提供尽可能多的交通出行方式选择；其三，尽管城市规划无法左右经济建设方向，但完全有可能通过城市结构与形态生成中对"可达性"的考量和交通管理措施引导城市居民合理地选择交通方式，减少小汽车出行，将拥有小汽车与使用小汽车分别看作事件的两个层面将有助于在现实和矛盾中找到突破的契机。

## 9.1.4 "公共交通大都市"的国际实践

在世界范围内研究城市交通结构中公共交通系统的构成比例和运作情况，不乏一些优秀的案例，许多国家成功地在公共交通和城市形态之间建立了一种和谐的相互关系。Robert Cervero 在他的《公共交通大都市——全球调查》对此作了较为全面的调查和分析，他从这些城市的公共交通与城市形态之间的关系出发，将那些成功缔造了城市交通与城市形态之间和谐关系的城市，分成了四类[282]：

### 1. 适应公共交通发展的城市（Adaptive Cities）

适合公共交通发展的城市，通常会采取主动约束城市形态的发展模式，使之适应公共交通固定线路的运输要求。根据规划要求，这些城市的中心区一般都会保持一个合理的规模。中心区所无法承受的城市人口，将通过主要的公共交通线路向外围疏散，并围绕主要的公共交通站点形成城市次级中心。这些城市次级中心一般都具有紧凑的形态特征，并强调多功能混合的土地利用模式和步行为主的内部交通联系。公共交通作为联系城市中心区以及各个次中心的主要交通方式，构成了主要的城市交通网络，私人小汽车交通在整个交通运输量中只占较小的比例。

在城市结构与形态的生成过程中考虑城市居民的交通需求，以适应灵活性较差的公共交通，使两者形成一种共生的和谐关系，无论从降低能耗、减少污染、保护开放空间，还是集约化使用土地等角度来说，都是一种较为符合可持续发展原则的城市发展模式。斯德哥尔摩、哥本哈根、东京和新加坡、香港是这种类型城市的典范。在第5章中笔者对后三个城市的交通系统作了相关介绍（图9-3）。

### 2. 适应城市形态的运输系统（Adaptive Transit）

与前者相比，此类情况主要针对相对分散的城市形态。这些城市推行公共交通策略所采取的办法是以公共交通系统适应既定并不紧凑的城市形态。它们往往侧重于运用先进的技术手段和高效的服务方式，来弥补公共交通的一些缺陷。例如，在德国许多城市以及澳大利亚的阿得雷德市所使用的双用型公共汽车，既能行驶在一般路面上，也能行驶在专门的轨道上，并且可以采用人工驾驶和自动化运转两种控制方式。这就大大提高了公共汽车的速度和适应性，使公共汽车既可以作为主线的快速交通，也可以灵活地转换为支线交通，减少了繁琐费时的交通换乘环节，从而

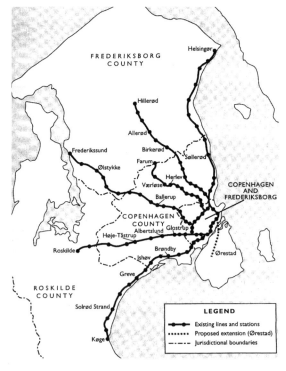

图9-3 哥本哈根适应公共交通发展的城市形态
（资料来源：参考书目282，p133）

为更为广泛的地区和人群服务。代表城市有墨西哥城、阿得雷德和卡尔斯鲁尔。

以墨西哥城为例，作为世界上人口规模最大的城市[1]，其所面临的交通压力难以想象，由于城市的蔓延形态已经形成，因而其多层次的交通体系成为这种城市形态的产物。其中，地铁系统位于这个交通体系的最高级，它是城市中最主要的公共交通工具，基本覆盖了整个市中心，并连接大部分的城市节点。一些中型的公共交通工具，包括电车、轻轨和公共汽车则作为地铁线路的支线交通工具，扩大地铁的辐射范围。除此以外，许多由私人经营的中型巴士（microbus）、小型巴士（minibus）等作为最低等级的交通工具，填补了区域交通线路、地铁支线交通，以及低收入的城市边缘地区交通运力的不足（图9-4）。

### 3. 混合型城市（Hybrids）

混合型城市兼具上述两种城市的特征。用德国的慕尼黑、加拿大的渥太华和巴西的库里提巴来解释混合型城市较为合适。慕尼黑的公共交通系统，综合了重轨线路、轻轨线路和常规公共交通，这不但加强了对城市中心区的服务，而且也有助于发展郊区走廊。而渥太华和库里提巴则侧重于提供灵活高效的公共汽车服务，并希望将地区发展集中控制在主要汽车站点的附近。将灵活的公共交通服务与集中分布、功能混合的城市发展节点相结合，城市主要公共交通线路的使用效益由此得到大大提高。

图9-4　墨西哥公共交通系统
（资料来源：参考书目282，p382，386，390）

---

[1]
墨西哥城目前大约有2200万人口。

巴西东南部的帕拉南州首府库里蒂巴是被广泛引用的经典案例，通过一系列将公共交通系统和城市规划相结合的政策，它已经成为当今第三世界国家中，为数不多在选择城市交通策略运用时具有前瞻性的城市。1965年的城市规划提倡将一个高效的公共交通系统替代当时正在迅速发展的小汽车交通；并选择了快速巴士系统（BRT）而非轨道交通作为发展的重点。这一规划在后来的城市发展中得到了长期的贯彻。BRT的核心是固定路权和高质量的车辆及附属设施，作为介于轨道交通和普通公交之间的交通方式，它具有运行速度快，建设投入少，舒适度及安全可靠性较高等综合优势，更符合发展中国家的经济水平。

随着城市的发展，库里提巴的交通系统也在不断调整，由城市中心向外延伸的主要交通线路，从最初的两条发展到了五条。20世纪80年代初期，为了应对中心城区日益增大的交通压力，库里提巴又通过了一系列提高公共交通效率的策略：包括更新公共交通型号，以增大运力；将长、短线交通结合，减少公共汽车站点设置；改良公交站点的设计，以减少车辆停靠时间，加快车辆运行速度。这一系列措施，使得公共汽车在市区中的平均车速达到了每小时20公里，每天运送的旅客达到120万人，约占每天通勤总量的75%。应该说库里提巴将城市发展与交通规划相结合的策略是非常成功的，它以适宜的技术（而非高技术）缓解了第三世界国家面临的城市发展和人口规模之间的矛盾（图9-5、图9-6）。

### 4. 强中心城市（Strong-Core Cities）

在书中还提到了另一种强中心城市，它是混合型城市的一个特

图9-5　库里蒂巴的典型街道等级剖面
（资料来源：参考书目282，p274）

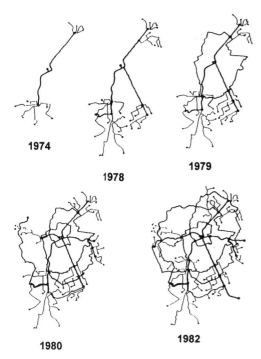

图 9-6　库里蒂巴交通网络的变迁
（资料来源：参考书目 282，p277）

**1974**

**1978**

**1979**

**1980**

**1982**

殊分支。与新加坡这样以城市形态适应公共交通发展的策略不同，这些城市在中心城区和城市外围地区分别采取不同的公共交通策略。城市中心由于紧凑度较高，适合公共交通运行，而在更大范围的城市地域内，灵活高效的轨道交通也提供了完善的交通服务，从而提高了整个城市公交系统的利用率。其代表城市是苏黎世和墨尔本。

　　其中苏黎世被认为是公共交通使用最为广泛的一个城市之一，每年人均使用公共交通高达 560 次。与欧洲许多发达城市不同，苏黎世并没有采用地铁系统，其发达的公共交通系统主要是由电车和公共汽车构成，此外自行车和步行交通在苏黎世也得到了城市居民的普遍接受。现在苏黎世约有 1/3 的人口居住在周边的卫星城中，决定了城市公共交通系统在保持中心区内部顺畅的同时，也要考虑卫星城和城市中心区之间的联系。为此，苏黎世的公共交通系统由多个层次的公共交通线路复合构成。其骨干是区域通勤铁路，它呈放射形联系着周边地区和城市中心，满足每天通勤需要。次一级系统是布点合理的交通换乘网络，实现主干轨道交通与城市中心的交通线路之间的转换。最后，第三个层次的电车线路构成了密集的城市中心交通网，主要为密度较高的城市中心服务。正是这个层次分明的公交系统，为苏黎世提供了高效的交通服务。在城市任何一条主要的街道，都可以迅速找到通往各个方向的电车或公共汽车线路。

除了完善的线路设计外，苏黎世的公共交通之所以可以取代小汽车交通的地位，还在于制定了一系列有利于公共交通运行的法规和政策。其中最为著名的就是动态交通信号系统。[1]对于苏黎世这样经济相对发达的城市而言，拥有小汽车，对于大多数市民都不是问题。但据统计在苏黎世市区中，使用公共交通作为通勤工具的人，约占76%；而使用小汽车的只有12%；即使是在外围地区，使用公共交通工具的人依然超过20%。这些数据清楚的显示了公共交通在苏黎世的成功。

上述四种城市类型是不同城市从自身发展条件出发，大力提倡公共交通使用的结果。许多国家已经认识到，发展公共交通并不仅仅是为解决交通问题而采取的暂时策略，而是关乎城市当前以及未来可持续发展的长远目标。它们的做法和实施成效对处于

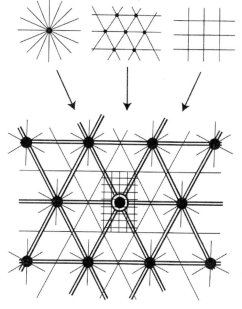

图9-7 苏黎世多层次复合交通系统
（资料来源：参考书目282，p301）

城市机动化进程不同阶段的我国各类型城市而言，具有较好的借鉴价值。

## 9.2 与我国城市土地利用相结合的城市交通供需系统

在将城市机动性转化为可达性的过程中，交通模式的选择具有重要意义。从上文 Cervero 注意到的这些城市中，无论是北欧的哥本哈根、南美的库里蒂巴，还是东南亚的新加坡等，在处理城市交通问题时之所以获得成功，在很大程度上都归功于规划者先见地明确了城市的交通系统及其网络与城市土地利用相互关联的基本格局。可见城市土地利用也是影响交通可达性的另一个重要因素，它们之间的相关性在于城市生产和生活正是在利用土地的过程中产生各种类型和不同强度的交通出行需求，而城市交通系统中的可达性差异可以反过来影响对用地功能的设定，并造成不同的土地利用强度，这是间接地基于供需理论的相互影响机制。同时城市交通作为城市的主要功能之一，也必然占用一定数量的城市用地，两者之间也存在一定的直接关系，随着城市机动性的日益提高，对城市道路和辅助交通设施用地的需求也将不断被释放。因此通过城市交通需求管理来合理引导城市交通合理出行，完善城市道路系统，并建立土地利用与交通组织之间的良性循环关系也是"紧凑"策略的重要举措。

### 9.2.1 城市交通需求系统与城市土地利用

城市交通的需求正来自于交通概念中因城市生产与生活而造成的人流与物流在空间上的移动。而供给便是保障这些所有移动实现的各类道路、停车和其他相关辅助设施。在目前主要依靠增加交通供给来满足交通需求的措施被认为无法从根本上解决供需矛盾后，诸多研究者的思路正在从单一的被动疏解向源流并重的双向控制观念改变。而如何引导源的产生与流动也成为从控制和引导城市交通需求的角度出发探讨城市交通策略的关键思路。

## 1. 城市用地的结构形态与交通需求

由于大多数城市的未来发展模式都建立在原有结构与形态的现状基础之上，按照城市宏观结构与形态生成的适应性、生态型和可达性原则，各个城市的结构与形态必然在宏观层面上便存在差异，这些差异也会在很大程度上影响城市交通模式的选择，并引导产生不同类型和强度的城市交通需求。

在汤姆逊（Thomson）设定的五种城市交通与土地利用战略中，不同的城市结构形态分别对应着不同的交通模式选择，也带来不同的机动车以及非机动车的交通需求。如"充分发展小汽车"的城市一般没有比较明显的城市中心，就业岗位与居住点低密度分散布局，道路网发达，这些都对小汽车的交通需求起到极大的刺激作用，因此不太合适提倡公共交通优先的城市。而另外的"弱中心战略"、"强中心战略"、"低成本的战略"和"限制交通的战略"，分别在小汽车和公共交通需求的选择上有所侧重，其中后三种模式都以最大限度减少小汽车出行需求为出发点，沿

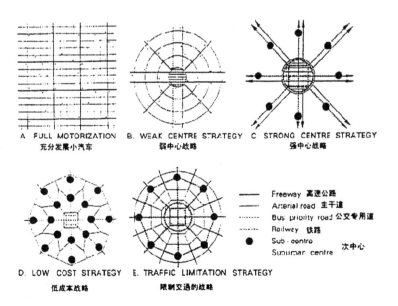

图 9-8 汤姆逊的城市交通与土地利用战略
（资料来源：参考书目60，p36）

着城市发展的走廊通过土地利用引导城市交通出行的方向、方式与流量。与 Cervero 专门正对城市公共交通策略的研究不同，该发现较为全面地评价了不同类型的城市宏观土地利用战略与城市交通需求的影响。

由于城市宏观结构与形态和城市交通需求的关系在国内学术界已被反复强调，此处不需赘述。仅再以哥本哈根为例，说明与城市总体用地结构相契合的交通模式有助于引导城市交通需求。40 多年前该城市明确了"城市发展用地沿着主要手指状交通走廊分布"的发展意向，堪称城市现代规划史上的经典案例。为积极配合总体规划的落实与实施，哥本哈根仔细规划了城市及区域的交通系统：主要交通干线由高速公路干道和承载量高的快速铁路交通线组成，并顺应指状发展走廊呈放射状分布。近几十年来，1960 年版城市总体规划的思路一直被贯彻下来，在这种结构模式下，哥本哈根的交通需求构成比例中非机动车出行一直占该市通勤的主要部分，而小汽车出行量则相对较少。当然这一结果还有赖于城市功能在各个交通走廊上的混合布局，以及自我平衡的实现。

## 2. 城市功能的布局模式与交通需求

芒福德认为："在有限的地段内应集中尽可能多数量与类型的人与物，从而增大选择的可能性，减少不必要的出行"。这句话表达了两个层面的意思：首先，增大交通选择的可能性与减少城市居民不必要的出行相关；其次，增大交通选择性和减少交通需求的有效途径之一，是在一定城市地域范围融合多样化的城市生活内容，更精确地可以描述为各种类型的城市功能能够按照合理的配置均衡发展。

因而我们时常会讨论到城市功能混合与城市居民交通出行需求的关系，目前可以得到的普遍结论是：城市功能混合的确有助于减少小汽车的出行需求，这对缓解目前大多数城市的交通和环境问题具有重要意义。其理由可以归纳为以下几点：首先，在过去以功能分区为指导思想的城市规划实践中，不同功能的城市用地之间出现严格的地域界限，随着城市空间的加速扩展，这些城市功能之间的距离也在不断增大，由于这些关系城市运作的基本功能大多必须依靠交通运输系统的联系来实现，因而在城市人口与用地规模不断加大的过程中，城市交通也承受着与日俱增的巨大压力。对于城市的生产和生活职能而言，居住、就业和商业服务设施之间的距离一旦超过步行可达范围，那么机动车的交通需求便已形成。而仓储、工业和商业这些相关功能之间距离的增加，也会导致城市货运交通的增加。因而改变以往对城市功能布局的分区原则，减少交通出发地和目的地之间的距离，是减少交通出行总量最为直接的方法。

其次，从城市居民出行需求的角度出发，在一定范围内实现功能混合的地域内，人们可以通过一次出行活动完成多种出行目的，例如在上下班的路途中顺便购物、接送孩子上学等，从而有效的减少出行的次数，也提高了单次出行的质量。对提高城市居民生活质量这一目标而言，我们还必须澄清的观念是提倡城市功能的近地域混合并非以抑制城市居民的交通出行为目的，而恰恰应该释放出以居住点为中心，步行范围内的各类商业、休闲娱乐设施丰富城市居民生活的重要作用。

同时许多城市的经验证明，功能混合的用地布局也有利于公共交通的发展。在此类城市中，与人们生活密切相关的城市功能都可以集中在公交站点附近，人们无需换乘私人交通工具，仅通过步行或其他非机动交通工具便可以较为便捷地实现城市功能，这就鼓励人们多使用公共交通，抑制了远距离点对点出行的小汽车需求。

最后，混合功能的城市用地布局能够使道路、停车场等交通基础设施，得到更加有效的利用，并均衡出行时空分布。由于休闲娱乐、办公、商场、住宅对于停车场的使用时间各不相同；通勤、办公、货运、购物这些出行交通对于道路的使用高峰也存在差距，如果能够有效地利用这些时间差，使这些有限的交通资源在不同的时间段进行高效分配，就能够减少交通基础设施的建设量，从而起到节约城市用地的目的。

在从认识上明确功能分区与功能混合在规划思路上的基本差异后，我们仍然需要进行更为深入的探讨，以期解决在多大的地域范围内适合容纳多少数量和类型的城市功能这一关键问题。尽管这一问题的解答需要大量的例证及数量说明，是一个正待逐步拓展的研究方向，目前难以获得较为成熟的研究成果，但我们仍然能够在确定鼓励功能混合这一基本原则之后为进一步的研究提供必要的思路。其切入点在于，就城市客运交通而言，城市居民的出行需求可大致分为能够容忍较长距离出行与不能容忍较长出行距离两种，前者最典型的就是就业通勤距离以及非工作日的购物与休闲活动等，后者代表与居民生活密切相关的日常购物、休闲等内容。因而在以城市居民的居住功能为核心研究如何安排城市其他功能时，必须分别对待对这两种类型的出行需求。

其中容易引起争论的是有关居住与就业功能混合的议题。在传统城市中，工作与居住这两个最重要的功能之间并不存在着明显的界限。坊市集中的街道，同样也是市民居住的地方，"前店后坊"或"下工上居"的格局在中西方的许多城市中都是很常见的。手工业作坊、商业店铺和平民居住区相互融合的布局方式使得人们可以非常方便的来往于居所与工作地之间。在现代城市由于功能分区而造成日益严重的通勤问题之后，国内外众多学者都要求回归传统城市中居住与就业就地平衡的规划模式。但在第8章，我们已经从城市居民出行需求的角度出发，阐明了这一规划原则在现实情况下的局限，随着城市机动性的增强和公共交通技术的不断进步，居住与就业之间的功能混合研究将要求摆脱就地平衡的单一思路，转而探讨如何在公共交通系统的支持下实现交通走廊范围内整体平衡。这一思路的拓展不仅有利于增强规划策略的可操作性，另一方面必然可以提高城市公共交通系统的运行效率。其中需要两方面的密切配合，首先，在优先发展公共交通的城市中，城市用地主要沿着交通走廊轴向拓展；其次，在城市的各个交通走廊中必须合理配置居住和就业点，通过与城市中心就业机会的互补关系，保障城市居民就业出行的便捷度，并通过新形式的公共交通系统缩短通勤时间。

除了就业与居住的功能关系之外，居住与其他日常生活内容联系的密切度也关系到交通出行的方式与时间。在这一环节中，通过城市相关功能与居住点的就近混合不仅可以减少城市居民的出行距离，鼓励步行或非机动车交通，也可以通过提高生活必须设施的可达性来增加城市居民对生活质量的满意度。因而如果能够在居住点附近，步行允许的范围内尽可能安排超市、菜场、银行、餐饮、邮政、绿地公园、社区活动中心等各类生活服务设施，将极大地减少机动车的非必要出行。

### 3. 土地利用的三维特征与交通需求

土地利用的三维特征主要包含密度信息以及在设定的密度基础上的形态特征。其中密度与在规划控制中常用容积率表示的土地利用强度关系密切，是在土地利用过程中对人口与产业规模承载力的数量说明。综观人们对土地利用密度与城市交通需求之间关系的认识，大致有两种思考的角度：部分学者认为城市密度的增加，会引起交通量的集中分布，从而加剧交通拥挤现象。另外一些学者持相反态度，他们认为将城市密度增加等同于交通拥挤是建立在小汽车交通模式上的，在优先发展公共交通的城市，高密度土地利用引发的交通需求非但可以被高效的城市交通系统所吸纳，同时也是公共交通系统运营能力的基本保障。同时通过交通规划和城市设计手段完全有可能解决因土地利用密度较高所产生的交通拥挤问题。

从现有的研究成果和数据统计看，密度是促进公共交通使用的重要因素已经基本获得一致认可。Cervero、JHK 和 Stringham 都发现在临近公交站点的居住和就业中心使用公交的比例较高；当到达公共交通站点距离一致时，密度越高，使用公交的比例越高。[286]Newman 和 Kenworthy 曾经在 1989 年比较过 32 个国家的密度和它们汽油的使用量之间的关系，发现高密度国家的汽油使用量较少，也就是说小汽车的使用率较低[283]。英国环境交通部对 1985～1986 年的全国出行调查分析结果也表明：各类交通方式的出行距离总和及小汽车方式的出行距离随着城市的密度增加不断减少，而轨道交通和步行交通的出行距离随着城市密度的增加而增大。这些研究成果都表明，城市密度的增加意味着更多的公交和步行方式的出行，而小汽车出行量呈现减少趋势（表9-2）。

密度对不同交通方式使用情况的影响
——以英国 1985/1886 年每人一周的出行的交通量为标准　表 9-2

| 密度<br>（每公顷人数） | 所有的交通方式<br>（单位：公里） | 小汽车 | 公共汽车 | 轨道交通 | 步行 | 其他 |
|---|---|---|---|---|---|---|
| 小于 1 | 206.3 | 159.3 | 5.2 | 8.9 | 4.0 | 28.8 |
| 1~4.99 | 190.5 | 146.7 | 7.7 | 9.1 | 4.9 | 21.9 |
| 5~14.99 | 176.2 | 131.7 | 8.6 | 12.3 | 4.3 | 18.2 |
| 15~29.99 | 152.6 | 105.4 | 9.6 | 10.2 | 6.6 | 20.6 |
| 30~49.99 | 143.2 | 100.4 | 9.9 | 10.8 | 6.4 | 15.5 |
| 大于 50 | 129.2 | 79.9 | 11.9 | 15.2 | 6.7 | 15.4 |
| 所有地区的总和 | 159.6 | 113.8 | 9.3 | 11.3 | 5.9 | 19.1 |

（资料来源：参考书目 13，p25）

尽管国外交通发展的背景与国内有很大不同，同时地区之间的收入差别和社会分群现象也有可能影响研究的结论[1]，但这些研究揭示的城市密度与交通出行方式的关系仍然对于国内研究具有借鉴意义。从另一个角度来讲，在小汽车拥有率较高的发达国家，高密度的土地利用方式能够促进城市居民放弃小汽车使用，那么在国内城市小汽车出行比例相对较低的背景下，保持城市土地利用的高密度形态，更应该能够促进公共交通的选择。因此，城市土地利用对于密度与功能混合的考虑都有助于减少城市居民小汽车的出行需求，在这两个方面的相互促进和共同作用下，可以基本建立基于引导城市居民交通需求的城市交通系统与土地利用的协同作用模式。

当然在关注城市土地利用密度的同时，也必须正视相同数值设定下的不同形态特征。在同一地块中，相同密度条件往往可以生成不同的建筑组合形式（图9-9），那么当我们把研究的范围扩大到街区、分区，甚至整个城市时，相同密度设定值下生成的土地利用形态将存在更多的可能，而因为研究范围内密度分布形

[1]
一些与密度直接相关的因素，如居民的收入，同样也会影响居民交通行为。例如一般低收入的居民，会选择相对便宜的高密度的居住区，他们可能会由于经济原因而放弃使用小汽车，而多使用公共汽车，同时他们的出行量也一般会低于那些收入较高的人士，这些因素同样会导致这一地区交通方式构成与其他地区的区别。

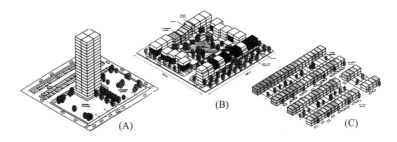

图 9-9 同一密度条件下的三种不同建筑组合形式（A：高层低覆盖率；B：中层中覆盖率；C：底层高覆盖率）

（资料来源：参考书目 22）

式的不同，也会造成交通出行需求的差异，其结果取决于城市用地的密度分布规律与公共交通系统的契合度，以及在不同的建筑形式组合中城市功能的布局方式。

就我国城市的具体情况而言，尽管城市的整体密度较高为我国优先发展公共交通的策略实施提供了必要保障，也成为我国区别于欧美发达国家的基本国情，然而我国城市土地利用的密度问题不仅表现在上一章中提及的分配机制上，它与城市各类功能，以及公共交通系统的结合度较差也成为目前制约我国城市交通系统高效协调发展的瓶颈之一。

## 9.2.2 城市交通供给系统与城市土地利用

城市交通供给系统主要包括城市道路系统、停车设施和其他交通辅助设施等。其中城市道路系统占用城市用地较多，随着城市机动性的增强，城市道路用地比例也在不断增加。由于它自身存在一定的结构与形态特征，因而只有在系统内部相互联系的各要素间形成合理，且稳定的组合形态（包括总体形态、等级配置、布局方式和衔接关系等），才能有效发挥道路系统与土地利用的整体性能。因此下文着重从城市道路的结构构成和微观形态两方面来探讨我国城市目前道路供给系统的弊端及修正策略。

此外，由于我国大多数城市的小汽车数量正在与日俱增，尽管在理想状态下，小汽车的出行需求可以通过管理措施得到抑制，城市的动态交通问题能够在一定程度上得到缓解，但是可以预见的是未来城市的静态交通，尤其是停车问题将面临更为严峻的挑战。在城市交通设施供给过程中如何科学实现停车需求，进一步改善目前许多城市的无序停车现象也将关系到交通系统与土地利用的协调机制。

## 1. 城市道路结构与城市土地利用

对土地价值的认识影响了计划经济和市场经济时期对城市道路供给目标的设定，也由此可能产生不同的道路结构。在计划经济时期，由于土地没有价值，因而道路建设的唯一目的是满足交通需求。但在市场经济条件下，存在着土地市场，城市道路与土地不仅成为统一的供给要素，交通可达性也成为影响土地价值的重要因素，道路由此主要服务于土地的使用功能。这一差异直接导致了我们目前转型时期道路交通供给的现实问题。在过去计划经济形成的城市道路现状与传统规划思路下，我国城市在市场化过程中始终无法避免土地利用需求与城市道路供给之间的矛盾。

这些矛盾首先体现在城市道路宏观结构的配置上。在《城市道路交通规划设计规范（GB50220-95）》中将城市道路分为四个等级：快速路、主干道、次干道和支路。各等级道路之间分别承担着不同的功能，也共同形成城市道路系统的等级结构（表9-3）。构成城市结构骨架的道路网络在城市道路系统中的等级较高，通常承担着出入境、过境、城市组团间的交通量，这些道路既是城市各分区、组团和各类城市用地的分界线，又是在这些分区、组团和各类城市用地之间联系的通道。其特点为通过性较强，并以机动化出行为主。而除去路网骨架之外的其他道路，等级虽低，但对实现城市生产服务功能的作用却不容忽视，与人体的"毛细血管"作类比，其畅通与否直接关系到路网整体效能的发挥。根据国内外专家学者的研究成果，"金字塔"型的道路等级体系对城市交通系统整体效能发挥最为有利。但长期以来，在我国大多数城市的道路网规划建设中，快速路和主干道的地位被重点强调，次干道和支路的作用与功能被明显忽视，导致因道路系统等级结构的不尽合理而使交通用地的分配产生矛盾。

城市各等级道路的功能与特征 表9-3

| 道路等级 | 快速路 | 主干道 | 次干道 | 支路 |
|---|---|---|---|---|
| 联系道路交通的区位特征 | 非相邻组团间及城市对外交通 | 邻近组团间及与中心组团间交通 | 组团内部交通 | 片区内部 |
| 功能及特征 | 高速<br>交通性<br>通过性<br>长距离<br>隔离性较大<br>兼有货运<br>交叉口间距大<br>机动车流量大<br>不直接为两侧用地服务 | → | 低速<br>生活性<br>集散性<br>短距离<br>隔离性较小<br>主要用于客运<br>交叉口间距小<br>机动车流量较小<br>直接为两侧用地服务 | |

（资料来源：参考书目295，p70）

其次，从我国与日本城市道路路幅宽度的比较来看，日本城市道路在节约用地的细节上值得借鉴。我国《城市道路设计规范》（cjj37-90）中认为单幅车道宽度在3.13~3.78米之间为宜，但在实际应用中基本取值在3.5~4米；加之路侧带、非机动车道较宽；设计干道的道路断面时追求绿化隔离带的"气派"和"美观"，我国平均每公里道路占用的城市用地较多，这不仅造成土地资源和城市基础设施投入浪费严重，道路交叉口尺度偏大、红绿灯转换时间过长等问题。而日本双向八车道的道路路幅一般为40或42米[288]，单个车道的宽度设定为3米、3.25米和3.5米三种规格。在合理考虑车道宽度、中央分隔带、人行道和植树带的综合需求后，日本基本将城市交通用地利用到了最大限度。这种将城市道路轨道化的思路不仅使城市内部的行车速度得到控制，也在一定程度上避免了因随意超车、挤车而造成的交通事故。

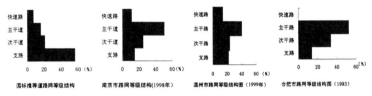

图9-10 国际推荐的道路网等级结构与我国部分城市的路网等级结构
（资料来源：参考书目286，p205）

## 2. 城市微观道路形态与城市土地利用

土地利用需求与城市道路供给之间的矛盾还体现在城市的微观道路形态上。针对这一方面的内容,赵燕菁早在2002年便开始呼吁我国城市微观道路—用地模式的转变,[1] 在他的文章中明确指出了我国传统微观道路—用地模式的五大弊端,如抬高城市投资门槛、造成土地浪费、导致产生功能缺失、不利于分期建设以及路网缺少弹性等,在学术界引起部分专家学者的共鸣。

受苏联规划思想的影响,并且配合计划经济时代特有的"划拨土地"方式,我国城市干道间距一般达到700米至1200米,即使小城市,干道网也有500米左右。在这样的大地块中,单位大院模式将许多城市支路划归为内部道路,使之丧失了承担城市交通的能力,同时各个单位大院产生的交通量又全部由稀疏的城市干道网承担,形成了我国特有的"宽马路、大街区"格局。相比之下,西方城市中道路分割的土地最小的是60米×90米,最大一般也只有180米×180米,由于地块可以合

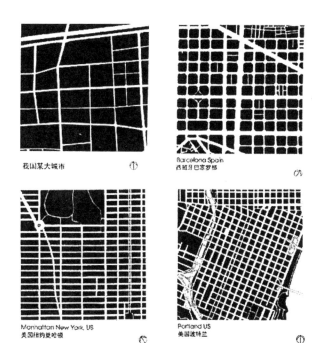

我国某大城市

Barcelona Spain
西班牙巴塞罗那

Manhatton New York, US
美国纽约的曼哈顿

Portland US
美国波特兰

图 9-11 中外四个城市的微观路网尺度比较
(资料来源:参考书目61,p135)

1

本节内容参见赵燕菁. 从计划到市场: 城市微观道路—用地模式的转变 [J]. 城市规划. 2006/10:24~30.

并或拆分，因而西方城市中一般的临街面为 60~180 米，地块临街宽度与进深的比例大约为 1∶1.5~1∶3，这是最能发挥基础设施效率，并适合不同大小项目的分割方式。巴塞罗那的规划被认为是欧洲较为成功的规划范例，其街道几乎完全由 130 米 ×130 米的街道组成。曼哈顿密集的路网结构和狭小街道所表现出来的巨大弹性，也成为道路规划的经典模式，这些城市道路系统的共同特性是"窄道路、高密度、小街区"，这一模式很好地契合了市场经济的运作需求：提供更多的临街面，为土地出让提供更多的选择和弹性，充分发挥了土地价值，并有利于分期建设等。

由于我国城市实行较为统一的交通用地指标（8%~15%），加之土地、财政资源受限，这就要求城市规划在增加有限的道路交通供给时促进生成更为高效的路网模式，尽管在现有的道路结构上加密道路网可能带来拆迁、建设成本的增加，但与拓宽马路的方式比较，它在细分城市用地、增加投资回报、缓解交通拥堵等方面都具有明显的优势。在这一思路下，赵燕菁建立了新的道路供给模型以适应多样化的土地利用，在设定的 500 米 ×500 米的方形地块中，通过双层井字形（道路密度增加、道路断面缩窄）的地块内部路网体系，大地块被划分为若干大小不同的地块，以适应不同的开发需求，并可以在功能上进行"混合式"的开发，地块纵深的价值将得到较大的提高。虽然在实际操作中，这一模型的应用受到用地现状或开发意图的影响，但是其"窄道路、高密度、小街区"的基本策略恰是促进城市交通与土地利用在微观形态上协同作用的有效途径（图 9-12）。

图 9-12　细分地块后的开发时序与可能性
（资料来源：参考书目 12，p27）

### 3. 城市停车设施与城市土地利用

城市的停车问题属于城市静态交通范畴，其需求与城市机动车的保有量具有直接的对应关系。在我国城市机动化的进程中，停车设施供给与需求之间的矛盾已经成为继行车难之后困扰各大中城市的一大难题。其矛盾性体现在若以满足城市的停车需求为导向，不仅不利于控制目前的机动车增长速度，对城市停车设施用地的供给也造成极大的压力；若以控制城市的停车需求为导向，又极易导致城市停车位的不足，致使机动车非法停放、占道停放的现象日益严重，这的确为城市交通策略及其管理提出了巨大的挑战。

从发达国家的情况来看，对于停车政策的导向大致分为两种类型：以英美国家为代表的强调自由市场调节作用的供给模式；以及以新加坡、我国香港为代表的控制需求的调节模式。由于经济因素在这些发达国家和地区的差异并不明显，因而停车政策的取向无疑都是以这些国家或地区的资源环境条件为背景的。同处于亚洲的我国大部分城市同样面临地少人多、资源紧缺的矛盾，也要求正视城市高密度发展的现实情况。同时，为实现城市的可持续发展，优先发展公共交通，限制小汽车出行已经成为我国城市交通发展的必然选择，因而从停车政策上抑制小汽车需求也是配合城市交通整体策略实施的有效途径。目前以欧美为代表的西方发达国家也逐步认识到了控制和管理停车需求的重要性，从过去"提供充足和免费的路外停车设施"向"采用满足实际停车需求的停车指标"转变，[291] 这已是世界范围内各国城市在停车政策上的发展趋势。

但我们仍需面对国家经济进入平稳上升期，全国上下对发展预期较为强烈的现实情况，限制汽车工业，并进而限制城市小汽车占有量的政策显然会在当前城市发展的进程中遭遇困境，尽管国内外学术界对限制小汽车发展有助于促进城市可持续发展的结论已经获得广泛的公认，但无论在我国的政策层面，还是实际操作层面，这一思路仍然在现阶段难以践行。我国城市规划师有必要以此为条件，探讨当前形势下能够尽可能促进城市交通与土地系统良性运转的有效措施。

纵观我国城市在机动化进程中对停车问题的认识过程，规划决策者对这一需求的态度也经历了若干转变，在过去很长一段时间内大多数城市对机动车停车问题重视不够，在机动化初期对停车供给考虑较少，因而许多城市，尤其是大城市的停车数量缺口不断增加；随着交通策略中城市机动性目标的确立，各类城市都意识到了停车设施对交通系统运转以及地段经济价值发挥的重要性，因而制定了相应的机动车停车配建指标，由于缺乏严谨的需求调查及管理手段，目前大多数城市的停车供给仍停留在重数量、轻质量的阶段，缺少对管理目标及基本价值取向的研究与落实。此后当城市交通策略进入由机动性目标向可达性目标转换的阶段后，如何通过停车策略鼓励公共交通出行，引导城市居民交通习惯将成为下一阶段的研究重点。国内外诸多案例都证明小汽车停车也可以成为有效调节交通出行意图的重要手段之一。日本的"购车自备停车位"策略 [1]，新加坡将"车辆配额"与"停车限制"融合 [2] 的政策都在实际操作中培养了人们合理的车辆使用习惯，达到了减少车辆购买和出行的明显效果。

我国各类型城市也需要类似从现实问题出发、注重实际、循序渐进的管理策略来实现停车供给与需求之间的动态平衡。其中将小汽车占有与小汽车出行视为一个事件的两个方面仍是这一研究的有力突破点之一。这就首先要求对停车场的类型和功能进行严格界定，日本将停车场分为汽车出发地停车与目的地停车两类的方法值得借鉴。在这两类停车场中前者多与城市居民的居住地相联系，而后者与城市居民就业、购物或其他生产生活内容的实现有关。按照当前私人小汽车保有量的增长速度计算，城市居民出发地的停车成为刚性需求，为减少目前挤占居住点周围道路与人行道停车的现象，给今后交通停车管理创造条件，可以适当提高新建居住点的停车配建标准，实现车辆的合法停放。其次，认识到对于目的地停车供给的控制和管理恰能有效引导城市居民小汽车出行的弹性需求，可以灵活运用城市中心停车数量限制、停车收费管理等措施限制中心城区小汽车的使用，使之保持一种低水平的供需平衡。因而将停车

1
日本于 1957 年颁布了"停车场法"，大力推广和鼓励路外停车场的做法。1962 年又制定"机动车停车场所之确保法"和"机动车停车场所之确保法实施令"，要求私人与公司落实自备停车位，促进民间投资兴建路外停车场。该法经过 7 次修订，30 多年的实施，使"购车自备车位"的概念深入人心。

2
新加坡自 1975 年以来，通过推广区域特许证制度（即 ALS，Area Licensing Scheme）、电子化道路收费系统（ERP）和停车定价系统结合，有效控制了停车需求，在每公里道路车辆数较高的情况下，基本实现不堵车的成果，值得国内城市借鉴。

供给划分为两类，分别进行策略引导的思路可能是目前应对停车供给与需求矛盾的可操作途径之一。

# 9.3 城市重要交通节点的土地利用模式

在城市公共交通优先发展的大前提下，城市轨道交通或具有城市快速交通服务特性的 BRT 系统在未来大城市交通中的主导地位已经基本确立。目前不少特大城市的轨道交通系统已经进入快速建设阶段。作为一种快速、大运量的交通方式，轨道交通自其出现以来，就表现出对城市空间、土地开发的导向作用；同时由于需要大规模的客源支持，又表现出对土地开发依赖性的双重特点。因而以公共交通为基础的城市交通宏观决策必须落实到以公共交通站点为核心的土地微观利用问题上。

## 9.3.1 TOD 模式的交通组织与土地利用

经过广泛的引介，TOD 已经成为为国内规划师熟知的规划概念。作为区别于传统"小汽车交通为导向"的规划模式，它在鼓励城市居民利用公共交通工具出行，创造步行友好的生活环境等方面进行了大胆的尝试，并形成一种特殊的用地布局模式，作为构成优先发展公共交通城市的基本单元。

### 1. TOD 模式的基本特征与规划原则

经过 20 多年的发展，西方学者对 TOD 的认识也在不断演进，产生了相当多的概念解释，Peter·Calthorpe、马里兰州、加利福尼亚交通局、联邦公共交通局（FTA）、Bernick &Cervero 等专家学者和政府机构都给出了各自的定义。从这些概念中的共同点我们不难发现 TOD 模式的基本特征：以公共交通站点为中心展开用地布局；形成紧凑布局、混合使用的用地形态；推崇步行友好的城市环境；进行较高密度开发，能够为公共交通系统提供稳定且充足的客源。[60]

TOD 提出了一种区别于传统的能够与城市交通系统协同发展的土地利用模式，尽管这个概念的提出以美国城市低密度蔓延的现状为背景，在开发密度和空间尺度的设定上带有明显的美国特色，但是其将城市交通建立在公共交通系统基础上的规划思路对于仍处于城市机动化进程中的我国城市而言具有极强的示范作用。2002 年加利福尼亚交通局发布了关于 TOD 的研究报 告（《Statewide Transit-Oriented Development Study：Factors for Success in California（final report）》），文中将 TOD 能够带来的好处归纳为以下几个方面，分别为增加人们的交通出行选择、提高社区安全、增加公共交通的使用、有效降低机动车出行总量、增

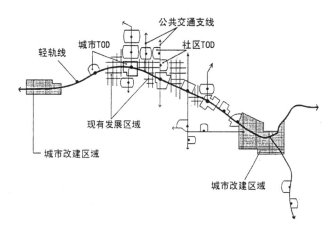

图 9-13　典型的城市 TOD 模式
（资料来源：参考书目 60，p143）

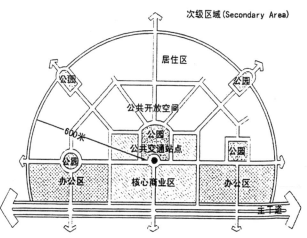

图 9-14　典型 TOD 社区的基本结构
（资料来源：参考书目 60，p144）

加 TOD 社区内家庭可支配收入、节约用地和保护开敞空间、促进地区经济复苏、提供中低收入群体的住房、减少地方政府用于基础设施的建设和维护费用等。

TOD 模式的基本特征建立在一定的规划原则之上，Cervero 和 Kockelman 曾将其总结为"3D"原则，即"密度（Density）"、"多样性（Diversity）"、"设计（Design）"，即通过合理的设计保证在相对高密度的发展条件下为不同的人群提供多层次的选择。而从城市土地与交通系统协同作用的角度，我们可以将这原则分解为：

（1）交通：以公共交通站点为核心的 TOD 社区选址应该与更大范围内的城市公交网络相适应；社区内车行道、人行道和自行车道应当共同构成一个相互连通的交通网络，特别为自行车和行人提供到达公交站点、公共服务设施和开敞空间的便捷途径。

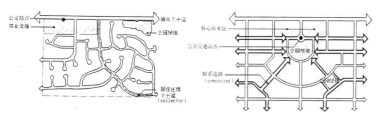

图 9-15　TOD 模式的路网连通性与传统郊区路网的区别
（资料来源：参考书目 60，147，148）

（2）范围：TOD 社区以适宜的步行距离为尺度范围[1]，在这一空间范围内安排尽可能多的生产和生活活动。

（3）土地利用：商业设施和就业点集中布置在靠近公共交通站点的位置，并在周围配备必需的服务设施；鼓励各类用地，尤其是离核心近地区的高密度混合开发（表 9-4）。

Calthorpe 提出的 TOD 中可供参考的土地利用混合比例　　表 9-4

| 土地利用类型 | 社区型 TOD | 城市型 TOD |
| --- | --- | --- |
| 公建 | 10% ~ 15% | 5% ~ 15% |
| 商业中心 | 10% ~ 40% | 30% ~ 70% |
| 居住 | 50% ~ 80% | 20% ~ 60% |

（资料来源：参考书目 10，p92）

1
研究发现，大多数人愿意步行的范围在 150 米以内，40% 的人愿意步行 300 米，只有不超过 10% 的人愿意步行 800 米，通常采用步行 5 分钟至 15 分钟的距离，大约 400 ~ 800 米作为 TOD 的尺度范围。

（4）停车：停车场和广场的设置应靠近主要街道、居住区和商业设施，但不能成为街道与建筑之间的屏障，停车设施不能割断步行道。

## 2. 从"Park & Ride"向"Walk & Ride"转变的TOD模式

TOD模式在实践过程中也在不断地探索，在2002年加利福尼亚交通局发布的研究报告中曾经指出TOD目前实施的最大障碍是公交站点附近的土地被大量的机动车停车场所占据，客观上有利于私人交通与公交设施的接驳，却不利于行人接近。在过去"Park & Ride"的规划思路中，为了鼓励更多的人乘坐轨道交通，大部分公交站点旁边都设置了大量停车场，商业和其他公共服务设施的用地被由此挤占，同时利用小汽车换乘使人们觉得居住地与公交站点的距离远近并不影响居住地的选择，因而城市仍然没有摆脱过去低密度蔓延的老路。部分折中主义者认为，在不具备TOD的开发条件时可以先将公交站点周围的土地辟为停车场，等将来有条件后再改造为商业服务设施，但现实证明这一想法很难实现。

因而美国有些城市已经明确了将TOD社区限定在步行尺度范围内的规划思路，即在公交站点附近采取"Walk & Ride"的换乘方式，以限制小汽车换乘方式的发展趋势，鼓励人们步行或骑自行车到达公共交通站点。波特兰市颁布的TOD区划法规中就规定："在以公交站点为中心75英尺（约30米）半径内不允许设置任何机动车停车位"，取消了免费停车制度，将大量的土地用于商业和公共设施的开发。已经有越来越多的地方政府和开发商意识到越早进行TOD的规划和前期实施准备就会得到越大的回报。相比"Park & Ride"的换乘方式，"Walk & Ride"的规划原则中很重要的一点便是对密度的设定，以及在相对高密度的环境中步行质量的提高。

由于TOD推崇的目标和规划原则与我国城市寻求可持续发展的交通和土地利用协同作用的目标相一致，因而笔者认为在我国城市推行公共交通优先的理念时，对于旧城区或新建地区重要交通节点的规划设计，TOD 不失为一个有价值的借鉴。但正因为该模式源于美国，其城市密度与我国大部分城市的明显差异使得国内学者必须将该模式的可操作性研究建立在自身的发展背景之上，并在关键原则基础上制定适应我国城市发展需求的开发强度、功能混合、道路交通和停车设施等相应标准。对于我国城市，尤其是大城市而言，轨道交通的发展无疑是建设 TOD 社区的良好契机。除了"Walk & Ride"的美国模式之外，香港新城建设中的"Bus & Ride"模式也是适应大范围高密度地区的交通换乘方式，同样有利于减少小汽车的出行，达到交通可持续发展的目的。

## 9.3.2 城市交通枢纽的土地利用模式

作为城市重要的交通基础设施之一，城市交通枢纽是整个交通系统不可或缺的连接节点，承担着衔接城市内外交通、保持客货运畅通，以及组织城市的交通换乘等基本的交通功能。由于交通枢纽为周边地区提供了较高的可达性，这种可达性因素对城市中的各种经济、文化和社会活动具有强烈的吸引作用，因而为其实现的土地利用模式提供了诸多可能性。

### 1. 城市交通枢纽的土地利用特征

按照城市客运交通枢纽的职能，可以将其划分为城市对外客运交通枢纽、城市内部交通枢纽和城市边缘组团交通枢纽，其中后两种交通枢纽主要为城市内部交通服务，常位于城市中心组团和边缘组团的核心位置。相对而言，大城市内部的交通枢纽承担着更多的人流、车流与物流的交通与其他活动，常作为轨道交通、常规公共交通、步行、自行车以及出租车辆等多种交通工具的换乘中心，并以交通综合体的形式实现多项城市功能在同一地域空间上的整合。

由于交通可达性与城市土地价格之间存在明显正相关关系，因而在可达性较高的城市交通枢纽进行用地的高密度复合开发，最大限度发挥用地效能是市场作用下用地模式的必然选择。作为合理利用交通节点周围用地的 TOD 模式的补充，如何在有条件的前提下促进交通节点用地的高效利用也是从微观角度探讨城市交通设施与土地利用协同作用的重要内容。其中在世界范围内有许多依托城市轨道交通建成大型综合体，实现城市功能垂直高密度混合的优秀案例。类似的做法近年来在我国上海、北京、广州、深圳、南京等城市也在不断地尝试中。

在城市大型交通枢纽中，通常能够与交通换乘功能混合的城市功能有零售、餐饮、办公、酒店、公寓等，其中零售和餐饮与轨道交通换乘的出入口关系最为密切，办公、酒店、公寓等功能与交通功能之间的联系则需建立在垂直交通的基础上。因而要求在轨道交通水平与垂直的步行合理区内，进行功能配比的研究，并高效组织各功能之间的流线，将城市交通的部分水平流通需求转换为垂直方向的流通需求，减少城市道路的交通负荷。香港的每个地铁站几乎都是一个交通枢纽，安排了多项城市生活内容。以乐富中心为例，它位于九龙东部联合道及横头勘东道交界处，其内容包括商场、餐饮、电影院、公共停车场以及露天剧场下的城市交通转换设施等，整个地区的绿化、人行系统、交通以及公共活动空间都被该中心整合起来（图 9-16）。

## 2. 城市轨道交通与土地联合开发

除了在规划设计中考虑城市交通与土地利用的协同作用之外，如何在实际的可操作机制中实现这两方面内容的有效结合也关系到该策略实施的成效。我国城市进入市场化运作的时间较短，计划经济时代遗留的土地各自为政，功能分区明确等问题一直影响着国内城市在这方面的实践探索。但在城市改革不断推进

图 9-16 香港乐富中心的交通用土地利用
（资料来源：参考书目 17，49-51）

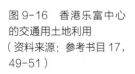

的过程中，探讨城市交通系统协同土地利用在实际操作中的可行性也是规划策略研究的趋势之一。

其中以大城市中轨道交通建设为契机进行土地联合开发的探索已经展开，由于有香港、新加坡等城市的先验理论与实践为指导，在上海、广州等国内城市的地铁建设中，类似的开发机制正在逐步形成。但从目前的运作成效来看，由于解决轨道交通建设的资金问题成为联合开发的最主要目的，因而通过联合开发实现城市用地的整合，减少城市道路交通负荷，以及将可达性良好，设施完备的交通服务设施与城市居民需求相联系等目标的实现效果还不理想。

以广州为例，为筹措资金，广州率先采用了与房地产联合开发的做法，取得了一些经验与教训。广州市地铁规划沿线发展物业28处，用地达35公顷，规划建筑面积200万平方米，包括公寓、购物商场、办公楼、酒店、交通、教育及休憩等功能。到1995年底，完成了19个地块的招商合作合同的签订，通过地铁一号线沿线28个地铁站点的开发，可望筹集到地铁建设资金的25%左右。但由于在联合开发中缺少整体的综合规划设计，地铁的出入口规划与其上的物业规划一直处于分离状态。除个别车站外，交通设计部门和建筑设计部门在出入和连通的设计上较少考虑彼此的需求，给乘客带来不便，也影响了商业人流。这些条块分割的现象不仅使城市交通设施与土地利用的联合开发受到限制，也丧失了许多实现联合开发真正意义与价值的机会。在北京的地铁规划和建设中，这一局限也较为明显，轨道交通仍然只被孤立地视为解决城市交通问题的具体手段，而忽视了其在整合城市用地、促进城市有序增长等方面所能起到的积极作用。

# 9.4 小结：城市交通协同土地利用的"紧凑"途径

我国城市机动化进程伴随着城市化水平的不断提高，也进入了加速发展期。为满足越来越多城市居民的交通出行需求，适应不断扩展的城市空间，我国城市原有交通结构与供需之间的关系发生了根本的变化。在这一过程中，选择合适的机动车交通工具，生成与城市空间扩展相适应的城市交通系统，并与依附于城市交通系统的土地利用模式协同发展将成为决定城市交通可持续发展的几个关键因素。同时由于城市交通系统不仅构成城市空间宏观结构的骨架，是"紧凑"的城市空间形态自上而下落实的重要内容；也与城市微观的土地利用模式紧密相关，这些自下而上的作用机制也有可能反过来影响城市交通的供需关系，并进而对城市环境、经济和社会的可持续发展产生作用，因而与城市交通和土地利用相关的研究内容在"紧凑"宏观与微观策略研究中具有承上启下的特殊意义。

在城市交通协同土地利用的"紧凑"途径研究中，可以得到以下三个结论：首先，优先发展公共交通是综合考虑我国城市资源和环境承载力，并将城市交通系统追求的目标从增加"机动性"向提高城市居民交通"可达性"观念转变后得到的必然结论，也是进一步探讨交通策略如何与土地利用模式相协调的重要研究前提之一。为平等满足城市居民生产和生活的出行需求，使之公平享有使用城市公共资源的权力，城市交通策略要求将外部成本纳入交通系统建设与维护过程之中。

其次，通过梳理城市交通需求和供给的关系，可以在土地利用形态生成和功能组织的过程中引导城市交通合理出行，完善城市道路系统，并建立土地利用与交通组织之间的良性循环机制。其中通过在一定地域范围内进行各类型城市功能的适度混合布局，完善用地形态的密度分配机制将有助于从减少交通出行需求的角度提高城市交通的可达性；而城市交通的高效供给则有赖于合理的城市道路等级结构，与土地利用契合度较高的微观道路形态，以及停车等其他道路交通设施的分类管理。

第三，在优先发展公共交通的城市中，交通节点及其周边用地的布局形态直接关系到公交系统整体网络的可达性及运行效率，是进行城市人口与功能的合理分配，促进生成在微观层面上可持续的人性化城市空间的关键环节。源于美国的 TOD 模式经过 20 多年的发展，在理论和实践上都取得了一定的成果，其以公共交通站点为中心进行高密度混合开发的理念区别于以往"小汽车导向"的用地布局形态，为我国城市以自身发展条件为背景的研究提供了借鉴。此外，通常位于 TOD 核心位置的城市交通枢纽也由于可达性良好，服务设施完善等区位优势而存在多种土地利用的可能性，在规划设计中应充分发挥其用地潜能，考虑通过综合体的形式对更多的人和功能进行有效组织，以减少交通设施外围城市道路的交通负荷。

在我国城市大力发展公共交通、提高可达性水平的机动化进程中，抓住城市交通系统加速发展，尤其是大城市轨道交通建设的契机，实现土地利用与交通系统的协同作用，鼓励城市居民非机动车出行将成为现阶段规划策略研究的当务之急。

# 10 "紧凑"的规划设计策略三：城市设计与高质量城市空间

　　"紧凑"策略的重要内涵之一是在关注城市空间可持续扩展的同时，要求把提高城市居民的生活质量纳入研究的范畴。其原因在前文已有详细阐述：一方面提高生活质量是城市经济、社会条件在不断完善过程中的客观需求，另一方面只有在城市空间"紧凑"扩展的进程中切实提高了城市居民的生活质量，更多的人才能从中受益，并进而在"紧凑"策略的实施过程受到广泛的支持，建立起"自上而下"与"自下而上"双方面需求的有效契合关系。

　　在进行如何生成"紧凑"的城市空间结构和形态的讨论时，我们认识到在区域层面上只有把人类与其他生态要素的需求与利益并置，才有可能真正实现人类整体的可持续发展。在这一层面上，强调"以人为本"的规划思路受到从人类自身发展角度出发的思维模式的局限，兼顾其他生态要素需求的呼声已经越来越强烈。然而在城市内部空间的形成与完善过程中，以人的需求和要求为出发点却是恰合时宜的，也必须充分将"以人为本"的考虑落至实处。为了使"紧凑"策略的实践意义和可操作性体现于城市规划和设计的始终，本书在分别探讨城市结构和形态生成，以及交通与土地利用协同作用的规划策略后，将以城市设计的视角探讨如何建设高质量的城市空间。

## 10.1 高质量城市空间与城市生活质量的提高

　　第 8 章已经探讨过城市居民出行的时空间结构对生活质量的影响，并进行了如何通过城市空间宏观结构与形态的完善来提高城市空间可达性，合理分配居民行为路径中的时间分布的研究，这是提高城市居民生活质量的关键内容之一。而与生活质量有关的另一个重要内容：城市空间的质量也直接关系到城市居民对生活质量的感知。良好的城市空间环境有助于增强市民对城市生活的信心，对改善市民生活质量产生正面的积极效应；而相反，如果在城市空间扩展过程中忽视空间环境的塑造，那么城市的建设成就将难以直接反映在城市居民对生活质量的感知上。在我国加速城市化的进程中，重"量"轻"质"的问题正在逐渐显露，部分学者[1]已经认识到只有更为细致地考虑城市居民生活和生产中对人性化城市空间的需求，才有可能为高质量的城市生活提供场所。

## 10.1.1 城市空间质量与城市居民户外活动需求的相关性

城市空间质量与城市居民生活质量存在相关性首先缘于市民对户外活动的需求上。尽管信息化社会的来临正在逐渐把人们带入了现代通讯和网络世界营造的虚拟空间，这种多样化的社会文化情境使城市居民得以生活在现实与虚拟的双重世界中，然而这个动态的社会不可能仅仅被还原为一系列影像的剪辑，或籍由遥控器和鼠标来进行操作，它仍然需要通过传承公共价值来锚固新的社会参照系，而人们更需要通过具有物质形态的"共聚"场所来证实自身"社会性"的存在。可以说人们户外活动的需求是时刻存在的，而恰恰是户外空间的质量在如何实现这一需求中起到了鼓励或者抑制的作用。

按照扬·盖尔的分类方法[2]，城市居民在公共空间的户外活动需求可以分为三种类型：必要性活动、自发性活动和社会性活动。这些活动对城市空间的需求，以及城市空间对这些行为的影响力度是不同的。其中必要性活动包括了上班、上学、日常购物等人们在不同程度上都需要参与的活动，城市居民在进行这些日常的工作和生活事务时常选用不同的交通出行方式，活动范围较

1

杨保军在《城市公共空间的失落与新生》一文中追问："是什么影响人们的生活质量？"他认为其中一个很重要的因素便是城市公共空间的失落。"在全社会追逐经济增长之际，生活空间不断遭受挤压，甚至认为工作就是生活、经济就是一切。在这样一种氛围下，谁去关心城市的公共空间呢？"

2

扬·盖尔对于城市空间研究的经典理论至今读来仍极富创造力与启发价值，本书将多次引鉴其研究方法与成果。

广，因而有可能在每天的出行路径中涉及不同种类的城市公共空间。虽然这些活动的发生很少受物质环境的干扰，但是物质环境的质量对于城市居民的出行感受却有较大影响，比如在长距离通勤中，连贯的换乘体验和宜人的步行环境可以有效减少较长出行时间带来的心理上的不便，反之，糟糕的空间体验无疑将使人觉得时间更加漫长。

与之不同的是，自发性活动产生的前提首先是人们具有参与的意愿，它们只有在时间和地点可能的情况下才能产生，包括散步、晨练、呼吸新鲜空气、驻足观望等。这些活动是城市居民除了工作和日常生活等必要活动之外的有益补充，它们尤其有赖于外部的物质条件，当外部的城市空间质量不理想时，这些活动将难以发生，而当城市空间环境适宜时，大量的自发性活动将随之发生，参与这些活动将有助于城市居民增加社会归属感，并获得更高质量的生活体验。

而社会性活动指的是在城市公共空间中须与他人共同参与的各种活动，如交谈、互相打招呼、儿童游戏等，还包括被动式接触这一人类最广泛的社会活动。这些社会活动在绝大多数情况下都是伴随必要性和自发性两类活动产生的，是居民在实现自身行为需求的基础上间接促成的社会交往性活动。这些行为发生的频率和持续时间表征着城市的活力，设计师可以通过城市空间的塑造间接影响社会交往的内容和强度，并为社会交往的产生提供合适的场所和机会。

在这三种类型的活动中，除了必要性活动外，人们在公共空间产生的自发性活动和社会性活动都存在一种潜在的自我强化的过程，有助于激发人们的公众参与意识，体现个人的社会价值。同时，在大多数情况下，每个人和每项活动都有可能影响别的人和事，从而使公共空间中整体的活动比单项活动的总和更广泛和丰富。因而在理想状态下，通过城市公共空间设计为城市居民不同性质的活动提供适当的、高质量的空间场所，将促进这些行为在自然状态下的共同作用，并产生生动多样的城市生活（图 10-1）。

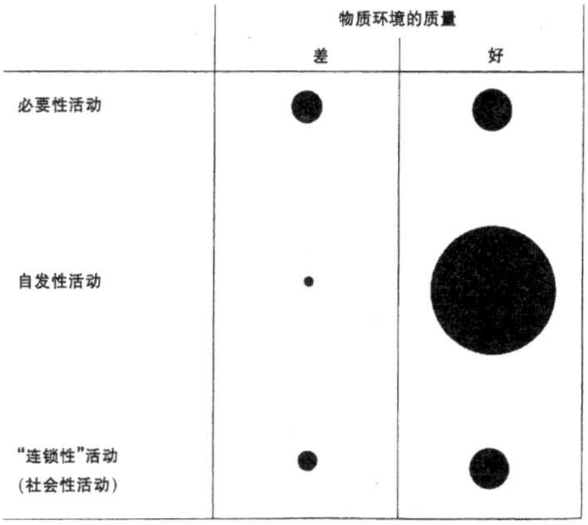

物质环境的质量

|  | 差 | 好 |
|---|---|---|
| 必要性活动 | ● | ● |
| 自发性活动 | ・ | ⬤ |
| "连锁性"活动<br>（社会性活动） | ● | ● |

图 10-1　城市空间质量与
户外活动发生的相关模式
（资料来源：参考书目 298,
p15）

## 10.1.2 城市空间质量与城市居民户外活动质量的相关性

在解读城市公共空间质量与市民户外活动需求的相关性后，市民户外活动的质量成为研究者进一步探讨的内容。现实生活中有对比强烈的两种极端案例。一类是尺度庞大、机动车川流不息的现代城市，在这样的城市里，能够为人们户外活动提供场所的城市空间不断被宽马路、停车场、宏伟气派的"景观"设施所蚕食。由于室外空间大而无当，户外经历索然无味，人们宁愿呆在室内这一相比室外更加安全的场所。而另一类是尺度宜人、较少机动车穿行、适于步行的空间场所，类似的空间可以在传统市镇以及经过良好设计的现代城市街区中找到，由于户外空间为人们的活动提供了多种选择和可能性，也创造了适宜的环境，因而人们更愿意在闲暇时间驻足于此，从而很好地发挥了公共空间提升城市活力和生气的作用。这两种境遇可以用来简单描述公共空间质量与市民户外活动质量的关系。

而深究起来，市民户外活动的质量主要体现在以下三个方面，即公共空间中人和活动的数量、每一次活动持续的时间，以及活动产生的类型。因而公共空间质量与市民户外活动质量的相关性研究也即是讨论什么样的城市空间能够促成城市居民什么类型和程度的户外活动的研究。

图 10-2 哥本哈根市通过步行街和广场的建设使参与城市公共生活的居民数量增加了两倍
（资料来源：参考书目 298，p36）

    首先人和活动在时间和空间上的集中是事件能够发生的前提，因而参与户外活动的市民数量是空间质量判断的原则之一。在 1986 年春夏两季对哥本哈根市中心的所有活动进行统计的结果表明，从 1968 年到 1986 年，随着市中心公共空间质量的改善——步行街和广场的数量增加了两倍，在公共空间驻足和小憩的人数也增加了两倍，人们积极主动使用公共空间的兴趣大大增强了（图 10-2）。

    其次，为了使环境改善的正效应过程有机会实现，我们必须承认，在特定空间中可以观察到的人及其活动，是各种活动的数量和活动持续时间共同作用的产物。活动持续的时间与公共空间的吸引力和可使用性紧密相关，相同数量的城市居民由于使用公共空间时间的长短将创造出不同的城市活力。

    最后，根据户外活动中人们接触的不同强度，可以建立一个简要的接触强度列表，其中在城市公共空间广泛发生的低强度接触是人与人之间进行其他更为复杂的交往的基础。因而如果能够激发更多的位于接触强度列表下方的被动式接触，人们参与户外活动的质量也将得到极大的提高。"调查和分析表明，人及其活动是最能引起人们关注和感兴趣的因素……无论在任何情况下，建筑室内外的生活都比空间和建筑本身更根本，更有意义。"[286] 经过学者们对哥本哈根、悉尼、墨尔本和阿德莱德市、旧金山等城市内代表街区和场所的实地观察，可以得出物质环境的改观能显著改善城市空间使用状况，并引发大量娱乐性和社会性自发活动的结论（图10-3）。

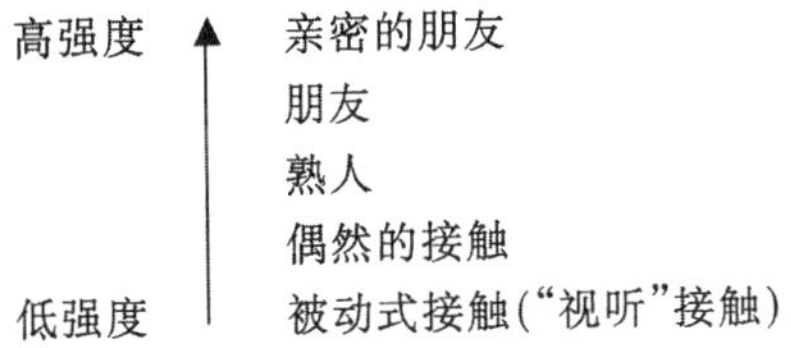

亲密的朋友
朋友
熟人
偶然的接触
被动式接触（"视听"接触）

低强度

图10-3　户外活动的接触强度列表
（资料来源：参考书目298，p19）

## 10.1.3　从"公民性"到"市民性"

城市空间质量影响城市居民生活质量是一个复杂过程。从既有的研究成果来看，通过创造适宜的条件，人们在公共空间的主动和被动式交往都将得到鼓励和促进，这是城市居民户外生活质量改善的必要条件，除此之外，社会交往的形成还取决于市民在城市公共生活中是否存在类似的兴趣点和共同的社会价值观，尽管在这一方面，城市规划和设计师对于在城市经济和政治整体氛围中的社会生活影响有限，但是公共环境改善从体现"公民性"到提升"市民性"的价值观转变仍将发挥其在帮助城市居民获得社会认同等方面的重要作用。

"公民性"与"市民性"的区别很容易从字义上理解，相比较而言，市民性更强调城市居民对社会生活的参与度，体现出对城市运作状态充满信心的整体氛围。可以说，活跃的市民权和生动的城市生活是一个优秀的城市和城市文化特色的基本构成要素。相比传统城市中公共空间大多经由市民生活雕琢的生成方式，现代功能主义的城市更多地由城市规划和设计快速促成。对"公民性"的注重使后者的生成方式或许更适合现代城市对效率和一致性的追求，有助于按照既定的可行模式迎接城市化挑战，解决大量城市居民的居住和就业问题。然而在大范围内的规划设计正逐渐暴露出"市民性"空间缺失的后果，现代城市在建设中为生活而设计的初衷已经逐渐模糊。正如城市空间扩展中人类对待自然生态环境的态度一样，城市在不断的建设与更新中也正在使市民生活的空间不断减少与破碎化，这是对城市社会生态的直接破坏。

而城市公共空间恰恰也是帮助城市居民回归"市民性"的重

要阵地，因为能够集聚对城市生活的信心以及增强社会活力的场所便是城市的公共空间。从街角公园到城市绿地，从宅前庭院到市民广场，这些属于城市居民的空间构成公共领域的整体，成为城市的粘合剂。要想在较为缺少"市民性"要素的地方恢复这些传统，城市居民必须要参与到他们的城市演化中去。只有促使他们意识到公共空间是城市或社区共同拥有，且共同负责的，那么城市公共空间才能真正起到集聚市民精神的作用。

巴塞罗那是通过城市公共空间建设提升城市居民"市民性"的优秀案例。20世纪70年代的巴塞罗那经济萧条，百废待兴。当时市政府没有展开宏大的综合规划，而是借助改善城市公共空间和居住环境鼓励城市居民多参与户外活动，提升城市的宜居性。作为最主要的公共政策之一，照顾公共空间品质已经成为一项持续的行动，到90年代初，通过将城市废弃地、停车场改建为社区公园，将过宽的机动车道缩减并形成连续的景观步行道，城市共有400多处公共空间的品质得到提升，使城市焕发了新的生机。此后，巴塞罗那又利用1992年举办奥运会的机遇重新利用了60多年前世博会的废弃场地，将城市开发向滨海地区推进。在众多艺术家和市民的共同努力下，该城市公共空间的建设成就获得了世界范围内的广泛赞许，摘得"公共艺术之都"的美名。这对提高城市居民生活质量，增强社会归属感和凝聚力起到了至关重要的积极作用（图10-4）。

图10-4 巴塞罗那通过公共空间建设塑造城市"市民性"特征
（资料来源：http://www.uutuu.com/member/photo）

## 10.2 高质量城市空间生成的基础条件

根据前文对城市空间质量的描述，我们可以认为高质量城市空间能够为城市居民不同性质的活动提供适宜的空间场所，以促进这些行为在自然状态下的共同作用，并产生生动多样的城市生活。空间质量的高低将产生正、负两种效应：有活动发生或是没有活动发生。因此观察公共空间新建或改建后活动发生数量和持续时间的变化是判断城市空间质量的首要依据。但这并不意味着我们毫无办法先验地推进高质量城市空间的设计，大量的案例和前辈的研究成果都表明：只要在空间生成或改造的过程中满足一些基本条件，并对城市空间进行恰如其分的设计，便极有可能使这些场所成为城市居民喜爱的去处。本节首先讨论高质量城市空间生成的基本条件，这些条件的实现与否对于判断城市空间质量的高低是十分直观且有效的，其中人性化尺度、慢速交通和地方认同是笔者认为最关键的三个要素。

### 10.2.1 高质量城市空间的人性化尺度

扬·盖尔曾在《交往与空间》的第四版序言中说到："户外生活的特点随着社会条件的改变而变化，但是，当我们研究户外生活时，所用的基本原则和质量标准却没有根本的改变。"[286] 其原因首先在于高质量城市空间的易达性、可识别性、适应性、独特性和多样性等特征仍然与以人为本体的实际感受相关联，并非孤立地存在于价值评判体系之中，而为城市居民的活动安排场所也要求以人对空间的行为需求为出发点，只有真正在物质和精神层面上与市民的使用、交流和认同等要求取得一致，公共空间的效用才能最大化地发挥出来。因而空间尺度上的人性化处理是高质量城市空间生成的重要条件之一。

在众多学者的努力下，人们行为和感知的最佳尺度已经被逐渐揭示。人类学家 Edward T. Hall 在《隐匿的尺度》一书中分析了人类最重要的知觉以及它们与人际交往和体验外部世界有关的功能。[1] 结论包括：在几乎所有的接触中，人们都会有意识地利用各种感官对距离进行感知，以此评价对方与自身所处位置的关系；人类大多数感官天生习惯于感受和处理以每小时 5～15 千米的速度步行或小跑所获得的细节和印象。如果运动速度增加，观察细节和处理有意义的信息的可能性就大大降低；此外，多数人每次步行的活动半径通常为 400～500 米，对儿童、老人和残疾人来说，合适的步行距离通常要短得多等。其他学者有关环境心理学的研究也发现，人的视野和视距都受到生理的限制[2]。一般认为，人对水平面上发生的活动的可感知范围局限为 20～100 米，而在垂直方向的感知仅限于一个很小的范围，一般为地面以上 6～10 米；市民生活总是从在地面上的步行开始，城市的亲切感受来自这个层面丰富且相互联系的视觉系统；当观看一个建筑作品或城市雕塑时，27 度是最佳视角，观察者会本能地移动到与这个角度相适应的距离处。但是为了将形形色色的建筑与环境融合进一个总体印象中，这时眼睛的张角只有 18 度。[304] 同时，人们的听觉、触觉、嗅觉和味觉也都可以被用于感知公共空间的适宜性：其中听觉具有较大的工作范围，在 7 米以内，耳朵十分灵敏，进行交谈基本没有困难。大约在 35 米的距离，仍然可以听清楚演讲，建立起一问一答式的关系，但已经不能进行实际的交谈。而超过 35 米以后，倾听被人的能力就大大降低了。因此，对这些数量关系的灵活运用对于生成人性化尺度的公共空间至关重要。

现代城市在宏大规划的过程中产生了大量超尺度空间，这些空间往往因为人们对其感觉控制力的减弱而使参与的兴趣减弱。在一般街区中，宽 30～40 米的步行街，或街角 50～60 见方的广场都是超尺度的例子，在这类空间中由于两侧的人相距过远，彼此之间产生社会性接触的可能性就大大减少。如果尺度被限定在可以仔细推敲空间大小的范围内，人们便可以观察到从整体到细部的各个层面，从而可以最佳地体验到周围的环

1

在《隐匿的尺度》中，Hall 根据西欧及美国文化圈中不同交往习惯，定义了一系列社会距离：亲密距离（0～0.45 米）是一种表达温柔、舒适、爱抚以及激愤等强烈感情的距离；个人距离（0.45～1.30 米）是亲近朋友或家庭成员之间谈话的距离；社会距离（1.30～3.75 米）是朋友、熟人、邻居、同事等之间谈话的距离；而公共距离（大于 3.75 米）是用于单向交流的集会、演讲，或者人们只愿意旁观而无意参与的较为拘谨的距离。

2

人的视野（指脑袋和眼睛固定时，眼睛所能察觉的空间范围）：单眼视野竖直方向约为 130 度，水平方向为 150 度，双眼视野在水平方向上重合了 120 度，其中 60 度较为清晰，中心 1.5 度左右最为清晰。

境。同时，我们经常提到功能混合对于扭转现代城市分区明确，缺乏生活气息等弊病的重要意义，但我们首先必须对这一目标进行正确的理解，即城市功能的混合服务于人们日常生活和活动的混合，体现在微观尺度上的可达范围内各种人和活动在实际生活中的交融。我们在规划图纸中能够将居住、商业、办公、交通等功能紧密地布置在一起，然而我们更重要的是在现实中检验这些生活、工作在同一地域的人们能否真正使用相同的公共空间，并在日常生活中建立联系。这也是规划设计中人性化尺度表现的一个重要方面。

## 10.2.2 高质量城市空间中的慢速交通

城市中最主要的公共空间类型是街道、广场和公园等，在这些城市空间中鼓励步行是产生城市生活的基础。由于现代城市受到机动化趋势的影响，小汽车交通被认为是城市公共生活的最大威胁，因为即便小汽车产生的废气与噪声问题在未来有可能解决，但是其庞大的数量和行驶的速度仍是分隔和扼杀城市生活的主要原因之一，而后者恰是许多环境问题产生的根源。认识到这一点，如果我们的社会还要求继续重视城市居民的户外生活，并着力重建社会信任的话，就必须减少小汽车交通带来的诸多负面影响，其中在公共生活空间提倡慢速交通方式也是保证空间质量的基本条件之一。

从小汽车交通对于人们行为心理造成的影响来看，如果城市的生活性街道被快速行驶的机动车所占据，危险和不安定的感觉将极大地限制城市居民对机动车道路旁公共空间的使用。1978 年澳大利亚对机动车街道和步行街道进行了一项调查，显示了人们在这两种类型街道上的安全感受情况。在有机动交通的大街的人行道上，所有 6 岁以下的儿童有 86% 与大人陪伴出行；而在步行街上，数字刚好相反，75% 的儿童被允许自由活动（图 10-5）。在目前我国各大城市中，大多数有就学儿童的家庭都将接送孩子上下学纳入了工作日路径之中，儿

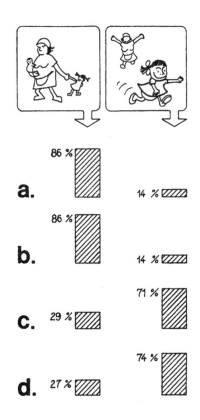

童的玩耍与嬉闹也被迫处于严密的监管之中，这些都是家长对活动安全性较为担忧的体现。而即便在道路两侧设置了过街天桥或人行地道等辅助设施，在视觉和听觉范围内对机动车快速交通的感知也在向市民传达躲避的信号。

由于日常生活中，市民户外活动的理想场所通常是与居住地临近的街道或广场，这些场所与城市中起连接作用的交通性街道功能不同，它们是城市生活的发生器，因而在这些区域鼓励慢速交通，便意味着创造"富于活力的城市"，当设计者不再以机动车能够快速通过为设计目标，而更多地考虑为

图 10-5 墨尔本市两种不同类型街道中父母对孩子安全的担忧程度对比（a、b 为机动车道；c、d 为步行街）
（资料来源：参考书目 298，p176）

市民户外活动提供场所时，目前许多城市由小汽车统治的现象将极大地得到改观，最显著的变化便是街头活动的兴起。如果运动速度从每小时 60 千米降至每小时 6 千米，街道上的人数就会成 10 倍地增加，因为每个人都处于延长了 10 倍的视域之内，这是杜布罗夫尼克（Dubruvnik）和著名的威尼斯城有很高的户外活动水平的原因。在城市机动性得到极大提高的同时，[1] 在城市生活区域对交通速度进行一定的限定，提倡步行、自行车和小汽车交通的和谐共处是恢复和提升市民户外活动兴趣的前提之一。

1
参见 [ 丹麦 ] 扬·盖尔著. 交往与空间（第四版）[M]. 何人可译. 北京：中国建筑工业出版社，2002：81.

图 10-6 高速路上和步行街的活动密度
（资料来源：参考书目 298，p80）

### 10.2.3 高质量城市空间的地方认同

高质量城市空间生成的另一个基本条件是获得地方认同。城市建设环境不仅包涵物质属性，还有心理和社会属性。这直接要求在设计实践中，除了考虑基本使用功能（如舒适性、支持活动与美感等），还应考虑建成环境被体验时的情况。城市设计塑造公共空间的行为过程即是专业者帮助地方市民共同建立文化认同的过程，街区物质环境建成后如果无助于地方居民文化认同的建构，那么这种孤立于社会环境之外的空间便缺少了市民公共价值，类似的空间即便满足了市民户外活动的物质需求，有助于加强社区活力及凝聚力，但对城市居民获得更高层次的精神归属，以及促进城市整体文化氛围的建设则帮助甚微。

营造具有地方特质的公共空间，对城市设计师提出了严峻的挑战。当代全球化过程中的"时空压缩"正在造成地方文化的破碎和无地方感的结果，常见的问题是将发达国家的文化符号不加甄辨地堆砌于国内城市空间，将大城市的空间尺度设定原则与建设经验直接用于中小城市的空间建设等，这些不分地域和特定条件运用的普适方法已经造就了千篇一律、毫无地方独特风貌而言的城市，被 Relph 称为"地方特色的随意清除"和"标准化的景观生产"[312]。

图 10-7　河北涿州的城市景观　　　图 10-8　欧式风格的新建筑

（资料来源：参考书目308，p23，37）

　　国外符号被移植到国内的现象已经被广泛批驳，而大城市的经验被直接运用到中小城市实则也到来了许多潜在的危害。由于使用者规模和其他一些关键要素的差异，城市公共空间的组织和设计对不同类型的城市提出了各自的要求。大城市的市中心范围大，人口密度较高，这为中心区的公共空间带来大量潜在的使用者。如在一个每小时有3000人经过的地点，即便空间设计的有些缺陷，但这个空间仍能得到充分的利用。而中小城市受市民数量和活动周期的限制，更要求通过公共空间的合理布局和精心设计来吸引市民的参与，否则将造成社会资源的巨大浪费。目前国内有一些中小城市通过复制大城市街道和广场的尺度来"提升"城市形象，并在城市更新的过程中将大量城市功能和市民生活疏解到城市外围，城市历史发展形成的公共空间由此不断被新型的现代城市广场所取代，这些变化的直接后果便是城市空间所体现出的地方性和城市中心区原来紧凑明确的特征正在逐渐消逝。

　　由此，地方认同的获得要求城市设计关注居民的生活经验与地方文化问题，为不同层面的社会群体的使用和解读预留空间。尤其在当前市民尚不能普遍实质性参与城市环境建设的今天，强调塑造具有地方特质的公共空间，是期望城市设计能够发挥推动市民在环境建设中的积极作用，一方面赋予地方环境人文意识，使融于社区的日常生活成为市民文化的一部分；另一方面也可能有助于促进地方的政治民主进程。毕竟，公共价值领域体现了公众在城市建设环境中的利益与权利，表达了社会认同和关乎市民社会的自主性建构。这并非能够一蹴而就的过程，需要通过政府、设计师和市民的持续经营才能逐步体现，但这恰是市民空间质量得到进一步提升的必然要求。

# 10.3 城市设计与高质量城市空间的生成

人性化尺度、慢速交通和地方认同是高质量城市空间生成的基本条件，这些空间设计要求的实现一方面有赖于较大地域范围内，规划和交通策略在结构合理和形态完善上做出的努力，另一方面在城市居民的生活尺度上，也需要具体设计的落实。同时在这些条件基本实现的基础上，也仍然需要一些设计方法和实践步骤来引导城市空间的形成，以实现高质量空间设计的目标。因而如何通过设计促进高质量城市空间的生成或更新成为本节讨论的主要议题，对此，必须充分发挥致力于城市空间研究的城市设计原则和方法的显著作用。

## 10.3.1 城市设计学科特点与发展现状

从广义上理解城市设计，是指对城市社会的空间环境设计，即对人工环境的种种建设加以调节。[300] 从这个定义上看，城市设计的实践古已有之，不论是"自下而上"[1]或是"自上而下"的设计方法，都曾在历史上创造出伟大的城市。但到近代工业革命以后，城市设计方法才被自觉运用到城市建设中，为缓解当时诸多的城市问题，西方发达国家开始有意识地践行通过设计来美化城市环境的做法，由此展开了一系列探索性的城市建设活动，随着现代建筑运动和城市规划活动的兴起和发展，发端于建筑学的城市设计思潮也逐渐形成。第二次世界大战以后，城市设计的作用又被再次强调，它与城市规划一起对战后城市重建和秩序恢复起到了必不可少的引导作用。在已经完成了城市规划编制的城市或地段，城市设计被普遍视为规划和建筑设计之间的桥梁，要

1

所谓"自下而上"是指主要按"自然的力"或"客观的力"的作用，遵循有机体的生长原则，若干个体的意向多年累积叠合来设计建设城市（镇）的方法，欧洲中世纪的城市大多这样形成；而"自上而下"的设计方法是指主要按人为力作用，依照某一阶层甚至个人的意愿和理想模式来设计和建设城镇的方法，著名的米利都城和文艺复兴时期的理想城市都是统一规划形成。

求把相对宏观的目标落实在具体的物质空间环境上；而在尚未进行规划的城市地段，城市设计更为直接地参与到城市空间的塑造之中，成为改善当地环境的有力工具之一。随着城市建设活动的日趋复杂和城市设计理念的普及，它所涉及的内容也越来越广泛。从最初的把建筑设计原则扩大运用到较大范围的城市环境，到现在提出的"二次订单设计"和"触媒理论"，国外城市设计一直处于不断理论完善和观念更新的过程之中。

在我国，20 世纪 90 年代以后，城市设计学科也开始兴起，并逐渐成为学术界的研究热点，短短一、二十年内关于城市设计的理论著作和实践成果已经不胜枚举。其背景一是因为随着我国各方面开放性的增强，国外城市设计的理论与实践内容不断被引荐到国内，为国内学术界展开城市设计研究奠定了基础；其二是因为在我国快速城市化与工业化的进程中，出现了大量有关城市环境面貌的问题，比照我国城市建设的现状，呼唤城市设计的时机已经到来。20 世纪末，中国城市规划学会在深圳召开了"全国城市设计学术交流会"，这次大会基本"反映了国内城市设计的发展水平"，较为全面的探讨了城市设计有可能涉及的各方面问题。[1] 进入 21 世纪以后，国内城市设计的实践掀起新一轮高潮，表现为全国范围内城市设计项目在各个层面上不断开展，政府决策部门也越加重视城市设计在引导建设和改善城市面貌上的作用。

但在看到成绩的同时，我国城市设计的实际成效值得细究。从国内大部分城市设计项目的成果表达和建设效果来看，关于空间设计的需求与设计理论及实践的关系尚未理清，其中还涉及到城市设计的一些根本问题，包括为什么要做城市设计，什么是好的城市设计，以及城市设计实践究竟应该有何侧重等。目前对这些内容的认识仍然众说纷纭，"学术界内部对这个词语的使用也常常在多重意义上来回逡巡"。[301] 同时，在认识上的模糊也影响到了实践活动的开展，首先表现为城市设计与详细规划的对象与成果难以区分，虽然大量的文章都在阐述两者的区别，但是在实际操作中却表现不出各自的侧重点，原因恰在于研究思路和研

1

1998 年 8 月召开的"全国城市设计学术交流会"，有规划师、建筑师 230 多人参加，专题内容涉及城市整体形象设计、居住环境设计、中心区、广场、步行街、滨水地带、旧城更新、历史地段保护等。详见城市规划通讯，1998/17。

究方法上的雷同；其次，大量实践仍将建筑与建筑群体的形体布局视为城市设计的主要研究对象，忽视了对由建筑围合而成的外部空间关系的研究，有些项目甚至在建筑形体上大做文章，只为成果表达的引人注目，而偏离了城市设计的根本任务。可见，在目前学科建设和实践应用的现实情况中展开城市空间环境的研究，尚需对城市设计意义和价值进行重新认识。

## 10.3.2 城市设计理论与实践对公共价值的回归

笔者认为对于"为什么要做城市设计"、"什么是好的城市设计"，以及"城市设计实践究竟应该有何侧重"等问题在学术界已经建立了广泛的研究基础，之所以没有获得一致的答案，其原因在于参与城市设计理论与实践研究的学者和设计师大多出自于建筑设计、城市规划和景观设计等不同专业，学者进行理论与实践研究的出发点越来越呈现多元并存的状态，往往习惯于在各自擅长的领域对城市设计进行释义。因而尽管国内外诸多学者都在尝试解读城市设计的范畴、目标及实践原则等，但是就城市设计学科发展的整体性而言，其基本的具有一致意见的概念体系和研究框架尚未建立。但也正因为大多数城市设计研究和实践者都具有建筑学的背景，所以与涉及多学科领域的城市规划研究相比，城市设计更容易获得普遍认同的研究基础，它对城市空间物质形态的关注是日趋政策化、弹性化的城市规划在追求非蓝图式成果的过程中不可或缺的有益补充。

其实，早在1965年美国建筑师学会出版的《城市设计：城镇的建筑学》一书中便为城市设计的理论方法作出了精辟的定位："建立城市设计概念并不是要创造一个新的分离的领域，而是要恢复对基本的环境问题的重视。"这句话十分简要地回答了"为什么要做城市设计"的问题，现代城市对于宏大规划的追求不断造成城市居民生活空间的消逝，对城市设计的推崇便是对城市环境质量的重新认识。而在回答什么是好的城市设计，及城市设计有何侧重点时，城市环境中公共空间的价值体现成为关键性要素。在较为全面地总结了半个世纪以来国内外学者对城市设计的认识后，刘宛认为，"尽管涵盖了非常广泛的活动，城市设计是一种主要通过控制公共空间的形成，促进城市社会空间和物质空间健康发展的社会实践。"[302] 这一概念中将城市公共空间作为城市设计的重点研究内容与建设实践中对城市设计的要求是一致的。因而只有通过维护、提升城市空间的"公共价值"，为市民生活创造理想的和必要的物质环境与社会空间，城市设计的意义才能得到最大限度地彰显。同时，这也从一个侧面体现了评价城市设计优劣的标准，由于城市设计注重实践性，一个好的城市设计项目需要通过创造适宜的空间场所来塑造市民社会的公共价值领域，它有着深刻触动社会进步和市民个体发展的可能。其价值基础不仅仅存在于城市设计者自身的评价与选择，人的"主体性"需求与选择对于建成环境公共价值领域的物质功能才是决定性的。

列斐伏尔曾经指出，如果未曾生产一个合适的空间，那么"改变生活方式"、"改造社会"都是空话。[303] 人们可以通过发生人际互动的空间的质量来确定公共生活的性质，因而将空间质量与生活质量和社会价值相联系显然有其现实意义。论文讨论的"紧凑"策略在进行了一系列规划策略的研究后寻求设计策略的支持便是出于对上述看法的认同。与主要根据城市整体或局部的发展要素来安排城市群体人口的活动，要求在经济、社会和政治可行性基础上兼顾各方面利益的城市规划活动相比，城市设计从本质上来讲更加注重单个人的行为尺度，是根据人们对空间大小和质量的期望值进行的设计实践，因而对于如何生成高质量城市空间的研究，城市设计理论与方法具有明显的针对性。[1]

### 10.3.3 城市设计对高质量城市空间生成的形态指引

对城市空间的形态指引是国内外学者研究城市设计的主要方向，也是实践中运用城市设计原则和方法的最重要内容。从古至今，从城市整体范围到具体地段的设计项目，城市设计都在促进城市空间生成的过程中起到了重要的引导作用。只是在不同的历史时期，根据不同的生产和生活方式，曾经产生过不同的城市设计思想和相应的设计方法。在呼唤公共价值回归的现代社会中，适应性的质量评判体系也对空间的形态设计提出了新的要求，体现在城市新建地区对人性化空间生成的设计引导，以及在城市更新中通过空间形态整合重新激发被破碎化的城市生活。

在这一过程中，对物质—形体分析法、场所—文脉分析法、相关线—域面分析法、生态分析法和其他城市空间分析技术等[300]各种城市分析方法和研究技术的综合运用是否得当与有效仍然直接关乎空间设计的形态结果。就目前城市设计作用的不同层面而言，有大量较为经典的案例可以被用来说明设计对于促进高质量城市空间生成的可能性。

### 1. 总体城市设计构建城市整体空间体系

总体层面的城市设计涉及城市整体形态完善的研究，虽然有时候独立于规划过程，但却是城市总体规划在确定密度分配和空间布局等内容时的有益补充。同时在规划研究中通常综合考虑了来自政治、经济、社会和生态的不同利益要素，因而城市设计能够进一步将上述研究成果与市民的使用需求相结合，构建由建筑、街道、广场和自然要素等构成的城市整体空间体系。关于这个整体空间体系对于城市空间质量的重要性，我们可以从凯文·林奇关于城市意向的研究中获得全面的认识，这一受到广泛推崇的城市设计方法从侧面表示了在城市总体设计的过程中，通过构建整体空间体系来增强城市"可读性"和"可意象性"的重要意义。[1]

总体城市设计的内容包括市域范围内各功能用地的空间形态、景观格局、开放空间体系、城市天际轮廓线和标志性建筑布局等。比较著名的案例有培根主持的美国旧金山城市总体设计和费城总体城市设计；及日本的横滨城市设计等。欧洲、澳大利亚和日本等其他国家实施的"城市风景规划"或"三维空间景观控制规划"也体现了总体城市设计的内容。

1
详见[美]凯文·林奇. 城市意象[M]. 方益萍，何晓军译. 北京：华夏出版社，2001.

旧金山总体城市设计

20世纪60年代，为避免城市过度开发对城市景观造成破坏，旧金山在市民的强烈呼吁和积极支持下，制定了全市性的城市建设法则，这是全美在城市美化运动之后第一个完整的城市设计（图10-9）。根据当时城市设计规划（Urban Design Plan）的描述，这次设计任务"是确定环境品质的过程的一部分"，"而品质的依据则是人的需求"，通过针对城市模式、保护、新开发地区和邻里环境这四大类问题的研究，其创建令人愉快的物质环境、适宜的尺度和恢复城市生活价值的出发点都与城市设计的根本任务相一致。[306]

但是由于未能与开发控制很好的配合，在实施中遇到了一些困难。于是1983年，旧金山在原有城市设计的基础上，制定了"城市中心区开发准则"（Guiding Downtown Development）以指导开发实施。这个准则共包括七个部分[1]的内容，每个部分都提出了整体设计目标，并转译为可供操作的原则和策略，此外还以附

1
这七个部分的内容包括建筑尺度、设计与外观、商业服务、休憩与公共空间、交通、住宅、保存重要建筑物与工业。

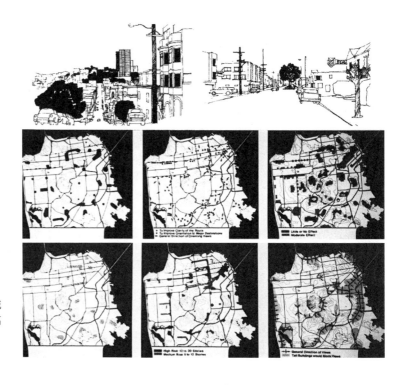

图10-9　旧金山总体城市设计中队街道景观、高层建筑控制的相关内容（资料来源：参考书目306）

图的形式进一步解释设计准则。为配合设计控制的有效性，旧金山相应地调整了区划条例，并设置了完整的设计审查程序，监督管理条例的具体执行。这是旧金山总体城市设计从制定到最后实施的全过程。

费城城市总体设计

　　费城总体城市设计也常被用于说明城市整体空间体系的生成过程，它极好地体现了 E·培根把城市视为有机整体的城市设计思想，并将其"同时运动系统"的设计方法付诸实施[1]。所谓"同时运动系统"就是对人的活动路线和交通流线加以考虑，以三维方式满足上述两项要求。具体说来，它强调体量与空间的关系、居民感受的连续性、以及不同运动系统之间的关联。培根认为必须为生活和行动在城市中的人群创造良好的物质环境，注重节点对整个城市环境的统帅作用，这些都是城市风貌连续性与丰富性的体现（图 10-10）。

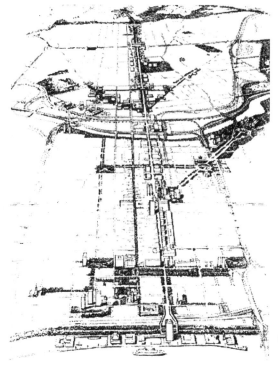

图 10-10　费城城市总体设计结构
（资料来源：参考书目 307，p301）

1
培根说通过在费城的工作，终于相信以三维方式清晰表达的"同时运动系统"，将影响城市形态的发展，具有满足城市设计要求的素质。详见 E.D 培根等. 城市设计 [M]. 黄富厢，朱琪编译. 北京：中国建筑工业出版社，2003：264-307.

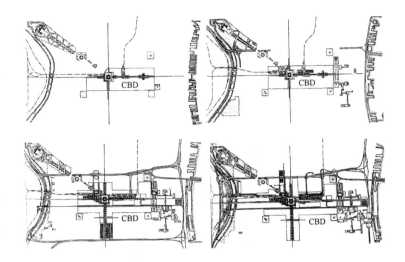

图 10-11 费城城市空间的生成过程
（资料来源：参考书目307，p270，271）

图 10-11 表示了作为费城成长发展的基础而不断演变的设计结构概略。这个结构不是一蹴而就的，它之所以能够体现统一性是由于每一个局部都是根据同一个有机生长过程的原则而同其他局部相联系的。"这幅鸟瞰图本身的性质就清晰的表明它不是最终形态，它所激起的新的成长和繁荣已经出现，还将作出许多充实和修订，以适应城市发展的新要求。"[307]

## 2. 分区级城市设计指向城市重点区域空间环境

这一层级的城市设计主要涉及城市中功能相对独立的和具有相对环境整体性的街区，其主要目标是：基于城市总体规划确定的原则，分析该地区对于城市整体环境塑造的价值，为保护或强化该地区已有的自然环境、人造环境的特点和开发潜能，提供适宜的操作技术和设计程序。在这一规模层次上，城市设计的主要内容集中在以下几点：与总体城市设计对环境整体考虑所确立的原则相衔接；旧城改造和更新中的空间生成问题；功能相对独立的城市区域，如城市中心区，开发区、大学城等，或具有特定主导功能的历史街区，商业中心、大型公共建筑等。

世界上著名的案例有：巴黎拉德方斯副中心建设，悉尼岩石区旧城更新改造，波士顿昆西市场的再开发，以及横滨"未来21世纪港湾"地区城市设计[1]等。随着城市设计近年来在国内的

1
以上案例详见王建国《现代城市设计理论和方法》中"世界现代城市设计实践选析"部分。

普及，深圳、上海、广州、北京等城市也先后完成了许多重要地区的城市设计工作，如深圳市（福田）中心区城市设计，上海的陆家嘴金融中心区城市设计、静安寺地区城市设计，广州的传统中轴线城市设计、新城市中轴线珠江新城段城市设计，以及北京的奥林匹克公园、中关村科学城／东区城市设计、CBD地区城市设计等都在国内引起强烈反响。但从国内外这些案例的建成效果来看，在设计之初是否对人性尺度空间的使用进行优先考虑关乎了这一地区对改善城市空间质量所起的作用。

*巴黎德方斯副中心城市设计*

1960年代，巴黎政府决定在凯旋路延伸到诺特路的德方斯地区开发建设新的综合贸易中心，为了既能够保持巴黎旧区历史风貌的完整性，又在一定程度上缓解现代化进程中的发展压力，这一选址无疑获得了广泛的认同。同时这项工程所采用的城市设计手法至今看来仍具有大胆的示范意义（图10-12）。

在设计中，整个德方斯地区采取了人车分流的理念和原则，将地面层完全建设为人行空间和居民活动场所，并把过境交通、货运、停车等功能安排在地下诸层。为了使上下班的人们和生活在这个区域的居民出行能够便利，规划设计还考虑了小型电车和

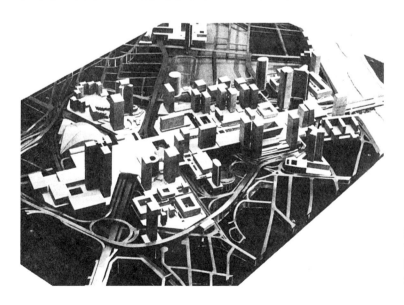

图 10-12　德方斯的城市设计模型
（资料来源：参考书目
307，p215）

图 10-13　巴黎德方斯
为市民提供的步行空间
（资料来源：http://www.
mazhuophoto.com）

传送带。在建筑和空间使用上，设计安排了办公、居住、区域性
商业中心、艺术活动中心、展览馆和电影院等功能的混合布局，
并将由建筑群体围合的城市空间开放为市民活动场所。经过精心
的设计，这些为市民和旅游者打造的步行空间一方面体现出城市
建设者对于城市公共价值的重视，另一方面也在城市机动化进程
中着力尝试了在不降低城市市民活动空间质量的前提下，多种交
通工具的和谐共存方式（图 10-13）。

### 上海陆家嘴金融贸易中心区城市设计

20 世纪 90 年代中国的发展重心循沿海城市走廊北移至长江
三角洲以及经济、金融、贸易中心城市——上海。根据中央开发
和开放浦东的重大决策，上海提出了建设陆家嘴金融贸易中心区
的战略决定，无论从选址思路，还是区域重要性等角度看，该地
区的城市设计都与德方斯地区存在一定的可比性。

作为在短时间内建立起来的城市发展新载体，它十余年来的
建设成就受到世人瞩目。该地区的规划设计方案曾经历了"创
议—发展—（国际）咨询—深化（评比）—完善"五个阶段，前
后共有 15 个方案参与进来。尤其 1992 年 5～11 月上海市政府组
织法、意、日、英和上海五个组参加了"陆家嘴中心区城市设计
国际咨询"，在最终的完善方案中，城市设计的成果得到了充分
的表达。方案确定设计的核心是以空间（中央绿地、带状及滨江
绿地空间）为中心组织建筑（包括核心区、高层带和临水跌落的
滨江建筑），并运用了 Kevin Lynch 的城市意象要素理念，"为陆

家嘴中心区建筑创作提供了良好的空间环境，也提出了设计的边界要求"（图10-14）。[309]

图 10-14  上海浦东新区最终的城市设计方案（资料来源：参考书目309）

但是在这些成绩背后也暴露出设计和实施过程中的一些问题，主要体现在设计中过于注重建筑体量的关系，而忽视了由此围合的城市空间的布局与组织，致使建筑单体建成后各自为政，留给城市的空间成为剩余空间，而无法发挥提供城市生活场所的作用；同时尽管在中心区内也安排了广场与公园等供市民休憩的场所，但是各公共空间之间步行的非连续性对该区域内整体的空间质量产生了较大的影响；此外，金融贸易区内的高层、超高层建筑在设计上尽显独特个性，统一协调不足，导致了空间层次的缺乏和景观的零乱。这些都是国内进行分区级城市设计时暴露出普遍问题，通过建设大量形式新颖的建筑实体来追求城市面貌上的改变，而忽视城市居民对空间使用的真正需求是这些问题产生的根源。

同时，在分区级的空间范围内，我们既能够根据该区域在整个城市中的区位及功能定位来获得对开发的总体控制意向，也能藉由自身的发展特点和条件来进行空间的组织，因而这一层面是

图 10-15  上海浦东的空间形态与市民步行活动环境（资料来源：自摄）

考虑建筑之间可能的连接关系，以及设定分区范围内交通，尤其是步行交通联系的合适尺度。美国的明尼阿波尼斯、我国香港和新加坡中心区的多层步行系统组织都是在这一空间尺度上进行整体设计的结果，这些在安排在多个建筑物之间连续的步行线路不仅发挥出该区域的整合优势，也为方便市民的出行创造了舒适、安全、便捷的交通环境。

### 3. 地段级城市设计提供高质量城市生活空间

地段级的城市设计往往与待实施的工程项目相联系，是最直接和具体涉及到空间物质形态设计的城市设计类型，在这一空间尺度上城市设计对生活空间的关注可以得到最大限度的表达。它一般涉及建筑设计和特定建设项目的开发；街道、广场的建设与更新；交通枢纽、大型建筑物及其周边外部环境的设计等。由于任何城市的整体空间脉络都由无数个在微观尺度的空间组合而成，因而尽管地段级的城市设计项目涉及范围较小，但对提高城市空间质量的影响力却很大。鉴于在这一层面上，国内外的优秀案例不胜枚举，因而笔者将分类讨论在城市设计作用下高质量城市空间的具体表现。

#### 建筑主导型的城市空间设计

这类城市空间占地段级城市设计研究的绝大部分，其原因在于各种类型及体量的建筑是空间围合的重要因素之一。在密度较高的城市中心，几乎所有的城市公共空间都离不开与建筑实体的相互依存关系。1930's 由美国洛克菲勒财团和建筑师哈里森一起规划设计的洛克菲勒中心（图 10-16），1970's Hugh Stubbins 设计的纽约花旗银行总部大厦（图 10-17），1993 年设计建成的横滨地标塔等都是建筑主导型城市设计的优秀案例，它们的共同点是对自身在城市中所处的位置和必须做出的贡献十分明确，因此不但与城市环境融合在一起，还彰显了城市的特色。这些设计大量是通过建筑师自身的城市设计意识来实施和把握，其中的城市公共开放空间一般与建筑物的建设相伴而生，因而能够保持该地

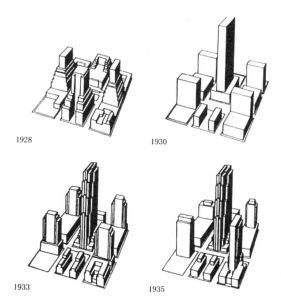

1928

1930

1933

1935

图 10-16　美国洛克菲勒中心的方案演变过程
（资料来源：参考书目300，p173）

图 10-17　美国花旗银行总部对城市空间的贡献
（资料来源：参考书目316，p150）

段在设计意识上的整体性。国内也有一些在建筑设计中考虑建筑城市性的案例，部分建筑物也开始主动承担为城市生活提供空间的职责，但是我们不得不承认过去遗留的单位大院意识仍然在现阶段有所表现，大量城市空间被阻隔在围墙或绿篱以内，得不到高效的利用，而香港的建设成就恰恰向我们说明了通过增加建筑环境的开放性来缓解高密度城市拥挤感的可行性。

图 10-18　香港又一城的室内中庭
（资料来源：参考书目 292，p34）

当然我们在讨论建筑主导型城市空间设计的时候不能忽略城市综合体的发展。这样一种实现了城市功能垂直混合以及将城市空间内部化的建筑形式是高层建筑的发展趋势之一，也是高层高密度城市地区广泛采用的空间生成形式。它对城市空间的贡献在于，一般融合了购物、餐饮休闲等功能的大型综合体都将开放其室内庭院作为市民活动的场所，这是将市民的户外生活引入室内、或半室内公共空间的做法。当然除了其功能的吸引力外，它所提供的城市空间是否能够成为市民喜爱的去处仍然取决于设计者对设计要素的把握和是否具有关怀市民生活的本意（图 10-18）。

　　此外，还有另外一类设计实践尝试在现代城市中寻找传统城市的尺度关系。由于人们对未来可能产生问题的预见性是有限的，因而对某一地区的改造在当时看来是恰当的，但随着时代的发展和居民需求的改变可能需要进行再次的调整。虽然国内目前的城市更新趋势还是将小尺度屋宅替换为大体量建筑，但是巴黎已经开始了回归居住环境适宜尺度的尝试。从 20 世纪 60 年代开始，巴黎东侧的 13 区建造了一大批高层建筑以改造当时简陋的工人住宅区，其中的第 4 号不卫生地区也被高层住宅所替代，但是仅仅过了 20 年，对该地区"再次改造"的呼声越来越大，人们希望找回建筑与街道的传统关系，因而新一轮城市设计拆除了 60 年代建成的一部分建筑，并按照现在城市持续改造的理念添加了新的住宅，尽管通过这种方式寻求新建筑与原有城市肌理的关系是困难的，但是这种回归城市人性化尺度的尝试确是值得赞赏的（图 10-19）。

图 10-19 巴黎第 4 号
不卫生地区的"再次改造"
（资料来源：参考书目
317，p236，237）

以街道和广场为主导的城市空间设计

对这类城市空间的设计一般发生在建筑的围合形态基本确定以后，是专门针对提高市民户外活动场所的质量而进行的研究与实践。在这一设计类型中，回归对步行空间的重视，创造尺度宜人的生活场所是两个主要设计方向。

对步行空间的重视要求考虑市民在城市空间中步行的连续性和舒适性。尽管国内外城市都致力于步行街的建设，如波士顿昆西市场、上海南京路、北京王府井商业街等以步行为主的商业街区等，但是在目前机动化趋势十分显著的现代城市中步行空间的不断减少已经成为不争的事实，而现阶段寻求步行空间与机动车交通的和谐共存相比之下成为较为可行的操作目标。荷兰的 Woonerf 地区成功地解决了步行、自行车和慢速机动车交通并行的问题，比起在城市街道中普遍存在的不安全交通状态，这是一种显著的改善。另外，法国南特市的"50 人质大道"（Cours-des-50-Otages）项目也是对交通空间中机动车与步行空间进行合理分配的重新考量。以前被小汽车占据的中央环路（六车道及路边停车带）完全被另外一种新的交通等级模式所取代。在新的设计中，汽车交通被限制在两个车道内，而新设置的步行空间结合了有轨电车线路，通过这次改造，该区域内 4/5 的面积被恢复为步行空间，经过精心设计的街道家具点缀在广场、步行道和露天咖啡馆之中（图 10-20）。[310]

图 10-20 法国南特市"50 人质大道"的改造
(资料来源: 参考书目 12, p22)

　　广场空间为城市居民提供了集中的户外活动场所,其宜人尺度和空间设计的水平决定了该空间的质量。在国内许多城市追求大广场而未获得理想的空间效果后,我们必须从国内外优秀的案例中认真探寻它们设计成功的关键点。其中注重小空间的处理可以被认为重要经验之一,日本著名建筑理论家芦原义信在《外部空间设计》中曾经提到过小空间在外部空间设计中积极意义:"要想使空间更充实和富有人情味,就将大空间划分为小空间,或是还原于传统,尽可能将消极空间积极化"。欧洲著名的生活广场一般都具有适宜的尺度,并常常通过广场边的低矮拱廊提供与广场大空间的互补形式。美国在公共空间环境设计中也关注到相对较小的广场和公园环境容易吸引人去使用,并深受人们喜爱的现象,在城市中心建造了大量的小公园和广场,形成高质量的公共空间。此外,在高质量的城市空间中一般少不了城市家具、植物绿化、雕塑小品等景观要素的高水平布局与设计。对这些细节的恰当处理一方面有助于提升空间的品质,增强场所的可亲近感和使用性;另一方面也可以适当修正和影响当时当地使用者对空间的感受。最后,我们再通过布雷斯特解放广场改造的案例说明将现代社会中的超尺度空间改造为高质量活动广场的可能性,由于在广场两侧新建的单层建筑重新划分了原有的广场空间,因而广场尺度得到了明显的改善,加上铺地、植被和小品的适当处理,该广场的环境面貌和使用舒适度都得到了极大的改观[317](图 10-21、图 10-22)。

图 10-21　广场空间
（资料来源：参考书目
318，p253，261）

西格拉姆大厦前广场　　芝加哥市政大楼前广场　　芝加哥第一国际银行大厦下沉广场

图 10-22　巴黎布雷斯
特解放广场改造
（资料来源：参考书目
317，p146，147）

## 10.3.4 城市设计对高质量城市空间生成的过程指引

在城市设计对城市空间生成的形态指引研究中，我们能够比较明确地认识到，除了地段级城市设计的大部分项目可以直接实施外，其他层面的城市设计成果大多被视为城市空间生成的依据及控制手段，而非最终的城市建设结果。而即便是地段级城市设计业已实现，但在城市不断发展的动态过程中，城市的更新也在持续地进行中。因而城市设计是对城市空间形态生成的过程指引成为发挥城市设计作用的进一步认识。这一认识可以从设计师对空间生成过程本身的探索和城市设计以导则、法规等形式参与控制形态生成过程这两部分内容来展开。

### 1. 强调城市空间形成过程的城市设计探索

在认识到城市设计实践并非一蹴而就的结果后，有些设计师认为为了实现城市空间的整体性生长，必须引导城市空间的生成过程。亚历山大是其中的代表人物。在《俄勒冈实验》（The Oregon Experiment）和《城市设计新理论》（A New Theory of Urban Design）中，亚历山大提出了若干城市整体发展的规则[1]以使每一次的城市建设活动都能够使城市空间如自然形成般有机生长（图10-23）。在这样一套完整的系统化设计方法指引下，他和一些学生在旧金山的码头区着手进行了一项长达五年之久的模拟设计训练。在设计过程中，每一项实践都要求与相邻地区的建筑建立联系，以解决功能使用和空间形成的相关问题。在设计模型的帮助下，其成果产生的过程被完整地反映了出来。尽管正如亚历山大所承认的那样，这一设计过程被应用到新的城市地区规划和建设时会产生许多困难，但是这种方法在延续城市文脉，生成城市积极空间等方面的探索对现代城市空间的生成过程仍具有较大的启发意义。

在国内外针对旧城更新的研究中，类似通过小规模改造推动城市空间重整过程的探索也在不断展开。张杰在20世纪末提出渐进式规划，将其视为继承和发展历史街区环境与社区文脉的一个重要手段，具体的设计思路可以从其指导的"2050年的白塔寺街区"中英学生设计竞赛第一名方案中体现。[314]

此外，在解决国内城市普遍存在的城中村问题时，除了现今采取最多的拆除重建的方法外，还有一些具有社会意识的设计师正致力于找寻通过有机更新使市民和城市共享改造收益

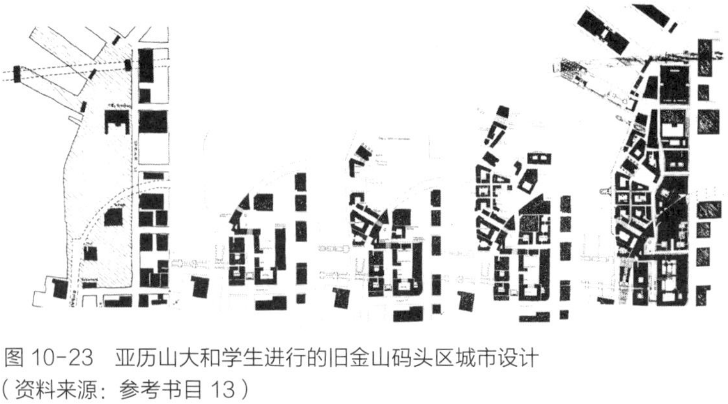

图10-23 亚历山大和学生进行的旧金山码头区城市设计
（资料来源：参考书目13）

1
这7条原则分别是（1）逐步发展（piecemeal growth）：小规模渐进式发展、保证各种类型的项目融入城市整体；（2）培养更大的整体（the growth of large wholes）：使每个项目都服务于更大范围的整体；（3）想象（visions）：每项工程在进行前都应该设想其在整体空间中的效果；（4）积极的城市空间（positive urban space）：在每个建筑旁都应该协调一致、设计精良的公共空间；（5）大型建筑的设计（layout of large building）：建筑设计应和建筑在街道和邻里中所处的位置相一致；（6）建筑物（construction）：单体建筑的细节构成小的整体；（7）中心的形成（formation of centers）：每一个整体的本身都必须是一个中心，并能在其周围形成一系列中心。

的可行性。URBANUS 都市实践正在进行一些有益的尝试，他们一方面承认虽然城中村往往是城市中密度最高、卫生和治安等问题最严重的地区，但却是为城市底层市民提供生存场所的一种现实方式，因而拒绝将之简单拆除；另一方面建议通过植入积极的公共空间和公共功能等手段最大化提升当地商业、居住、交通和社区设施的物业价值，适度挖掘城中村产业的地方特色，从而改变该地区的民生条件和环境质量。从深圳岗厦村有机整改的案例中，我们看到了在部分拆除—缝补—插建—挖填—加层的设计过程中，一个多样化的生活空间诞生的可能性（图 10-24、图 10-25）。[315]

图 10-24　深圳岗厦村现状
（资料来源：参考书目 315，p22）

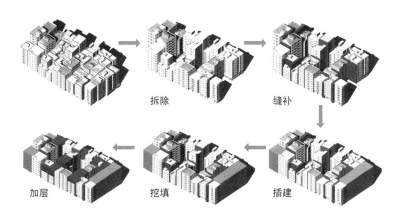

图 10-25　深圳岗厦村有机整改的设计过程
（资料来源：参考书目 315，p24，25）

## 2. 参与城市空间形成过程的城市设计控制

除了设计师从设计角度考虑城市空间的生成过程以外,城市设计对空间过程的引导更多的是通过设计导则、政策法规及一系列管理手段来实现的。当我们慨叹巴黎德方斯、德国波兹坦广场、美国旧金山和波特兰的建设成就时,除了关注其整体的形态布局和建筑单体设计外,更应该探究城市规划设计的管理如何在城市开发的过程中自始至终保障和促进好的实践活动。

如果对国外的经验进行综述,我们可以看到一些发达国家已经具有较为系统的城市设计制度和实施体制,另外一些把城市设计纳入城市规划体系的国家也达到了较好的效果。其中美国的城市设计制度被国内学者广泛引介,尽管大多数城市并没有制定专门的城市设计法规,但是与之有关的内容却被包括在区划法、土地细分规则等法律法规中,也有的城市利用广告招牌设计规则、古迹保存规则、城市设计审议制度,及其他手段推行着城市设计工作。因而美国城市设计控制空间生成的内容不仅涉及城市的宏观层面,如旧金山城市设计便是作为维护城市整体景观风貌的重要手段;在微观层面的设计管理制度也十分完善,并仍处于不断改良和创新的过程中,如规划单元发展、城市更新控制、分区奖励法以及特别区划管制区设定都是针对原有区划的缺陷进行的再创造。英国、日本也将城市设计理念渗透到了城市规划和建筑管理体制中。英国城市的城市更新中,城市设计涵盖空间格局的整体设计,制定环境规划设计准则、景观规划设计准则,吸引民间资金参与以及民主化的城市规划执行程序等内容。而日本的城市设计是城市规划管理的重要手段,其实施范畴包括大尺度的城市开发城市总体规划设计、城市景观的改善与设计、公共空间的经营与规划设计、城市设计作为公共政策的立法、城市未来发展的构想规划、建筑与城市规划的评论等。[1]

相比较而言,国内城市设计控制和管理的体系还远未建立,尽管其设计方法和控制体系在理论界已讨论多年,但是在实践中的实际效果却不容乐观。这一方面源于城市建设中还缺乏体制上的保障来贯彻系统、完整的城市设计思路,目前各城市开展的城

---

1
参见刘宛. 城市设计实践论[M].
北京: 中国建筑工业出版社,
2006: 321.

市设计项目在空间分布、设计范围、用地规模的选定上都较为随机；另一方面，城市设计在实践过程中主旨不甚明确，常忽视城市设计促进城市空间高质量生成的重要任务，尤其在缺少技术规范和指导的情况下，许多项目的设计成果都将建筑形式的创新视为方案的"亮点"和中标的关键，这一现象的改变有赖于社会整体城市设计意识的提高。

当然，国内一些城市也正在一步步推进城市设计的制度化。深圳在这方面的工作开始较早，也表现得更为细致，在1996年深圳国土规划局颁布的依法行政手册中对城市设计的编制和审批做出规定，要求城市设计随同各阶段的城市规划一起编制，并由规划处组织部门会同城市设计处进行审查。其后在1998年通过的《深圳市城市规划条例》中再次对城市设计做出一系列规定，最重要的修改是对城市设计的审批在规划主管部门审查后增加了上报规划委员会的要求，从而使法定图则通过程序上的改进将设计内容纳入法律体系。此外，广州、河北、山东等省也先后展开了城市设计领域对制度建设的探索，建设部在编制的城市设计实施制度框架时很大程度上吸取了各省市的研究成果。

当然，本书在此无意讨论如何建立我国城市设计的专业制度，但笔者认为无论是建立城市设计专门的管理与控制体系，还是在城市规划过程中纳入城市设计的内容，都需要强调城市设计在控制城市形态和空间质量等方面的作用。同时我们还必须认识到通过法规控制等手段或许只能防止较差的情况发生，起到引导和限制的作用，创造高质量的城市环境仍需要为设计活动预留足够的创作空间，避免管理方式上的简单划一，因为从事城市设计实践的最终目的必须是通过"好的"设计实践创造高质量的生活空间，这从根本上还有赖于设计人员专业水平的提高，以及各个社会阶层和利益相关群体对城市规划和城市设计实践的理解与认同。如果我们将设计管理也视为对整个设计实践过程的管理，那么其关键就在于把规划设计师、政府、业主和开发商，及其他使用城市空间的市民纳入互动过程，向着有利于城市整体发展，向着为城市居民提供更多高质量城市空间的方向引导。

## 10.4 小结：高密度背景下"紧凑"策略的城市设计准则

本章的研究主旨是将"紧凑"策略的实践意义和可操作性落实于城市规划和设计的始终，并籍由"好的"城市设计实践引导高质量的城市空间来实现提高城市居民生活质量的目标。尽管这一目标的达成在很大程度上也依赖于多个尺度上城市空间结构与形态的完善，但是城市仍然能够籍由对高质量城市环境给予的优先考虑来体现社会整体的价值观、责任感和意志力，这是城市公共空间在形成与更新过程中的魅力所在。

而城市设计对于高密度城市环境中提高公共空间质量的作用是本章在结论中重点强调的内容。与西方发达国家的城市整体密度相比，我国城市大多要被列入高密度城市的范畴，这意味着由于在同一空间范围内必须容纳更多的人口，人与人之间的关系将更加紧密，或许我们也可以据此推断我国城市空间接近人性化尺度的可能性应该更大，但是事实却说明在城市化和机动化的浪潮中，国内大部分城市中人性化尺度的空间正在迅速减少，城市居民的公共生活被严重吞噬，空间和环境质量下降已经成为广受关注的城市问题之一。我们或许可以将其原因归结为政治因素，或将其视为社会发展的必经阶段，但是回顾我国城市建设的历程，在城市空间快速扩展的过程中全社会思想意识普遍重"规划"轻"设计"也是导致目前局面的一个重要原因。通过城市空间的扩展为更多的城市居民创建舒适宜人的生活环境这一目标在很大程度上被一味追大求新的社会狂潮淹没了。而现在回过头来反思，重视城市公共空间的质量将有可能成为改变这一现状的有效突破口，因此在实践"紧凑"策略的过程中，发挥城市设计的作用，创造人性化高质量的城市空间有着重要的现实意义。

在文中讨论了高质量城市空间生成的基本条件和城市设计的作用范畴后，我们可以结合第 5 章中日本和我国香港等亚洲城市和地区塑造高密度空间环境的经验，得出我国城市高密度环境下引导高质量空间生成的城市设计准则。

首先在宏观层面上，明确城市设计目标和设计要素，根据城市气候、地形、文化等特征确定城市总体城市设计的基础条件，仔细调研城市现有的空间体系的组织以及将目前的空间格局进行整合的可能性。设计研究过程中要求以人连续体验的空间感受为依据，将城市公共广场、景观廊道、步行街和各类型公园的使用和相互间联系为主要研究内容构建城市整体空间体系，并关注城市密度引导下的建筑形态和建筑群体关系，将山水城市的天际轮廓线和标志性建筑布局纳入城市整体景观格局。

其次在城市重点研究区域，由于分区级的景观空间格局是总体城市设计中确定的城市整体空间格局中的一部分，因而在设计中必须以上一层级的城市设计成果为指导。在设计研究中还需展开针对该地区户外空间使用状况的更细致调研，并在设计条件中纳入城市规划对交通组织和土地利用的设想，将步行空间整合、交通转换枢纽选址和地区建筑形态布局也加入设计研究范畴。同时，在这一层面上应结合城市功能的布局更加注重城市居民生活空间的安排和设施建设。

而在微观层面上，针对具体的建设项目，城市设计的作用在于引导建筑与景观设计对改善城市空间质量做出贡献。这一目标的实现首先要求设计者根据该地段在城市局部或整体空间格局中的定位和周边环境条件，对服务人群和设计可行性做出理性的判断，其次需要对包括建筑实体的高度、体量、建筑风格、出入口安排，以及室外公共空间的布局、尺度、细节设计在内的诸多内容提出具体要求。此外，在这一层面的城市设计纳入公众参与的步骤较能获得实质性的成果，尤其在对社区环境进行设计或是更新的项目中，了解市民的真实需求和行为习惯将有助于推进设计的民主进程，并获得更为理想的设计效果。

最后在城市设计的推进机制方面，规划设计主管部门还需进一步认识和强调城市设计的作用，规范城市设计的内容和成果，引导城市设计的实施。并且在设计管理的过程中找到严格控制和弹性管制之间较好的结合点，为进一步在有限制条件下的设计预留足够的空间，努力促进"好的"城市建设实践。

# 本篇小结　我国城市"紧凑"为目标的规划设计策略体系

　　在将"紧凑度"的识别区分为"客体"和"主体"两个方面，并对其外在表现进行全面解析之后，我们对"紧凑"概念内涵及其目标的认识得到再一次地深化。而从规划设计专业出发，如何帮助我国城市在各个层面提升其"紧凑度"的讨论则衍生出三个关键性的研究内容：即宏观层面的结构优化和形态完善；将交通策略结合土地利用共同探讨的协同作用机制，以及更多涉及微观层面的城市设计如何促进高质量城市空间生成。在上述研究成果的基础上，并结合前面两篇有关策略基础、策略比较与借鉴的研究内容，我们已经可以尝试构建以我国国情为大背景，针对我国城市发展问题的"紧凑"策略体系。该策略体系涉及应对问题、策略目标、策略总则、策略行动的领域和行动步骤等几个方面。

**我国城市以"紧凑"为目标的规划设计策略体系**

**一　我国城市"紧凑"策略应对的问题**

- 我国城市发展面临"地人平衡"的现实压力，发展需求与资源供给之间的矛盾已日益显露；
- 城市空间快速扩展以加速消耗土地等不可再生资源为代价，大量优质耕地与生态敏感地段被转化为城市建设用地，使耕地和自然环境的保护遭遇困境；同时以土地投入替代资本投入，导致土地利用效率低下，加大了政府在新建地区基础设施投入和维护费用，也在一定程度上致使旧城更新和质量提升的速度放缓；
- 小汽车导向的空间扩展模式逐渐形成，新城、政务新区、开发区、高新区、大型居住社区等多种形式的城市新建地区忽视交通策略的引导，加速了小汽车领地的蔓延，与此同时城市旧城区的交通压力也与日俱增，成为影响市民出行和制约城市发展的一大瓶颈；
- 城市环境问题步步升级，区域内生态环境破坏成为引发城市灾害的一大诱因，同时水污染、空气污染、噪音污染等各类污染严重影响市民身心健康，造成巨大的经济损失；
- 城市空间扩展过程重"量"轻"质"，割裂了城市与历史、以及城市各个生活功能之间的联系，城市多样性和可达性随之降低，许多城市为发展经济和提高竞争力，积极寻找机会吸引工商业投资，而普遍忽视当地居民对生活质量的诉求；一定程度上阻碍了城市居民分享经济建设的成果；
- 城市建设忽视整体空间系统的塑造，难以发挥城市外部空间承载城市居民生活的积极作用，加上城市基础设施及生活服务设施供给不足及分布不均，致使城市拥挤感渐增

| 一 我国城市"紧凑"策略的策略目标 |
|---|
| • 提高城市"客体紧凑度"——促进城市空间可持续扩展 |
| • 提高城市"主体紧凑度"——改善城市居民生活质量 |

| 一 我国城市"紧凑"策略的策略总则 |
|---|
| • 通过城市有序重构提升城市用地的整体承载力，满足人口增长和经济发展对城市土地的大量需求，并在此过程中提高城市居民的整体生活质量； |
| • 认识城市生态环境可持续的重要性，将这一长期目标落实到城市发展的各个层面，有效监控城市生态链运行的每个环节，减少资源和能源的消耗，并降低排放； |
| • 认识城市经济可持续发展的重要性，对城市空间扩展各种可能性进行整体的效益评估，尤其将各类基础设施投入和维护费用，以及由此产生的各种外部成本纳入计量的范畴，并在可能的地区最大化提升城市土地的利用效率； |
| • 认识城市社会可持续发展的重要性，满足城市居民的不同需求，打破不必要的阶层壁垒，通过改善就业、教育、购物、休闲和娱乐设施的可达性和生活环境体现社会公平，提高整体生活质量； |
| • 出于对城市系统复杂性的认识，为避免不同层级政府和机构之间城市决策和管理职责的分割而对策略执行带来困扰，有必要建立一个有利于发展和历史及环境保护几方面协调的制度框架，并要求在实际操作中涉及到的公共管理部门、企业和个人为行动的结果负责； |
| • 决策部门还必须将一定的注意力放在措施应用后导致的潜在的次级影响上，进行更为细致的利弊权衡，在这一过程中必须对市民的主观诉求进行考量，帮助培育市民社会，实现社会资源共享 |

| 一 我国城市"紧凑"策略的行动领域 | |
|---|---|
| 结构优化与形态完善 | • 在我国目前的城市化进程中，要求规划对城市的必要增长进行引导，充分考虑城市结构对城市规模生长和功能需求的适应性；关注城市系统的复杂性及发展条件和机遇的特异性，对城市不断演化的过程做出持续的回应； |
| | • 决策过程将"环境生命体"纳入城市空间扩展的相关利益主体研究，使城市扩展对区域内自然环境生存状态的干扰减少到最低程度，并以城市空间结构生成或调整的过程为契机重塑区域及城市内部的景观生态格局； |
| | • 城市空间结构的生成要考虑与交通策略和当地居民行为需求特征的有效结合，通过研究中对功能布局和交通组织合理关系的追求提高城市各类生产和生活设施之间的可达性，改善城市的整体运作效率； |
| | • 通过规划和市场的双重作用完善城市中心、郊区和新建城区的密度分配机制，建议在可能的地区根据市场规律提高城市密度，在生态敏感地带和城市其他特殊风貌地段严格限制城市密度，以避免城市的无序蔓延，并缓解城市中心的过度拥挤现象 |
| 城市交通与土地利用 | • 在国家、区域和地方各个层面综合交通规划和土地利用规划，为人流和物流提供可持续的交通选择； |
| | • 综合考虑我国城市资源和环境承载力，选择优先发展公共交通，将城市交通系统追求的目标从增加"机动性"向提高"可达性"转变，并使城市居民获得公平享有使用城市公共资源的权力； |
| | • 通过梳理城市交通需求和供给的关系，在土地利用形态生成和功能组织的过程中引导城市交通合理出行，完善城市道路系统，并建立土地利用与交通组织之间的良性循环机制； |
| | • 重视交通节点及其周边用地的布局形态，提高公共交通整体网络的可达性及运行效率，鼓励公共交通站点周围的高密度混合开发，在其周边地区提供高质量的步行网络和步行友好的服务设施 |

| 一 我国城市"紧凑"策略的行动领域 | |
|---|---|
| 城市设计和高质量城市空间 | • 通过高质量城市空间的建设释放城市居民户外活动需求，帮助城市居民实现从"公民性"到"市民性"的转化，并提升城市品质；<br>• 城市外部空间建设关注人性化尺度，鼓励慢速交通，并要求体现地方特质，获得地方认同；<br>• 重视城市设计在各个层面对高质量城市空间生成的引导作用，在构建城市整体空间体系的基础上处理好建筑、大型构筑物等实体空间与广场、街道、公园等城市户外空间的关系，突出城市的公共价值 |
| 城市规划与设计管理 | • 在现行的城市规划体系下明确各层级规划的职责，完善规划决策机制，促使规划过程帮助实现"紧凑"目标；<br>• 规划决策在限制性基础上，注重灵活性和弹性的发挥，增加其中可参与度，并对规划控制中出现的问题进行及时的政策指导，研究解决方案；<br>• 政府部门可以将合理的财政分配机制和其他经济激励手段纳入规划管理过程，如利用较高密度开发地区的增加收益对受限制开发地区予以扶持，或对使用公共交通的市民进行补贴等，也可以借鉴新加坡和香港的交通管制制度对小汽车使用进行引导和管理；<br>• 进一步认识和强调城市设计的作用，规范城市设计的内容和成果，引导城市设计实施，促进"好的"的城市建设实践 |

| 一 我国城市"紧凑"策略的行动步骤 | |
|---|---|
| 宏观层面 | • 在对城市宏观结构和形态进行规划决策遵循"调查与梳理—分析与整合—模拟与决策—反馈与调整"的行为步骤：首先调查城市现状特征、发展背景及条件、区域及城市的自然生存环境以及城市居民的行为需求特征，在此基础上，灵活运用宏观结构生成的四个基本操作原则，获得若干可能的结构模式以应对城市发展的不确定性，并进行多场景的模拟，得出决策结果，此后在规划管理过程中要求对城市空间扩展时时监控，遇到问题进行反馈与调整；<br>• 在规划决策的基础上以人的连续空间体验为依据，构建以城市公共广场、景观廊道、步行街道和各类型公园的为主要内容的城市整体空间体系，关注城市密度引导下的建筑形态和建筑群体关系，并将山水城市的天际轮廓线和标志性建筑布局纳入城市整体景观格局 |
| 中观层面 | • 以上一级的规划设计成果为指导，针对研究区域的现状特点和问题进行更为细致的调研，并结合城市规划对交通组织和土地利用的设想，将功能布局、交通供需关系、步行空间整合、交通转换枢纽选址和地区建筑形态分布等加入规划和设计的研究范畴；<br>• 此外在这一层面的规划决策须重点研究公共服务设施的布局与可达性，并对实际的使用情况进行考量 |
| 微观层面 | • 针对具体的建设项目，通过规划指标进行必要的开发控制，并为设计预留足够的空间，引导建筑与景观设计对改善城市空间质量做出贡献；<br>• 这一过程要求设计者根据该地段在城市局部或整体空间格局中的定位和周边环境条件，对服务人群和设计可行性做出理性的判断，其次需要对包括建筑实体的高度、体量、建筑风格、出入口安排，以及室外公共空间的布局、尺度、细节设计在内的诸多内容提出具体要求；<br>• 此外，现阶段可以鼓励在这一层面的规划设计纳入公众参与的步骤，尤其在对社区环境进行设计或是更新的项目中，了解市民的真实需求和行为习惯，将有助于推进设计的民主进程，并获得更为理想的设计效果 |

# 11  结论

道萨迪亚斯曾经指出："……我们对人居环境的了解是不够的，这就是为什么我们对人居环境的各种问题无能为力且无法为人类创造一个更佳的生活环境的原因。人们正在尝试去更多地了解它们，但是大量的工作仍然是试图创造新的居住环境，而非试图去理解这些居住环境的功能，这样他们的创造就建立在一个非常薄弱的基础之上。"[319] 这段话十分形象地描述了在日新月异的现代社会中，人类改善生存条件的努力往往会给社会生活带来诸多问题的困境。在建造技术不断发展，家用小汽车于全球普及，机器大生产持续为城市社会产出巨额财富的同时，因资源和能源短缺、环境容量限制可能引发的经济不可持续发展问题，因城市居民情感隔阂造成的社会不可持续问题，因大规模颠覆性建设活动造成的文化不可持续问题并肩而来。全世界有所警醒的人们正加入到为人类创造一个更加宜居与和谐环境的讨论和行动之中，本书是笔者以此为出发点所作的一些努力。

"紧凑"策略发起于西方发达国家，尽管各国实施"紧凑"策略的目的不一，但都是面对现实中不可持续问题，在规划决策和管理政策上的反应。我国处于快速城市化的进程之中，成绩受人瞩目，但问题也暴露无遗，作为城市人口最多的国家，其城市发展模式的选择不仅关系到整个中国未来的发展，对于全球政治、经济、环境的影响力也是巨大的。在目前城市发展中不可持续问题日益突出的背景下，我们面临着全球共同的挑战，即如何从过去纯粹以利益出发使用技术的社会发展体系，向可持续发展为目标的体系转移。而以城市的可持续发展为切入点，以城市空间为主要研究对象的"紧凑"策略探讨也要求我国学者的积极参与。

本书以有关"紧凑"本质问题的讨论和适合我国国情的"紧凑"策略研究为两条主要线索，串联起三个部分的内容："紧凑"的概念内涵和策略基础；"紧凑"策略的国际间比较和借鉴；以及我国城市"紧凑"为目标的规划设计策略体系。这几部分内容分别涵盖，并在很大程度上实现了写作预设的完善"紧凑"认知体系、审鉴国际间"紧凑"策略、构建"紧凑度"评价体系和提出针对我国城市发展问题的"紧凑"策略体系等研究目标。

# 11.1 本书创新点

### 1. 完善"紧凑"的认知体系

国内外学术界在对"紧凑"进行研究的过程中至今没有建立起一个较为完善的认知体系，一定程度上造成了释义不清，目标不明的研究现状，这是导致"紧凑"研究无法深入的一个重要原因，也使当前有关"紧凑"的讨论难以构筑在相对一致的对话平台上。

鉴于认知体系的重要性，笔者首先在概念内涵上深入解读了"什么是'紧凑'的城市"，将"紧凑"与其他在使用上容易混淆的概念进行了比较，认为"紧凑"一词在突出高效率的城市承载力的同时，还需要强调高质量的重要内涵，这无疑是"紧凑"研究向纵深迈进的关键点之一。在此基础上，论文得出"紧凑"策略研究与实践的双重目标：基于"地球有限"认识的促进城市空间可持续扩展的客体目标，和提高城市居民生活质量的主体目标。在总结与分析国内外学者关于"紧凑"的研究成果，和部分践行与"紧凑"目标相一致的城市发展策略的实践效果后，笔者认为"紧凑"策略具有被动实现地人平衡，和主动实现经济、环境和社会效益统一的多重价值。

同时，本书针对我国城市空间扩展与居民生活质量的现状进行了我国城市开展"紧凑"研究与实践的必要性与可行性认知，得出"紧凑"策略的研究与实践在我国不仅势在必行，而且恰逢其时的结论。

### 2. 审鉴国际间"紧凑"策略

由于对"紧凑"策略缺乏统一的认识，因而从当前国内学者分别引介国外经验的成果来看，尚未形成一个能够较为完整再现发达国家"紧凑"策略实施情况的过程研究体系，且这些国家实施相应策略的背景和实施成效在大多数研究中也较少被提及，所以难以为针对我国国情的研究设定一个全面的参照系。

基于上述研究现状，笔者以在客观审视的基础上加以借鉴为出发点，通过对一手资料的整理，将欧盟国家和美国探索城市如何"紧凑"发展的背景、策略出发点、具体措施、实施成效及特征进行了并置研究，基本理清了以欧洲和美国为代表的西方发达国家从上世纪末开始实施"紧凑"策略的整体脉络，并从中总结了可供我国城市借鉴的策略内容。

同时，针对我国地少人多的基本国情，笔者认为和我国有着相似地域和文化背景的亚洲高密度国家和地区的城市发展策略也为我国城市发展提供了有价值的参考，这些城市发展策略中虽然没有明显提到"紧凑"二字，但是从其出发点和实施效果来看，这些城市都在阶段性地实现着"紧凑"的目标。因而，书中也对日本、我国香港和新加坡的城市发展策略进行了背景和策略重点的研究，其结论说明了城市同时具备高效率和高质量特征的可能性。

### 3. 构建紧凑的度量与评价体系

作为一种城市发展理念，"紧凑"从理论探讨到实践运用面临的一个重要问题即是：如何度量与评价特定城市在特定阶段的紧凑程度，从而为相关的规划设计等发展策略的制定提供依据。本书首先分五个不同视角简要介绍当前国际关于紧凑度的相关研究，并就其概念与方法进行深入探讨，指出当前研究的主要问题在于缺乏正确概念的引导与宏观思路的指导，从而导致紧凑度指标构建的混乱。基于此种认识，本书从紧凑概念的全面认知与深入解析出发，准确并创造性地界定出"紧凑度"的概念内涵，即"对城市空间相对土地利用的效率以及相对市民行为的质量的衡量"，进而将其分解为客体紧凑度与主体紧凑度，在自上而下分析思路地指导下，创造性地构建出完整、系统的紧凑度量与评价的概念体系与指标体系。

## 4. 建立我国城市"紧凑"策略体系

为了指导城市以"紧凑"为目标的规划设计实践，书中构建了相应的策略体系。其研究思路结合了前文与之有关的三方面内容：我国城市研究和实施"紧凑"策略的必要性和可行性；可供我国城市借鉴的其他国家和地区实行"紧凑"策略的内容；以及在"紧凑"度量与评价体系中能够对客体"紧凑度"和主体"紧凑度"产生影响的规划设计决策。在这些研究成果的基础上，论文认为结构优化与形态完善、城市交通协同土地利用，和城市设计促成高质量城市空间这几方面的研究内容是"紧凑"的规划设计策略促进城市空间可持续扩展，以及相应提高城市居民生活质量的主要作用途径。

最后，五个方面的内容共同构建了我国城市以"紧凑"为目标的规划设计策略体系：我国城市"紧凑"策略应对的问题；策略目标、策略总则、行动领域和行动步骤。

---

# 11.2 需进一步探讨的内容

尽管城市被称为"复杂巨系统"，并蕴含着一个价值多元化以及利益分化冲突日益明显的社会，这时常对我们进一步深入探究城市的发展本质造成困扰，但是这并不意味着不存在一个普适的理想与价值标准。诚然物质水平的提高，经济增长、社会进步都是城市规划和设计努力追求的目标，但它们最终是为人的发展和人的福利而服务的 [1]。作为能够主动参与到城市未来发展，并对其产生影响的职业，我们必须在正直的价值观基础上继续寻找规划和设计的逻辑。而在针对"紧凑"的研究中，我们还需要在认识、实证和实施的管理手段等几个方面进行更为深入的探讨：

首先在认识上："紧凑"探讨的深入得益于全球对"可持续发展"重要性的理解与坚持，而我们目前对于这一理念的认识还远远不够，尽管无论是各层级的规划决策，还是规划设计实践，都将"可持续发展"视为讨论的一个背景，然而正因为是背景，

1

国际社会已经达成共识，包括经济增长在内的社会进步、发展的根本立足点是"以人为中心的发展，意味着以全面提高人的生活质量为发展的终极目标，发展的目的是使人们的物质生活状况得到改善，使人们的价值获得更为适宜的实现空间，使人们的生活方式得到优化，使人们的能力得到提高。"

反而忽视了真正应该进行的讨论。文中对"紧凑"策略有助于提升城市环境、经济和社会的可持续性进行了揭示，并在规划设计策略体系中探讨了如何改善城市在可持续发展方面的表现，但这仍只是承前继后的一部分内容。在人类探求如何创造与自然和谐共处的宜居城市的道路上，还需要对可持续的本质和表现进行更为细致以及深入的认识，这是帮助学术研究建立目标和价值观的基础。

其次在实证上：在今后对"紧凑"进行研究的过程中，还需要进行两方面的实证工作。首先本书在综述并比较了国内外学者关于"紧凑度"的评价设想和方法后，得出了能够较为全面地反映"紧凑"概念及目标的"紧凑度"评价体系。目前由于研究条件和研究时间的限制还无法将其运用到实际的案例比较中，一旦条件成熟，需要在指标选取、数据整理等方面对其进行验证和完善，这是使"紧凑"度量和评价能够真正反映建设现状的关键步骤。

另外，本书最后以如何促进城市更为"紧凑"地扩展为研究目标建立了相应的规划设计策略体系，其中涉及需要共同行动的领域和行动步骤，这些也要求在今后的实践中不断完善。各个城市必须针对自身的现状条件和发展预期灵活掌握策略的侧重点，建立起反馈机制，不断验证和丰富策略体系的内容，使之能够更为有效地指导实践。

最后在策略实施的管理手段上：本书从本专业角度讨论了"紧凑"的规划设计策略，然而城市发展策略的实施总离不开各种管理手段，随着管理方法的日益丰富和管理思路的不断放开，来自经济、社会等方面的措施和手段对于"紧凑"策略的实施也十分关键。例如在实施与城市交通有关的"紧凑"策略时，经济杠杆是重要的辅助工具。区域收费、停车收费、车辆税、燃油税和雇主补贴等经济手段在国际案例中均被证明是有利于限制小汽车出行、鼓励公共交通使用的。这些帮助城市"紧凑"发展的措施和管理手段都需要进行专门的调研分析以配合规划策略的实施四。

同时，随着城市对"市民性"关注的逐步深入，促使城市居民积极参与城市建设是从社会角度帮助"紧凑"策略实施的有效及必要方式。关于公众参与的讨论在国内学术界已经开展多时，但在实际操作过程中尚存在许多显而易见的难度。笔者认为在现阶段可以将这一社会活动的重点放在社区的层面，这一方面有利于在较小的范围内开展试点工作，容易在投入较少的情况下获得一定的效果，并逐步积累经验；同时在另一方面从微观层面入手的工作方法也可以更多了解城市居民对生活空间的真实需求，让市民从关注身边的变化开始逐渐培养其参与意识，为今后将这一工作扩大到更大氛围奠定基础。而在这一层面的公众参与虽然也有可能涉及到利益相关主体之间的矛盾，但是也正因为在这一层面上的问题是与市民生活最为直接、往往也是矛盾最为激烈的层面，规划决策者和设计师就更应该采取积极的态度，在充分了解各方意愿的基础上，向着好的有利于和谐的方向引导。

学术研究往往充满矛盾和反复，其矛盾性不仅反映在我们时常提起经济发展与环境可持续之间，体现在人类的当前利益与长远利益之间，或者归咎于人类利己的本能与责任使命感的激烈碰撞，矛盾性的另一方面也来自于学术研究自身价值观的缺失，研究工具的不完备，或研究视角的不全面等等，如果这些问题能够得以澄清，并日渐清晰和完善，上述三个一直困扰着我们的难题也将得到一定程度的化解，或者人类真正能在这些冲突和矛盾之间构架一座和谐的桥梁。

# 参考文献

[1]  何芳. 城市土地集约利用及其潜力评价 [M]. 上海：同济大学出版社，2003.

[2]  周一星. 城镇化速度不是越快越好 [J]. 科学决策，2005（08）：30-33.

[3]  严书翰 等，中国城市化进程 [M]. 北京：中国水利水电出版社，2006.

[4]  李永浮. 北京城市空间扩散实证分析 [D]. 北京：中国科学院，2004.

[5]  韦亚平，赵民，肖莹光. 广州市多中心有序的紧凑型空间系统 [J]. 城市规划汇刊，2006（04）：41-46.

[6]  开发区发展的国际经验及对我国的启示 [EB/OL]. 中国开发区信息网（2006-9-15）http：//www.cdz.cn.

[7]  西部部分开发区土地闲置浪费惊人 [EB/OL]. 人民网（2007-03-27）. http：// nc.people.com.cn.

[8]  中国小城镇改革发展中心. 土地使用现状与政策建议——对辽豫苏浙四省八镇用地状况的调查报告 [N]. 人民日报，1999/07/17.

[9]  宋戈著. 中国城镇化过程中土地利用问题研究 [M]. 北京：中国农业出版社，2005.

[10] 仇保兴. 实现我国有序城镇化的难点与对策决策 [J]. 城市规划学刊，2007（05）：1-15.

[11] 吴敬琏. 当代中国经济改革 [M]. 上海：上海远东出版社，2004：415.

[12] 韩笋生，秦波. 借鉴"紧凑城市"理念. 实现我国城市的可持续发展 [J]. 国外城市规划，2004（06）：23-27.

[13] 迈克·詹克斯，伊丽莎白·伯顿，凯蒂·威廉姆斯编著. 周玉鹏等译. 紧凑城市——一种可持续发展的城市形态 [M]. 北京：中国建筑工业出版社，2004.

[14] Harvey, Robert O and Clark W A V., The nature and economics of urban sprawl [J], A Quarterly Journal of Planning, Housing & Public Utilities, 1965, 7 (1): 1-10.

[15] [美] 奥利弗·吉勒姆. 无边的城市——论战城市蔓延 [M]. 叶齐茂，倪晓辉译. 北京：中国建筑工业出版社，2007：4.

[16]  Russ Lopes, H.Patricia Hynes, Sprawl in the 1990s: measurement, distribution, and trends, Urban Affairs Review, vol.38, 2003/03: 325–355.

[17]  李强等. 西方城市蔓延研究综述 [J]. 外国经济与管理, 2005（10）: 49–56.

[18]  张庭伟. 控制城市蔓延：一个全球的问题 [J]. 城市规划, 1999（08）: 44–48.

[19]  谷凯. 北美的城市蔓延与规划对策及其启示 [J]. 城市规划, 2002（12）: 67–71.

[20]  马强, 徐循初. "精明增长"策略与我国的城市空间扩展 [J]. 城市规划学刊, 2004（03）: 16–22.

[21]  张晓青. 西方城市蔓延和理性增长研究综述 [J]. 城市发展研究, 2006（02）: 34–28.

[22]  Anthony Downs. Growth management and affordable housing : do they conflict?[M]. Washington, D.C. : Brookings Institution Press, 2004.

[23]  F. Kaid Benfield, Jutka Terris, Nancy Vorsanger. Solving sprawl : models of smart growth in communities across America. New York, N.Y.: Natural Resources Defense Council, 2001.

[24]  George B. Dantzig, Thomas L. Saaty. Compact city: a plan for a liveable urban environment [M] San Francisco : W. H. Freeman and Co., 1973.

[25]  George B. Dantzig. The Orsa new Orleans address on compact city [J]. Management Science (pre–1986), 1973, 19(10). ABI/INFORM Global.

[26]  Jenks M, Burton E, Williams K. The Compact City: A Sustainable Urban Form? [M]. London: E&FN SPON. 1996.

[27]  迈克·詹克斯等编. 紧缩城市———一种可持续发展的城市形态 [M]. 周玉鹏等译. 北京：中国建筑工业出版社, 2004.

[28]  Elizabeth Burton. Measuring Urban Compactness in UK Towns and Cities. Environment and Planning B: Planning and Design 2002, volume 29.

[29]  Jenks M., Williams K., and Burton E.. Achieving Sustainable Urban Form [M]. London: E&FN SPON, 2000.

[30]  Katie Williams. Elizabeth Burton and Mike Jenks, *Achieving Sustainable Urban Form: Conclusions* [A]. Achieving Sustainable Urban Form [M]. London and New York: E&FN Spon, 2000: 347.

[31]  Jenks M., Burgess R.. Compact Cities: Sustainable Urban Forms for Developing Countries. London: E&FN SPON, 2000.

[32]  BRAIN M. Foundations of the sustainable compact city [C]. GBER,

2005, 3(4): 19–23.

[33]　Don Alexander, Ray Tomalty. Smart growth and Sustainable development: challenges, solutions and policy directions [J]. Local Environment, 2002, 7(4): 397–409.

[34]　Nicola Morrison. The Compact City: Theory Versus Practise: The Case Of Cambridge [J]. Neth. J. of Housing and the Built Environment Vol. 13 (1998) No. 2.

[35]　Breheny M. Urban Compaction feasible and acceptable [J] Cities, 1997, 14(4): 209–217.

[36]　Michael Neuman. The compact city fallacy [J]. Journal of Planning Education and Research, 2005, 25: 11–26.

[37]　Gordon P., Richardson H W., Are compact cities a desirable planning goal?[J]. Journal of the American Planning Association, 1997, 63(1): 95–106.

[38]　Clark M. The Compact city: European ideal, global fix or myth?[C]. GEBR, 2005, 3(4): 1–11.

[39]　Breheny M.J. The compact city[J]. Built Environment, 1992a, 18(4).

[40]　Breheny M.J. Sustainable development and urban form[M]. Pion, 1993.

[41]　George Galster. Wrestling Sprawl to the Ground: Defining and Measuring an. Elusive Concept. Housing Policy Debate. 12(4). 2000.

[42]　Kevin. Ewing, Reid. Is Los Angeles–style Sprawl Desirable?[J]. Journal of the American Planning Association 63(1). 1997.

[43]　Anthony Gar–On Yeh. Urban Form and Density in Sustainable Development[J/OL]. http://www.susdev.gov.hk/html/en/leadership_forum/anthony_yeh_paper.pdf.

[44]　李琳，黄昕珮. 城市形态可持续目标的实现——读《迈向可持续的城市形态》[J]. 国外城市规划，2007（01）：99–105.

[45]　韩笋生等. 借鉴"紧凑城市"理念，实现我国城市的可持续发展 [J]. 国际城市规划，2004（06）：23–27.

[46]　方创琳，祁巍锋. 紧凑城市理念与测度研究进展及思考 [J]. 城市规划学刊，2007（04）：65–73.

[47]　李滨泉. 在可持续发展的紧缩城市中对建筑密度的追寻——阅读 MVRDV[J]. 华中建筑，2005（05）：90–93.

[48]　张进. 美国的城市增长管理 [J]. 国外城市规划，2002（02）：37–40.

[49]　张明，丁成日. 土地使用与交通的整合：新城市主义和理性增长 [J]. 城市发展研究，2005（04）：46–52.

[50]　李景刚. 城市理性发展理念及其启示 [J]. 上海城市规划，2007（02）.

[51]　吴冬青等. 美国城市增长管理的方法与启示 [J]. 城市问题，2007（05）：86-91.

[52]　王朝晖. "精明累进"的概念及其讨论 [J]. 国际城市规划，2000（03）：33-35.

[53]　张雯. 美国的"精明增长"发展计划 [J]. 现代城市研究，2001（05）：19-22.

[54]　梁鹤年. 精明增长 [J]. 城市规划，2005（10）：65-69.

[55]　刘海龙. 从无序蔓延到精明增长——美国"城市增长边界"概念述评 [J]. 城市问题，2005（03）：67-72.

[56]　王丹，王士君. 美国"新城市主义"与"精明增长"发展观解读 [J]. 国际城市规划，2007（02）：61-66.

[57]　陈海燕，贾倍思. 紧凑还是分散？——对中国城市在加速城市化进程中发展方向的思考 [J]. 城市规划，2006/05：61-69.

[58]　仇保兴. 紧凑度和多样性——我国城市可持续发展的核心理念 [J]. 城市规划，2006（11）：18-24.

[59]　戴松苗. "密集 / 分散"到"紧凑 / 松散"——可持续城市形态和上海青浦规划在思考 [J]. 时代建筑，2005（05）：90-95.

[60]　马强. 走向"精明增长"：从小汽车城市到公共交通城市——国外城市空间增长理念的转变及对我国城市规划与发展的启示 [D]. 上海：同济大学，2004.

[61]　马强. 城市中微观形态的重构：从"大院"到"街区". 2006中国城市规划年会论文及（中册）[C]. 北京：中国建筑工业出版社，2006.

[62]　李琳. "紧凑"与"集约"的并置比较——再探中国城市土地可持续利用研究的新思路 [J]. 城市规划，2006（10）.

[63]　龚清宇. 经济全球化语境下的紧凑发展与城市结构多样性 [J]. 规划师，2002（02）：13-15.

[64]　于立. 关于紧凑型城市的思考 [J]. 城市规划学刊，2007（01）：87-90.

[65]　余颖. 紧凑城市——重庆都市区空间结构模式研究. 城市发展研究，2004（04）：59-66.

[66]　黄亚平. 城市空间理论与空间分析 [M]. 南京：东南大学出版社，2002.

[67]　E.W.G.Masterman, Damascus, the Oldest City in the World, The Biblical World, Vol.12, No.2, 1898(08)：71-85.

[68]　Merriam-Webster's Collegiate Dictionary, Merriam-Webster Incorporated, 2003, Eleventh Edition.

[69] Mills, David E. Growth, Speculation and Sprawl in a Monocentric City[J]. Journal of Urban Economics, 1981/10.

[70] Downs, Anthony. New Visions for Metropolitan America. Washington D.C.: The Brookings Institution and Lincoln Institute of Land Policy. 1994.

[71] 开彦. 紧凑新城镇是节能省地型发展之路 [J]. 城市开发, 2005（12）.

[72] [美] 蕾切尔·卡逊. 寂静的春天 [M]. 吕瑞兰, 李长生译. 北京：京华出版社, 2000.

[73] [美] 丹尼斯·米都斯等. 增长的极限：罗马俱乐部关于人类困境的报告 [M]. 李宝恒译. 吉林：吉林出版社, 1997.

[74] [美] 阿尔·戈尔. 难以忽视的真相 [M]. 环保志愿者译. 长沙：湖南科学技术出版社, 2007.

[75] [法] 阿尔贝·雅卡尔. "有限世界" 时代的来临 [M]. 刘伟译. 南宁：广西师范大学出版社, 2004：111.

[76] 黄琲斐. 面向未来的城市规划和设计 [M]. 北京：中国建筑工业出版社, 2004.

[77] 殷京生. 绿色城市 [M]. 南京：东南大学出版社, 2004.

[78] [美] 阿尔文·托夫勒. 第三次浪潮 [M]. 黄明坚译. 北京：中信出版社, 2006.

[79] [美] 阿尔文·托夫勒等. 财富的革命 [M]. 吴文忠等译. 北京：中信出版社, 2006.

[80] [美] 杰弗里·萨克斯. 贫穷的终结：我们时代的经济可能 [M]. 邹光译. 上海：上海人民出版社, 2007.

[81] 成伯清. 现代西方社会学有关大众消费的理论 [J]. 国外社会科学, 1998（03）.

[82] [美] 丹尼尔·贝尔著. 资本主义文化矛盾 [M]. 三联出版社.

[83] 孙玉霞. 消费主义价值观批判 [J]. 浙江学刊, 2006（01）.

[84] [法] 彼得里亚. 消费社会 [M]. 刘成富, 全志刚译. 南京：南京大学出版社, 2001：1-2.

[85] [加拿大] 简·雅各布斯. 美国大城市的死与生 [M]. 金衡山译. 南京：译林出版社, 2006.

[86] [美] 大卫·沃尔斯特、琳达·路易斯·布朗. 设计先行——基于设计的社区规划 [M]. 张倩等译. 北京：中国建筑工业出版社. 2006.

[87] [英] R·罗杰逊著. 如何评价城市生活质量 [J]. 赵中枢译. 国外城市规划. 1990（01）.

[88] 人类会像青蛙一样被 "煮死"？[EB/OL]（2007-01-25）http: // www.lianghui.org.cn/environment/txt/2007-01/25/content_7713270.htm.

[89] 联合国报告：全球变暖挑战人类生存环境. [EB/OL]（2007-04-11）http：//www.enorth.com.cn.

[90] 连玉明. 中国城市生活质量报告 [M]. 北京：中国时代经济出版社，2006.

[91] 宁越敏. 新城市化进程——90 年代中国城市化动力机制和特点探讨 [J]. 地理学报，1998（05）.

[92] 张兵. 城市规划实效论：城市规划实践的分析理论 [M]. 北京：中国人民大学出版社，1998.

[93] 王伟强. 和谐城市的塑造——关于城市空间形态演变的政治经济学实证分析 [M]. 北京：中国建筑工业出版社，2005.

[94] 张庭伟. 1990 年代中国城市空间结构的变化及其动力机制 [J]. 城市规划，2001（07）.

[95] 中国城市发展报告 [M]. 北京：西苑出版社，2003.

[96] 王宏伟. 中国城市增长的动力学研究 [M]. 北京：中国城市出版社，2007.

[97] 叶兆言. 生活质量 [M]. 上海：文汇出版社，2006.

[98] 梁惠平. 北京建设宜居城市进程中的问题与对策 [J]. 北京城市学院学报，2007（02）：52-56.

[99] 曹东等. 经济与环境：中国 2020[M]. 北京：中国环境出版社，2005.

[100] 谢志. 中国进入结构性时代 [J]. 社会，1998（09）.

[101] 王绍光，胡鞍钢，丁元竹. 经济繁荣背后的社会不稳定 [J]. 战略与管理，2002（03）.

[102] 张庭伟. 构筑规划师的工作平台——规划理论研究的一个中心问题 [J]. 城市规划，2002（11）.

[103] J. O. Wheeler & P. O. Muller. Economic Geography. Second edition. New York：John Wiley & Sons, 1986：18.

[104] 未来十年中一半中国人将生活在城市 [N/OL]. 人民日报，[2007-07-11]. http：//news.xinhuanet.com/life/2007-07/11/content_6359218.htm.

[105] 丁成日. 城市空间规划：理论、方法与实践 [M]. 北京：高等教育出版社，2007.

[106] 吴次芳，丁成日，张蔚文主编. 中国城市理性增长与土地政策 [M]. 北京：中国科学技术出版社，2006.

[107] 地球人口突破 65 亿大关 [EM/OL]（2006-2-27）http：//world.people.com.cn/GB/1031/4145041.html.

[108] Arjen van Susteren. Metropolitan World Atlas. Rotterdam：OIO

Publishers, 2005.

[109] Mohammad–Reza Masnavi, The New Millennium and the New Urban Paradigm：The Compact City in Practice [A]. Achieving Sustainable Urban Form [M]. London and New York：E&FN Spon, 2000.

[110] David Simmonds, Denvil Coombe. The Transport Implication of Alternative Urban Forms[A]. Achieving Sustainable Urban Form [M]. London and New York：E&FN Spon, 2000.

[111] 帕垂克·N·特洛伊. 环境压力与城市政策 [A]. 周玉鹏等译. 迈克·詹克斯等编著. 紧缩城市———一种可持续发展的城市形态 [M]. 北京：中国建筑工业出版社，2004.

[112] Elizabeth Burton. The Potential of the Compact City for Promoting Social Equity[A]. Achieving Sustainable Urban Form [M]. London and New York：E&FN Spon, 2000.

[113] 中国统计年鉴 1990~2005[M]. 北京：中国统计出版社，1991~2006.

[114] 中国城市统计年鉴 [M]. 北京：中国统计出版社，1991~2006.

[115] 中国国土资源统计年鉴 2005~2006 [M]. 北京：地质出版社，2005~2006.

[116] 张鸿雁. 城市形象与城市文化资本论 [M]. 南京：东南大学出版社，2002.

[117] Yang Hong and Li Xiubin. Cultivated Land and Food Supply in China [J]. Land Use Policy, 2000.

[118] 王元京. 城镇土地集约利用：走空间节约之路 [J]. 中国经济报告.

[119] 罗罡辉，吴次芳. 城市用地效益的比较研究 [J]. 经济地理，2003（05）：367–370.

[120] 熊国平. 当代中国城市形态演变 [M]. 北京：中国建筑工业出版社，2006.

[121] 姚士谋等. 中国城市群[M]. 合肥：中国科学技术大学出版社，2006.

[122] 姚士谋等. 中国用地与城市增长 [M]. 合肥：中国科学技术大学出版社，1995.

[123] 邹军. 城镇体系规划：新理念·新范式·新实践 [M]. 南京：东南大学出版社，2002.

[124] 顾朝林等. 集聚与扩散———城市空间结构新论 [M]. 南京：东南大学出版社，2000.

[125] 谭纵波. 城市规划 [M]. 北京：清华大学出版社，2005.

[126] 冯健，刘玉. 转型期中国城市内部空间重构：特征、模式与机制 [J]. 地理科学进展，2007（07）.

[127] 林南等. 生活质量的结构与指标———1985 年天津千户户卷调查

资料分析 [J]. 社会学研究，1987（06）.

[128]　卢淑华. 生活质量与人口特征关系的比较研究——北京、西安、扬州三市部分地区调查 [J]. 北京大学学报，1991（03）.

[129]　风笑天. 中国城市居民生活质量研究 [M]. 武汉：华中理工大学出版社，1998.

[130]　风笑天，易松国. 城市居民家庭生活质量：指标及其结构 [J]. 社会学研究，2000（04）.

[131]　杨国枢. 生活素质的心理学观. 台湾明德基金会生活素质出版部，1980.

[132]　周长城等. 中国生活质量：现状与评价 [M]. 北京：社会科学文献出版社. 2003.

[133]　周长城等. 全面小康：生活质量与测量——国际视野下的生活质量指标 [M]. 北京：社会科学文献出版社. 2003.

[134]　毛大庆. 城市人居生活质量评价理论及方法研究 [M]. 北京：原子能出版社. 2003.

[135]　冯健，周一星. 近 20 年来北京都市区人口增长与分布 [J]. 地理学报，2003（11）.

[136]　唐羽，孙龙. 近十年来北京市城区居民生活质量之变迁——对 1991 年与 2001 年两次抽样调查的比较分析 [J]. 北京社会科学，2004（01）.

[137]　丁成日，宋彦等. 城市规划与空间结构——城市可持续发展战略 [M]. 北京：中国建筑工业出版社. 2005.

[138]　程开明，李金昌. 紧凑城市与可持续发展的中国实证 [J]. 财经研究，2007（10）：73–82.

[139]　路易斯·托马斯等. 一种成功、宜人并可行的城市形态？周玉鹏等译，迈克·詹克斯等编著，紧缩城市———一种可持续发展的城市形态 [M]. 北京：中国建筑工业出版社，2004.

[140]　Commission of the European Communities. Green Paper on the Urban Environment. Brussels. 1990.

[141]　Response of the EC Expert Group on the Urban Environment on the Communication "Towards an Urban Agenda for the European Union". 1998. http：// ec.europa.eu/environment /urban/pdf/respons_en.pdf.

[142]　胡莹. 以小城镇建设为突破口，大力推进武汉新农村建设——英国小城镇的建设发展及其启示 [EB/OL]. （2007–11–21）. http://www.towngov.cn/news_view.asp?newsid=1028.

[143]　DOE. Planning Policy Guidance 18：Enforcing Planning Control, 1991[R/OL]. http：// www.communities.gov.uk.

[144]    DOE. Planning Policy Guidance 4: Industrial and Commercial Development and Small Firms, 1992[R/OL]. http: // www.communities.gov.uk.

[145]    ODPM. Planning Policy Statement 9: Biodiversity and Geological Conservation. [R/OL]. http: // www.communities.gov.uk.

[146]    DOE. Planning Policy Guidance 15: Planning and the Historic Environment. [R/OL]. http: // www.communities.gov.uk.

[147]    DOE. Planning Policy Guidance 23: Planning and Pollution Control. [R/OL]. http: // www.communities.gov.uk.

[148]    DETR. A Better Quality of Life— Strategy for Sustainable Development for the United Kingdom, 1999[R/OL]. http: //www.sustainable-development. gov. uk.

[149]    DOE. Planning Policy Guidance 2: Green Belts. [R/OL]. http: //www.communities.gov.uk.

[150]    ODPM. Planning Policy Statement 6: Planning for Town Centres. [R/OL]. http: //www.communities.gov.uk.

[151]    ODPM. Planning Policy Statement 1: Delivering Sustainable Development[R/OL]. http: //www.communities.gov.uk.

[152]    ODPM. Planning Policy Statement 7: Sustainable Development in Rural Areas[R/OL]. http: //www.communities.gov.uk.

[153]    DETR. Planning for Sustainable Development: Towards Better Practice,1998.

[154]    DETR. Planning Policy Statement 3: Housing, 2006 [R/OL]. http: // www.communities. gov.uk.

[155]    DETR. A New Deal for Transport: Better for Everyone, 1998.

[156]    Urban Task Force . Towards an Urban Renaissance[M]. London: E&FN Spon, 1999.

[157]    DOE & DFT. Planning Policy Guidance 13: Transport, 1999. [R/OL]. http: //www. communities. gov.uk.

[158]    DOE & DFT. Transport 2010: The 10 Year Plan Transport 2010: the Ten Year Plan.London: HMSO, 2000.

[159]    DETR. Encourage Walking: Advice to Local Authorities, 2000 [R/OL]. http: //www.dft. gov .uk.

[160]    DTLR. Planning: Delivering Fundamental Change [R]. 2001.

[161]    ODPM. Planning and Compulsory Purchase Act 2004, 2004[R/OL] http://www.opsi.gov.uk.

[162]    ODPM. Planning for Mixed Communities: Consultation paper, 2005[R/OL] http: // www.southwesteip.co.uk.

[163]   Peter Newman and Andy Thornley. Urban Planning in Europe:
        International Competition, National Systems, and Planning Projects.
        London; New York : Routledge, 1996.

[164]   刘志峰. 城市对话——国际性大都市建设与住房探究 [M]. 北
        京：企业管理出版社，2007.

[165]   孙施文. 英国城市规划近年来的发展动态 [J]. 国外城市规划.
        2005（06）：11–15.

[166]   王晓俊，王建国. 兰斯塔德与"绿心"——荷兰西部城市群开
        放空间的保护与利用 [J]. 规划师，2006（03）：90–93.

[167]   Karst T. Geurs, Bert van Wee. Ex–post Evaluation of Thirty Years
        of Compact Urban Development in the Netherland. Urban Studies.
        Vol.43. No.1.

[168]   The Second Report on Physical Planning in the Netherlands, Ministry
        of Housing and Physical Planning, 1966.

[169]   The Third Report on Physical Planning, Ministry of Housing, Physical
        Planning and the Environment, 1977.

[170]   Ministry of Housing, Physical Planning and the Environment. The
        Fourth Report on Physical Planning [R].1990.

[171]   The Fourth Report on Physical Planning Extra, Ministry of Housing,
        Physical Planning and the Environment, 1991.

[172]   Ministry of Housing,Spatial Planning and the Environment. Fifth
        National Policy Document on Spatial Planning 2000/2020 [R].The
        Hague, 2001.

[173]   The National Spatial Strategy: Creating Space For Development.

[174]   Editorial The Compact City: European Ideal, Global Fix or Myth?
        GBER Vol. 4 No. 3.

[175]   Wil Zonneveld. In search of conceptual modernization：The new
        Dutch 'national spatial strategy'. Journal of Housing and the Built
        Environment. Vol 20, / 2005/12.

[176]   Response of the EC Expert Group on the Urban Environment on the
        Communication: Towards an Urban Agenda for the European Union.
        1998[R/OL]. http：// ec.europa.eu/environment/urban/pdf/respons_en. pdf.

[177]   洪亮平等. 英国城市规划可持续发展策略 [J]. 城市规划，2006
        （03）：54–58.

[178]   杜宁睿. 荷兰城市空间组织与规划实践评析 [J]. 国外城市规划，
        2000（02）：12–14.

[179]   Andreas Faludi. Spatial Planning Traditions in Europe：Their Role in

the ESDP Process [J]. International Planning Studies, 2004.9(2–3): 155–172.

[180] 司玲. 追寻 20 世纪城市设计轨迹——《荷兰 20 世纪城市设计》读后感 [J]. 国外城市规划，2003（04）.

[181] 赵炳时. 美国大城市形态发展现状与趋势 [J]. 城市规划，2001（05）：35.

[182] Leon Kolankiewicz, Roy Beck. Weighing Sprawl Factors in Large U.S. Cities. NumbersUSA. com. 2001, http: //sprawlcity.com/studyUSA/USAsprawlz.pdf.

[183] 李强、刘安国等. 西方城市蔓延研究综述 [J]. 外国经济与管理. 2005（10）：49–56.

[184] 王慧. 失望的家园 黯然的美国梦——对美国郊区化负面效应的分析 [J]. 城市规划. 2004（04）：93–96.

[185] 理查德·罗杰斯. 小小星球上的城市 [M]. 仲德崑译. 北京：中国建筑工业出版社. 2004.

[186] [美] 大卫·沃尔斯特、琳达·路易斯·布朗. 设计先行——基于设计的社区规划 [M]. 张倩等译. 中国建筑工业出版社，2006.

[187] Reid Ewing, Rolf Pendall, Don Chen. Measuring Sprawl and its Impact: the Character and Consequences of Metropolitan Expansion [R/OL] http://www.smartgrowthamerica.org.

[188] 杨贵庆. 读 Robert Fishman《世纪转折点的美国大城市》及其对我国城市发展的几点思考 [J]. 城市规划学刊，2006（02）：102–104.

[189] 国外城市规划“海外信息速递”，美国公布城市蔓延最严重的 10 个地区和蔓延轻微的 10 个地区 [J]. 国外城市规划，2003（01）：32.

[190] Anthony Downs. Some Realities About Sprawl And Urban Decline. Housing Policy Debate, 1999(08).

[191] Burchell. R W, et al.. The Costs of Sprawl, Revisited. Washington, DC: Transportation Research Board,1998.

[192] 方凌霄. 美国的土地成长管理制度及其借鉴 [J]. 中国土地，1999（08）.

[193] David N. Bengston 等. 美国城市增长管理和开敞空间保护的国家政策——美国的政策手段及经验教训 [J]. 国土资源情报，2004/04.

[194] [美] 彼得·卡尔索普等著. 区域城市——终结蔓延的规划 [M]. 叶齐茂等译. 北京：中国建筑工业出版社，2007.

[195] Planning Department. 2004 Performance Measures Report: An evaluation

of 2040. Growth Management Policies and Implementation, 2004.

[196]    [美] 约翰·彭特著. 美国城市设计指南——西海岸五城市的设计政策与指导 [M]. 庞玥译. 北京：中国建筑工业出版社，2006.

[197]    Transit Profile: The Portland Area MAX Light Rail System [EB/OL] http://www.cfte.org.

[198]    Harvey, Robert O.. and William A.V. Clark. The Nature and Economics of Sprawl. Land Economics 41(1)，1965.

[199]    Matthew E. Kahn. The Quality of Life in Sprawled versus Compact Cities. Tufts University,2006.

[200]    Robert Bruegmann. Sprawl: A Compact History. University of Chicago Press, 2005.

[201]    Why Sprawl is Bad and Density is Good, http：//www.futurewise.org/ resources/publications.

[202]    Yan Song and Gerrit–Jan Knaap. Measuring Urban Form：Is Portland Winning the War on Sprawl?. Journal of the American Planning Association, 2004.

[203]    [美] 特里·S. 索尔德、阿曼多·卡伯内尔编. 丁成日，冯娟译. 理性增长：形式与后果 [M]. 北京：商务印书馆，2007.

[204]    顾杨妹. 二战后日本人口城市化及城市问题研究 [J]. 西北人口，2006（05）：56–58.

[205]    东京都丛书 NO.28. 东京城市规划百年 [M]. 东京都厅生活文化局国际部外事课，1994.

[206]    谭纵波. 日本的城市规划法规体系 [J]. 国外城市规划，2000（01）：13–18.

[207]    唐子来，李京生. 日本的城市规划体系 [J]. 城市规划，1999（10）：50–54.

[208]    肖亦卓. 国际城市空间扩展模式——以东京和巴黎为例 [J]. 城市问题，2003（03）：30–33.

[209]    谭纵波 东京大都市圈的形成、问题与对策——对北京的启示 [J]. 国外城市规划，2000（02）：8–11.

[210]    张忠国，吕斌. 东京空间政策中的成长管理策略研究 [J]. 城市规划，2006（06）：65–68.

[211]    李志，许传忠. 日本城市交通现代化与城市发展的关系 [J]. 国外城市规划，2003（02）：50–51.

[212]    张连福，吕益华. 日本三大都市圈的城市公共交通 [J]. 城市公共交通，2003（05）：36–38.

[213]    钱林波，顾文莉. 以快速轨道交通支撑和引导城市发展 [J]. 现

代城市研究，2001（06）：56-58.

[214] 曾思瑜. 日本福祉空间 [M]. 台北：田园城市文化事业公司，2001.

[215] 李伟，朱嘉广. 多中心城市结构的形成——以东京为例 [J]. 北京规划建设，2003（06）.

[216] 邓奕. 日本第五次首都圈基本规划 [J]. 北京规划建设，2004（05）.

[217] 香港城市指南. 香港：万里机构·万里书店，1997.

[218] 蒋荣. 香港人口城市化发展趋势及其影响意义 [EB/OL]. http：//www.curb.com.cn.

[219] 田春华. 香港是如何实现土地最优化配置的——访国土资源部规划司司长胡存智 [EB/OL]（2007-6-25）. http：//www.jsxygt.gov.cn.

[220] 卢惠明，陈立天. 香港城市规划导论 [M]. 香港：三联书店有限公司，1998.

[221] 姚士谋等. 香港城市空间扩展的新模式 [J]. 现代城市研究. 2002（02）.

[222] 张晓鸣. 香港新市镇与郊野公园发展的空间关系 [J]. 城市规划学刊，2005（06）：94-99.

[223] Over Hong Kong. Pacific Century Publishers. Ltd, 2001.

[224] 陆锡明. 城市整体交通规划的新思路——香港 CTS-3 的启示 [J]. 交通与运输. 2000（03）.

[225] 柏立恒. 香港轨道交通与土地规划 [J]. 北京规划建设，2007（03）.

[226] 香港城市设计指引 [R/Ol]. 香港规划署网站，http：//sc.info.gov.hk.

[227] 章岳鸣. 香港的城市设计 [J]. 中外房地产导报，2000（08）.

[228] Yeh, A. G. O. and Chan, J. C. W., Territorial Development Strategy and Land Use Changes in Hong Kong,in Au, K. N. and Lulla, M. (eds), Hong Kong and the Pearl River Delta As Seen from Space, Hong Kong: Geo Carto International: 63-74, 1996.

[229] 冯志强. 香港的城市规划体系 [J]. 城市规划，2002（06）.

[230] 邹经宇，张晖. 适合高人口密度的城市生态住区研究——适合香港模式的思考 [J]. 新建筑，2004（04）.

[231] 贺勇. 香港可持续发展建设的经验——以三项法规为例 [J]. 规划师，2003（03）.

[232] Bel inda Yuen. Greening the City-state of Singapore. Forest ry Studies in China: Vol. 1 .1999 (09).

[233] 周游. 提高城市规划科学性和可操作性的对策建议——新加坡经验借鉴 [J]. 城市规划，2007（05）.

[234] 胡荣希. 新加坡新镇的规划、建设与管理 [J]. 小城镇建设，

2002（02）：71–73.

[235]　唐子来. 新加坡的城市规划体系 [J]. 城市规划，2000（01）：42–45.

[236]　王才强. 新加坡的居住模式：可动性管理 [J]. 世界建筑，2000（01）：30.

[237]　全球生活质量最佳地调查：新加坡蝉联第一 [EB/OL]（2007–03–15）. http：//news.tom.com.

[238]　万育玲. 亚洲城乡应与欧洲争艳——刘太格先生谈亚洲的城市建设 [J]. 2006/03.

[239]　顾强生. 弹响城市管理"三部曲"——新加坡城市管理经验的启示 [J]. 领导科学，2007（14）.

[240]　袁成. 新加坡的轨道交通规划 [J]. 城市公用事业，2004（06）.

[241]　李振国. 新加坡城市研究 [M]. 上海：上海交通大学出版社，1996.

[242]　孙翔. 新加坡"白色地段"概念解析 [J]. 城市规划，2003（07）：51–56.

[243]　新加坡"花园城市"建设的经验 [EB/OL].（2004–12–22）. http：//www.csjs.gov.cn.

[244]　林炳耀. 城市空间形态的计量方法及其评价 [J]. 城市规划汇刊，1998（3）：42–45.

[245]　BERTAUD A, STEPHEN M. The spatial distribution of population in 35 world cities：the role of markets, planning and topography [J]. Center for Urban Land Economics Research, 1999.

[246]　Nguyen Xuan Thinh, Gunter Arlt, Bernd Heber, Jorg Hennersdorf, Iris Lehmann. Evaluation of urban land–use structures with a view to sustainable development [J]. Environmental Impact Assessment Review, 2002(22)：475–492.

[247]　GALSTER G, HANSON R, RATCLIFFE M R. et al. Wrestling sprawl to the ground: defining and measuring an elusive concept [J]. Housing Policy Debate, 2001, 12 (4)：681–717.

[248]　TSAI Y H. Quantifying urban form: compactness versus 'sprawl' [J]. Urban Studies, 2005, 42 (1)：141–161.

[249]　ELIZABETH B. Measuring urban compactness in UK towns and cities [J]. Environment and Planning B: Planning and Design 2002 (29)：219–250.

[250]　陈海燕，贾倍思. "紧凑住区"：中国未来城郊住宅可持续发展的方向？[J]. 建筑师，2004（02）.

[251]　周春山. 城市空间结构与城市形态 [M]. 北京：科学出版社，2007.

[252] 冯健. 转型期中国城市内部空间重构 [M]. 北京：科学出版社，2003.

[253] 王战和. 高新技术产业开发区建设发展与城市空间结构演变研究 [D]. 长春：东北师范大学，2006.

[254] 苏伟忠. 基于景观生态学的城市空间结构研究 [D]. 南京：南京大学，2005.

[255] 段进. 城市空间发展论 [M]. 江苏科学技术出版社，2006.

[256] Kim Seok Chul. Urban Dream[M]. ARCHIWORLD Co., Ltd, 2007.

[257] 顾朝林. 集聚与扩散——城市空间结构新论 [M]. 南京：东南大学出版社，2000.

[258] 熊国平. 当代中国城市形态演变 [M]. 北京：中国建筑工业出版社，2006.

[259] 赵燕菁. 从计划到市场：城市微观道路—用地模式的转变 [J]. 城市规划. 2006（10）.

[260] 沈玉麟. 外国城市建设史 [M]. 北京：中国建筑工业出版社，1989.

[261] 巴顿著. 城市经济学. [M]. 北京：商务印书馆. 1984.

[262] 李培. 最优城市规模研究述评 [J]. 经济评论. 2007/01：131-135.

[263] 周文. 最佳城市规模理论的三种研究方法 [J]. 城市问题. 2007/08：16-19.

[264] Mcharg, lan L. Ecology and Design. In Thompson G., Steiner F, ed. Ecological Design and Planning [M]. New York: Hudson & Sons, 1997.

[265] Richaderson H.W. Optimality in City Size, System of Cities and Urban Policy: a Sceptic's view [J], 1972/9: 29-48.

[266] 赵燕菁. 高速发展与空间演进——深圳城市结构的选择及其评价 [J]. 城市规划. 2004/06：32～41.

[267] 同济大学主编. 城市规划原理（第二版）[M]. 北京：中国建筑工业出版社.

[268] [美] 威廉·M·马什著. 朱强等译. 景观规划的环境学途径 [M]. 北京：中国建筑工业出版社，2006.

[269] [美]F·斯坦纳著. 周年兴等译. 生命的景观——景观规划的生态学途径（第二版）[M]. 北京：中国建筑工业出版社，2004.

[270] Wenche E. Dramstad, James D. Olson, and Richard T. T. Forman. Landscape Ecology Principles in Landscape Architecture and land-Use Planning [M].Washington DC：Island Press, 1996.

[271] Richard T.T. Forman. Land Mosaics：The Ecology of Landscape and Regions[M]. Cambridge University Press, 1995.

[272] [美] 伊恩·伦若克斯·麦克哈格著. 芮经纬译. 设计结合自然 [M]. 天津：天津大学出版社，2006.

[273]　[英]乔·韦斯顿主编. 城乡规划环境影响评价实践 [M]. 黄瑾等译. 北京：中国建筑工业出版社，2006.

[274]　俞孔坚，李迪华等著. "反规划"途径 [M]. 北京：中国建筑工业出版社，2005.

[275]　何兴华. 城市规划中实证科学的困境及其解困之道 [M]. 北京：中国建筑工业出版社. 2007.

[276]　柴彦威等. 中国城市的时空间结构 [M]. 北京：北京大学出版社，2002.

[277]　王兴中等. 中国城市生活空间结构研究 [M]. 北京：科学出版社，2004.

[278]　[英]大卫·路德林等著. 营造21世纪的家园——可持续的城市邻里社区 [M]. 王健等译. 北京：中国建筑工业出版社，2005.

[279]　Katie Williams. Elizabeth Burton and Mike Jenks, Achieving Sustainable Urban Form [M]. London and New York: E&FN Spon, 2000.

[280]　文国玮. 城市交通与道路系统规划 [M]. 北京：清华大学出版社，2001.

[281]　Southworth, Michael & Ben-Joseph, Eran. Streets and the Shaping of Towns and Cities. McGraw-Hill, 1997.

[282]　Cervero, Robert. The Transit Metropolis, a Global Inquiry[M]. Island press, 1998.

[283]　Newman, P. & Kenworthy, J.. Gasoline Consumption and Cities-A Comparison of US Cities with a Global Survey[J]. Journal of the American planning Association, 1989/01: 24-37.

[284]　徐永健，阎小培. 西方国家城市交通系统与土地利用关系研究 [J]. 城市规划，1999/11：38-43.

[285]　林震. 城市交通可持续发展理论研究 [D]. 北京：北京交通大学，2003.

[286]　黄建中. 我国特大城市用地发展与客运交通模式研究 [D]. 上海：同济大学，2004.

[287]　张明，刘菁. 适合中国城市特征的 TOD 规划设计原则 [J]. 城市规划学刊，2007/01 .

[288]　洪铁城. 日本的城市道路规划 [J]. 规划师，2005/07.

[289]　黄建中、蔡军. 对我国城市混合交通问题的思考 [J]. 城市规划学刊，2006/02.

[290]　周素红，杨利军. 城市开发强度影响下的城市交通 [J]. 城市规划学刊，2005/02.

[291]　邓兴栋，王波. 发达地区城市停车配建指标管理之经验与启示

[J]. 华中科技大学学报，2003/06.

[292]　韩冬青. 城市·建筑一体化设计 [M]. 南京：东南大学出版社，1999.

[293]　顾朝林等. 集聚与扩散——城市空间结构新论 [M]. 南京：东南大学出版社，2000.

[294]　费移山. 城市形态与城市交通相关性研究 [D]. 南京：东南大学，2003.

[295]　石飞，王炜. 城市路网结构分析 [J]. 城市规划，2007/08.

[296]　Marcial Echenique, Andrew Saint. Cities for the New Millennium. London; New York: Spon Press, 2001.

[297]　中经网权威报告：20 个重点行业 2003 年发展预测 [EB/OL]. （2003-06-17）. http: //finance.news.tom.com.

[298]　[ 丹麦 ] 扬·盖尔著. 交往与空间（第四版）[M]. 何人可译. 北京：建筑工业出版社，2002.

[299]　唐纳德·沃森特等编著. 城市设计手册 [M]. 刘海龙等译. 北京：中国建筑工业出版社，2006.

[300]　王建国. 现代城市设计理论和方法 [M]. 南京：东南大学出版社，2001.

[301]　刘宛. 城市设计实践论 [M]. 北京：中国建筑工业出版社，2006.

[302]　刘宛. 作为社会实践的城市设计——理论·实践·评价 [D]. 北京：清华大学，2000.

[303]　[ 法 ] 亨利·列斐伏尔. 空间：社会产物与使用价值 [M]. 包亚明主编. 现代性与空间的生产. 上海：上海教育出版社，2003.

[304]　保罗·楚克尔. 空间与时间中的广场 [M]. 唐纳德·沃森特等编著. 刘海龙等译. 城市设计手册. 北京：中国建筑工业出版社，2006.

[305]　[ 美 ] 凯文·林奇. 城市意象 [M]. 方益萍，何晓军译. 北京：华夏出版社，2001.

[306]　Svirsky, Peter S.,ed. The urban Design Plan for the Comprehensive Plan of San Francisco. The Department of City Planning, San Francisco California, 1971.

[307]　[ 美 ]E.D 培根等著. 城市设计 [M]. 黄富厢，朱琪编译. 北京：中国建筑工业出版社，2003.

[308]　郗海飞. 中国设计批评：城市的表情 [M]. 长沙：湖南美术出版社，2006.

[309]　黄富厢. 上海 21 世纪 CBD 与陆家嘴金融贸易中心区规划的构成 [J]. 时代建筑. 1998/02.

[310]　潘海啸编译. 城市交通空间创新设计——建筑行动起来！[M].

北京：中国建筑工业出版社，2004.

[311]　C·亚历山大.新的都市设计理论 [M].黄瑞茂译.六合出版社.

[312]　金勇.增进建设环境公共价值的城市设计实效研究——以上海卢湾太平桥地区和深圳中心区 22、23-1 街坊城市设计为例 [D].上海：同济大学，2006.

[313]　杨保军.城市公共空间的失落与新生 [J].城市规划学刊，2006（06）.

[314]　张杰.通过小规模逐步整治改造实现历史街区的环境与社区文脉的继承和发展——"2050 年的白塔寺街区"中英学生设计竞赛第一名方案设计构想 [J].城市规划，1999（02）.

[315]　URBANUS 都市实践.村·城 城·村 [M].北京：中国电力出版社，2006.

[316]　世界最高建筑 100 例 [M]，北京：中国建筑工业出版社，1999.

[317]　周俭、张凯.在城市上建造城市——法国城市历史遗产保护实践 [M].北京：中国建筑工业出版社，2003.

[318]　John Zukowsky,Chicaga Architecture and Design 1923-1993, Prestel, USA, 1993.

[319]　于尔格·兰.道萨迪亚斯和人居环境科学 [M].唐纳德·沃森特等编著.刘海龙等译.城市设计手册.北京：中国建筑工业出版社，2006.

[320]　Hess, G. R., DALEY, S. S., DERRISON, B. K. ET AL. Just what is sprawl, anyway? Carolina Planning, 2001, 26 (2)：11-26.

[321]　DETR, Department of the Environment, Transport and the Regions. 1998b The Use of Density in Urban Planning (The Stationery Office, London). P31.

[322]　Scoffham E, Vale B, How compact is sustainable—how sustainable is compact?[A]. The compact city：A Sustainable Urban Form?[M]. 1996：66-73.

[323]　Rapoport A, Toward a redefinition of density[J]. Environment and Behaviour, 1975,7：133-158.

[324]　蒋竞，丁沃沃.从居住密度的角度研究城市的居住质量 [J].现代城市研究，2004（7）：44-47.

[325]　Penfold, R. Lecture note for elementary statistics. http：//www.cquest. toronto.edu/.

[326]　Smith, D. M. Patterns in Human Geography. Newton Abbot: David and Charles, 1975.

[327]　张松林，张昆.空间自相关局部指标 Moran 指数与 G 系数研究 [J].大气测量与地球动力学，2007（6）：31-34.